高职高专立体化教材　计算机系列

局域网组建与维护实用教程
(第 2 版)

傅晓锋　主　编

王作启　副主编

清华大学出版社
北　京

内 容 简 介

本书以组网、管网的任务为出发点，通过实例，全面介绍了局域网组建的基础知识、实战方法和操作技巧。本书共分 10 章，由浅入深、系统全面地介绍了局域网基础知识、局域网的硬件设备与操作系统、局域网与 Internet 连接、家庭局域网的组建、宿舍局域网的组建、办公局域网的组建、无线局域网的组建、使用 Windows Server 2008 组建局域网、局域网安全和数据备份以及局域网故障排除与维护。

本书以实训为引导，突出实用性，每章配有习题，可帮助读者快速提高网络实际操作的能力。本书结合高职高专学生的培养目标和基本要求编写，可作为高职高专、成人高校及各类电脑培训学校的教学用书，也可作为网络管理人员、网络爱好者以及网络用户的参考书。

图书在版编目(CIP)数据

局域网组建与维护实用教程/傅晓锋主编. —2 版. —北京：清华大学出版社，2015（2023.8重印）
(高职高专立体化教材　计算机系列)
ISBN 978-7-302-39280-4

Ⅰ. ①局… Ⅱ. ①傅… Ⅲ. ①局域网—高等职业教育—教材 Ⅳ. ①TP393.1

中国版本图书馆 CIP 数据核字(2015)第 024508 号

责任编辑：杨作梅
封面设计：刘孝琼
版式设计：杨玉兰
责任校对：周剑云
责任印制：杨　艳

出版发行：清华大学出版社
　　　　　网　　址：http://www.tup.com.cn, http://www.wqbook.com
　　　　　地　　址：北京清华大学学研大厦 A 座　　　　邮　　编：100084
　　　　　社 总 机：010-83470000　　　　　　　　　邮　　购：010-62786544
　　　　　投稿与读者服务：010-62776969, c-service@tup.tsinghua.edu.cn
　　　　　质量反馈：010-62772015, zhiliang@tup.tsinghua.edu.cn
　　　　　课件下载：http://www.tup.com.cn, 010-62791865

印 装 者：北京鑫海金澳胶印有限公司
经　　销：全国新华书店
开　　本：185mm×260mm　　　印　　张：21.75　　　字　　数：529千字
版　　次：2009 年 2 月第 1 版　2015 年 4 月第 2 版　　印　　次：2023 年 8 月第 10 次印刷
定　　价：59.00 元

产品编号：059599-03

《高职高专立体化教材 计算机系列》

丛 书 序

一、编写目的

关于立体化教材，国内外有多种说法，有的叫"立体化教材"，有的叫"一体化教材"，有的叫"多元化教材"，其目的是一样的，就是要为学校提供一种教学资源的整体解决方案，最大限度地满足教学需要，满足教育市场需求，促进教学改革。我们这里所讲的立体化教材，其内容、形式、服务都是建立在当前技术水平和条件基础上的。

立体化教材是"一揽子"式的(包括主教材、教师参考书、学习指导书、试题库)完整体系。主教材讲究的是"精品"意识，既要具备指导性和示范性，也要具有一定的适用性，喜新不厌旧。那种内容越编越多，本子越编越厚的低水平重复建设在"立体化"的世界中将被扫地出门。与以往不同，"立体化教材"中的教师参考书可不是千人一面的，教师参考书不只是提供答案和注释，而是含有与主教材配套的大量参考资料，使得老师在教学中能做到"个性化教学"。学习指导书更像一本明晰的地图册，难点、重点、学习方法一目了然。试题库或习题集则要完成对教学效果进行测试与评价的任务。这些组成部分采用不同的编写方式，把教材的精华从各个角度呈现给师生，既有重复、强调，又有交叉和补充，相互配合，形成一个有机的教学资源整体。

除了内容上的扩充外，立体化教材的最大突破体现在表现形式上走出了"书本"这一平面媒介的局限，如果说音像制品让平面书本实现了第一次"突围"，那么电子和网络技术的大量运用，就让躺在书桌上的教材真正"活"了起来。用 PowerPoint 开发的电子教案不仅大大减少了教师案头备课的时间，而且也让学生的课后复习更加有的放矢。电子图书通过数字化使得教材的内容得以无限扩张，使平面教材更能发挥其提纲挈领的作用。

CAI(计算机辅助教学)课件把动画、仿真等技术引入了课堂，让课程的难点和重点一目了然，通过生动的表达方式达到深入浅出的目的。在科学指标体系控制之下的试题库，既可以轻而易举地制作标准化试卷，也能让学生进行模拟实践的在线测试，提高了教学质量评价的客观性和及时性。网络课程更厉害，它使教学突破了空间和时间的限制，彻底发挥了立体化教材本身的潜力，轻轻敲击几下键盘，你就能在任何时候得到有关课程的全部信息。

最后还有资料库，它把教学资料以知识点为单位，通过文字、图形、图像、音频、视频、动画等各种形式，按科学的存储策略组织起来，大大方便了教师在备课、开发电子教案和网络课程时的教学工作。如此一来，教材就"活"了。学生和书本之间的关系，不再像领导与被领导那样呆板，而是真正有了互动。教材不再只为老师们规定，什么重要什么不重要，而是成为教师实现其教学理念的最佳拍档。在建设观念上，从提供和出版单一纸质教材转向提供和出版较完整的教学解决方案；在建设目标上，以最大限度满足教学要求为根本出发点；在建设方式上，不单纯以现有教材为核心，简单地配套电子音像出版物，而是以课程为核心，整合已有资源并聚拢新资源。

网络化、立体化教材的出版是我社下一阶段教材建设的重中之重，以计算机教材出版为龙头的清华大学出版社确立了"改变思想观念，调整工作模式，构建立体化教材体系，大幅度提高教材服务"的发展目标，并提出了首先以建设"高职高专计算机立体化教材"为重点的教材出版规划，希望通过邀请全国范围内的高职高专院校的优秀教师，共同策划、编写这一套高职高专立体化教材，利用网络等现代技术手段，实现课程立体化教材的资源共享，解决国内教材建设工作中存在的教材内容更新滞后于学科发展的状况。把各种相互作用、相互联系的媒体和资源有机地整合起来，形成立体化教材，把教学资料以知识点为单位，通过文字、图形、图像、音频、视频、动画等各种形式，按科学的存储策略组织起来，为高职高专教学提供一整套解决方案。

二、教材特点

在编写思想上，以适应高职高专教学改革的需要为目标，以企业需求为导向，充分吸收国外经典教材及国内优秀教材的优点，结合中国高校计算机教育的教学现状，打造立体化精品教材。

在内容安排上，充分体现先进性、科学性和实用性，尽可能选取最新、最实用的技术，并依照学生接受知识的一般规律，通过设计详细的可实施的项目化案例(而不仅仅是功能性的小例子)，帮助学生掌握要求的知识点。

在教材形式上，利用网络等现代技术手段实现立体化的资源共享，为教材创建专门的网站，并提供题库、素材、录像、CAI 课件、案例分析，实现教师和学生在更大范围内的教与学互动，及时解决教学过程中遇到的问题。

本系列教材采用案例式的教学方法，以实际应用为主，理论够用为度。教程中每一个知识点的结构模式为"案例(任务)提出→案例关键点分析→具体操作步骤→相关知识(技术)介绍(理论总结、功能介绍、方法和技巧等)"。

该系列教材将提供全方位、立体化的服务。网上提供电子教案、文字或图片素材、源代码、在线题库、模拟试卷、习题答案、案例动画演示、专题拓展、教学指导方案等。

在为教学服务方面，主要是通过教学服务专用网站在网络上为教师和学生提供交流的场所，每个学科、每门课程，甚至每本教材都建立网络上的交流环境。可以为广大教师信息交流、学术讨论、专家咨询提供服务，也可以让教师发表对教材建设的意见，甚至通过网络授课。对学生来说，则可以在教学支撑平台所提供的自主学习空间中进行学习、答疑、操作、讨论和测试，当然也可以对教材建设提出意见。这样，在编辑、作者、专家、教师、学生之间建立起一个以课本为依据、以网络为纽带、以数据库为基础、以网站为门户的立体化教材建设与实践的体系，用快捷的信息反馈机制和优质的教学服务促进教学改革。

前　言

计算机网络是计算机技术与通信技术相互渗透、密切结合的产物，是现代社会中传递信息的一个重要工具，它渗透于各行各业，为人们提供了极大的便利。组建高效、稳定、低耗和安全的局域网，使用户能够利用这个平台方便地进行资源共享、批量数据传输、即时通信等是网络管理员和系统管理员必须掌握的职业技能。

本书的编写指导思想是理论知识适度、够用，重在操作能力的培养，立足于培养社会所需、有实干能力的应用型人才。本书以目前企业应用最多的 Windows Server 2008 服务器操作系统为主线，通过图解的方式演示具体实例，全面介绍了局域网的基础知识、实战方法和操作技巧。

本书从网络的发展和基础知识等内容开始，针对家庭局域网、宿舍局域网、办公局域网和无线局域网的组建与维护进行了详细的讲解，可使读者轻松掌握局域网的网络规划、设备选购、硬件连接、网络设置和检测等技能。

全书共分 10 章，实体内容如下。

第 1 章介绍网络的概念、分类、拓扑结构以及局域网通信协议。

第 2 章介绍局域网组网中常用的设备，包括双绞线、同轴电缆、光纤、网卡、集线器、路由器、其他网络设备及网络操作系统。

第 3 章介绍局域网连接 Internet 的方式和局域网共享 Internet 连接，详细介绍了如何使用代理服务器上网。

第 4 章介绍家庭局域网的组建、网络资源共享。

第 5 章介绍宿舍局域网的组建、个人主页的发布、Web 服务器管理。

第 6 章介绍办公局域网的组建、虚拟专用网络设置。

第 7 章介绍无线局域网的组建与安全。

第 8 章介绍使用 Windows Server 2008 安装和配置活动目录、DNS 服务器、DHCP 服务器、FTP 服务器、WINS 服务器、邮件服务器和流媒体服务器等知识。

第 9 章介绍网络安全和数据备份方面的知识，包括网络性能与安全、性能监视器、数据备份、计算机病毒防范、防火墙配置与使用以及端口管理。

第 10 章介绍在网络管理中常用到的 ping、ipconfig、netstat 等命令的使用方法以及网络常见故障的类别和排除方法。

本书内容丰富、结构清晰合理、叙述清楚，采用任务驱动方式撰写，将复杂的局域网组建问题以清晰并易于接受的方式介绍给读者，在实例的讲解中引出概念、知识点和技术要点，体现边用边学的特点。在学习时可多安排学生实训操作课时，加强实训监督。

本书由傅晓锋主编，王作启任副主编，此外，王国胜、贺金玲、张丽、王亚坤、马陈、尼春雨、伏银恋、胡文华、孙蕊、陈梅梅、蒋燕燕、徐明华、薛峰等人也参与了本书的编写工作。在编写过程中，参考了大量的书刊、杂志和网络资料，吸取了多方宝贵的经验和建议，得到了浙江商业职业技术学院相关教师的大力支持，在此谨表谢意。鉴于编者在理论水平和知识广度方面还有许多不足，书中难免有错误之处，敬请读者批评指正。

编　者

目　录

第 1 章　局域网基础知识

学习目的与要求：

随着计算机网络的迅速发展，熟练地应用网络也成为人们的一种基本技能。本章主要介绍局域网的基础知识，使读者对局域网有一个清晰的认识。

通过对本章的学习，要求学生了解计算机网络的发展，理解网络的定义、组成及功能与应用，了解计算机网络的主要功能，掌握计算机网络的拓扑结构与特点，重点掌握 OSI/RM 和 TCP/IP 模型。

1.1　计算机网络基础

计算机网络是计算机技术和通信技术紧密结合的产物，它涉及通信与计算机两个领域。它的诞生使计算机体系结构发生了巨大变化，在当今社会经济中起着非常重要的作用，对人类社会的进步做出了巨大贡献。从某种意义上讲，计算机网络的发展水平不仅反映了一个国家的计算机科学和通信技术水平，而且已经成为衡量其国力及现代化程度的重要标志之一。

1.1.1　计算机网络概述

1. 计算机网络的定义

对"计算机网络"这个概念的理解和定义，随着计算机网络本身的发展，人们提出了各种不同的观点。现在的观点认为，计算机网络就是利用通信设备和线路将地理位置分散、功能独立的多个计算机互联起来，以功能完善的网络软件(即网络通信协议、信息交换方式和网络操作系统等)实现网络中资源共享和信息传递的系统。

从计算机网络的定义中看出涉及 3 个方面的问题。

(1) 至少两台计算机互联。

(2) 通信设备与线路介质。

(3) 网络软件、通信协议和网络操作系统。

2. 计算机网络的主要功能

如今计算机网络技术广泛应用于政治、经济、军事、生产及科学技术等各个领域，它的主要功能包括以下几个方面。

1) 资源共享

充分利用计算机资源是组建计算机网络的主要目的之一。许多资源(如巨型计算机、大型数据库等)单个用户无法拥有，所以必须实行资源共享。资源共享除共享硬件资源外，还包括共享数据和软件资源。

2) 数据通信能力

利用计算机网络可实现各计算机之间快速、可靠地传送数据，进行信息处理，如传真、电子邮件(E-mail)、电子数据交换(EDI)、电子公告牌(BBS)、远程登录(Telnet)与信息浏览等通信服务。现代社会对信息的交换要求越来越高，能否将数据信息从一个节点快速、安全、准确地传向其他节点是衡量一个国家或部门信息化程度的标准，数据通信能力是计算机网络最基本的功能之一。

3) 均衡负载互相协作

均衡负载也是计算机网络的基本功能之一。例如，一个大型 ICP(Internet 内容提供商)为了支持更多的用户访问网站，在世界各地放置了相同内容的 WWW 服务器，通过一定的技巧使不同区域的用户查看离其最近的服务器上的页面，从而实现各服务器均衡负载，使各种资源得到合理的调整，同时也避免了用户时间和资源的浪费，缓解用户资源缺乏的矛盾。

4) 分布处理

一方面，对于一些大型任务，可以通过网络分散到多个计算机上进行分布式处理，从而使各地的计算机通过网络资源共同协作，进行联合开发、研究等；另一方面，计算机网络促进了分布式数据处理和分布式数据库的发展。

5) 提高计算机的可靠性

计算机网络系统能实现对差错信息的重发，网络中各计算机还可以通过网络成为彼此的后备机，增强计算机系统的可靠性。

1.1.2 计算机网络的发展史

自 20 世纪 50 年代开始，使用计算机来管理信息的能力迅速提升。早期，限于技术条件，使得当时的计算机都非常庞大和昂贵，任何机构都不可能为每个雇员提供一台计算机，主机一定是共享的，它被用来存储和组织数据、集中控制和管理整个系统。所有用户都有连接系统的终端设备，将数据库录入到主机中处理，或者是将主机中的处理结果通过集中控制的输出设备取出来。通过专用的通信服务器，系统也可以构成一个集中式的网络环境，使用单个主机可以为多个配有 I/O 设备的终端用户(包括远程用户)服务。这就是早期的集中式计算机网络，一般也称为集中式计算机模式。它最典型的特征是：通过主机系统形成大部分的通信流程，构成系统的所有通信协议都是系统专有的，大型主机在系统中占据着绝对的支配作用，所有控制和管理功能都由主机来完成。

任何一种新技术的出现都必须具备两个条件，即强烈的社会需求与先期技术的成熟。计算机网络技术的形成与发展也证实了这条规律。随着计算机技术的不断发展，尤其是大量功能先进的个人计算机的问世，使得每一个人都可以完全控制自己的计算机，进行他所希望的作业处理，以个人计算机(PC)方式呈现的计算能力发展成为独立的平台，导致了一种新的计算结构——分布式计算模式的诞生。

一般来讲，计算机网络的发展可分为以下 4 个阶段。

(1) 第一阶段：面向终端的计算机网络，如图 1-1 所示。

计算机技术与通信技术相结合，形成计算机网络的雏形，是面向终端的计算机通信。终端可以处于不同的地理位置，通过传输介质及相应的通信设备与一台计算机相连，用户可以通过本地终端或远程终端登录到计算机上，并使用该计算机系统。面向终端的计算机网络是具有通信功能的主机系统，实质上是联机多用户系统。

在第一代计算机网络中，计算机是网络的中心和控制者，终端围绕中心计算机分布在各处，用户终端不具备数据的存储和处理能力，而是通过通信线路在终端上通过命令来使用远程计算机的软、硬件系统。这种网络系统的缺点在于：如果中心的计算机系统负荷过重，会导致整个网络系统响应速度下降，一旦中心计算机系统发生故障，将会导致整个网络系统瘫痪。第一阶段计算机网络的典型应用是由一台计算机系统和全美范围内 2000 多个终端组成的飞机订票系统。

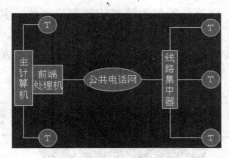

图 1-1　面向终端的计算机网络

(2) 第二阶段：共享资源的计算机网络。

与第一阶段计算机网络以单个主机为中心的特点相比，第二阶段网络强调了网络的整体性，它将多个计算机系统通过通信线路连接起来，在计算机通信网络的基础上，完成网络体系结构与协议的理论研究，从而形成计算机网络。用户不仅可以共享主机资源，还可以共享其他用户的软、硬件资源，这样就形成了以共享资源为目的的计算机网络，如图 1-2 所示。现代计算机网络，尤其是中、小型局域网很注重网络的整体性，尤其强调网络资源的共享。第二阶段计算机网络的典型代表是由美国国防部高级研究计划局协助开发的 ARPAnet。

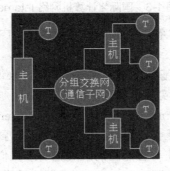

图 1-2　以资源共享为目的的计算机网络

(3) 第三阶段：标准化的计算机网络。

20 世纪 70 年代以后，局域网得到了迅速发展。美国 XEROX、DEC 和 Intel 这 3 家公司推出了以 CSMA/CD 介质访问技术为基础的以太网(Ethernet)产品，其他大公司也纷纷推出自己的产品。但各家网络产品在技术、结构等方面存在着很大差异，没有统一的标准，给用户造成了很大的不便。

1974 年，IBM 公司宣布网络标准按分层方法研制的系统网络体系结构 SNA。网络体系结构的出现，使得一个公司所生产的各种网络产品都能够很容易地互联成网，而不同公司生产的产品，由于网络体系结构不同，则很难相互联通。

1984 年，国际标准化组织(ISO)正式颁布了一个使各种计算机互联成网的标准框架——开放系统互联参考模型(Open System Interconnection Reference Model，OSI/RM 或 OSI)。20世纪 80 年代中期，ISO 等机构以 OSI 模型为参考，开发制定了一系列协议标准，形成一个庞大的 OSI 基本协议集。OSI 标准确保各厂家生产的计算机和网络产品之间的互联，推动了网络技术的应用和发展，这就是所谓的第三代计算机网络。其在解决计算机联网与网络互联标准化问题的背景下，提出开放系统互联参考模型与协议，促进了符合国际标准的计算机网络技术的发展；其实质是不同体系结构的产品能容易互联。

(4) 第四阶段：国际化的计算机网络，如图 1-3 所示。

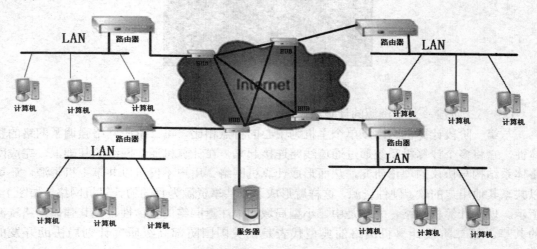

图 1-3　国际化计算机网络 Internet

计算机网络向互联、高速、智能化方向发展，并获得广泛的应用，全球形成以 Internet 为核心的高速计算机互联网络。

Internet 是覆盖全球的信息基础设施之一，对于用户来说，它像是一个庞大的远程计算机网络。用户可以利用 Internet 实现全球范围的电子邮件、电子传输、信息查询、语音与图像通信服务功能。实际上，Internet 是一个用路由器(Router)实现多个远程网和局域网互联的网际网，对推动世界经济、社会、科学、文化的发展起到了不可估量的作用。

在互联网发展的同时，高速与智能网的发展也引起人们越来越多的关注。高速网络技术发展表现在宽带综合业务数据网 B-ISDN、帧中继、异步传输模式 ATM、高速局域网、交换局域网与虚拟网络上。随着网络规模的增大与网络服务功能的增多，各国正在开展智能网络 IN(Intelligent Network)的研究。

说到计算机网络，就不能不提到 ARPAnet，Internet 最初起源于 ARPAnet。由 ARPAnet 研究而产生的一项非常重要的成果就是 TCP/IP(Transmission Control Protocol/Internet Protocol，传输控制协议/互联协议)，它使得连接到网上的所有计算机能够相互交流信息。

1986 年建立的美国国家科学基金会网络 NSFNET 是 Internet 的一个里程碑。随着计算机应用的发展，出现了多台计算机互联的需求。这种需求主要来自军事、科学研究、地区与国家经济信息分析决策、大型企业经营管理。他们希望将分布在不同地点的计算机通过通信线路互联成为计算机网络。网络用户可以通过计算机使用本地计算机的软硬件与数据资源，也可以使用联网的其他地方的计算机软硬件与数据资源，以达到计算机资源共享的目的。这一阶段研究的典型代表是美国国防部高级研究计划局(Advanced Research Projects Agency，ARPA)的 ARPAnet(通常称为 ARPA 网)。1969 年，美国国防部高级研究计划局提出将多个大学、公司和研究所的多台计算机互联的课题。1969 年 ARPA 网只有 4 个节点，1973 年发展到 40 个节点，1983 年已经达到 100 多个节点。ARPA 网通过有线、无线与卫星通信线路，使网络覆盖了从美国本土到欧洲与夏威夷的广阔地域。ARPA 网是计算机网络技术发展的一个重要里程碑，它对发展计算机网络技术的主要贡献表现在以下几个方面。

(1) 完成了对计算机网络的定义、分类与子课题研究内容的描述。

(2) 提出了资源子网、通信子网的两级网络结构的概念。

(3) 研究了报文分组交换的数据交换方法。

(4) 采用了层次结构的网络体系结构模型与协议体系。

1.1.3　计算机网络的分类

计算机网络有很多种分类方法，但并没有一种适合所有计算机网络并为大家所接受的分类法。其中最常用的分类标准是网络的分布距离，根据网络覆盖的地理范围划分，可将网络分为局域网、城域网和广域网。

1. 局域网

局域网(Local Area Network，LAN)是指将较小地理范围内的计算机或数据终端设备连接在一起的通信网络。局域网常应用于一座楼、一个集中区域的单位。其特点是分布距离近(一般在几十米到几千米之间)、传输速度快、连接费用低、数据传输误码率很低，是单位部门经常采用的网络形式。目前大部分局域网的运行速度为 10～100 Mb/s，随着 1000 Mb/s 桌面级网卡的出现，一些新建局域网的运行速度达到了 1000 Mb/s。此外，2002 年 6 月发布 IEEE802.3ae 标准后，10 Gb/s 以太网技术也开始崭露头角，这种技术主要应用在大型局域网骨干链路、数据中心出口等。

2. 城域网

城域网(Metropolitan Area Network，MAN)是位于一座城市的一组局域网。例如，一所学校有多个校区分布在城市的多个地区，每个校区都有自己的校园网，这些网络连接起来就形成一个城域网。城域网的连接距离可以在 10～100 km，采用的是 IEEE802.6 标准。与局域网相比，城域网传输速度扩展的距离更长，覆盖的范围更广，可以说是局域网的延伸。由于把不同的局域网连接起来需要专门的网络互联设备，所以城域网的连接费用较高。

3. 广域网

广域网(Wide Area Network，WAN)是将地域分布广泛的局域网、城域网连接起来的网络系统，它的分布距离广阔，可以横跨几个国家以至全世界。其特点是速度低，错误率在

3 种网络类型中最高，建设费用很高。Internet 属于广域网的一种。

1.2 局域网的构成与分类

局域网是计算机通信网的重要组成部分，是在一个局部地理范围内，把各种计算机、外围设备、数据库等相互连接起来组成的计算机网络。

局域网可以通过数据通信网或专用的数据网，与其他局域网、数据库或处理中心等相连接，构成一个大范围的信息处理系统。

1.2.1 局域网的构成

局域网由网络硬件和网络软件两部分组成。网络硬件主要包括网络服务器、工作站、外围设备等；网络软件主要包括网络操作系统和通信协议等。

1. 服务器

在网络中起服务作用，并提供服务资源的实体，称为服务器。网络服务器既可以是硬件，也可以是软件。作为硬件，它可以是一台高性能的微机、小型机、中型机或者大型机，也可以是专用的服务器；作为软件，它的命名与分类是根据安装在硬件设备中的软件及其服务器功能而定的，如文件服务器、数据库服务器、通信服务器、打印服务器和应用服务器等。

小型局域网中的服务器一般提供文件和打印两种服务，而且在大多数情况下，将文件和打印服务集中到一台计算机上进行。所有工作站通过外围设备和服务器连接在一起，并且共享服务器上的软硬件资源。

2. 工作站

工作站是指一个连接到局域网上的可编址设备，它对用户数据进行实时处理，并作为用户与网络之间的接口。用户可通过工作站请求获得网络服务，网络服务器又把处理结果返回给工作站上的用户。在不同的网络中，工作站又被称为"节点"或"客户机"，工作站可以是 PC，也可以是工程工作站。

计算机网络中的工作站通常就是连接网络的普通 PC，当它与文件服务器相连并登录到服务器后，可以在服务器上存取文件，将所需文件在工作站上直接运行，并可将自己的打印作业通过网络服务器打印输出。

3. 外围设备

外围设备是连接服务器与工作站的一些连线或连接设备，常用的连线有同轴电缆、双绞线和光缆等；连接设备有网卡、集线器、交换机等；在接入因特网或进行计算机之间远程互联时，一般还需要调制解调器。

4. 网络操作系统和通信协议

在网络中，硬件组成部分需要遵循一套指令，即网络操作系统。Windows Server 2003 作为网络操作系统，可以控制服务器的操作和协同工作站操作系统的操作，从而使网络资源易于利用。此外，Windows Server 2003 还为网络管理员提供了一些用来控制哪些网络用户能够使用服务器以及谁能访问服务器硬盘上的文件目录的功能。

通信协议是指网络中通信各方事先约定的通信规则，这里可以简单地理解为各计算机之间进行相互对话所使用的共同语言。两台计算机在进行通信时，必须使用相同的协议。计算机局域网中一般使用 NetBEUI、TCP/IP 和 IPX/SPX 这 3 种协议。

1.2.2　局域网的分类

局域网的分类方式有很多种，可以按拓扑结构、网络控制方式、应用结构、传输介质、通信协议和传输速率等分类。

1. 按拓扑结构分类

计算机网络中通信线路和各种站点之间的连接形式称为网络的拓扑结构，即网络中的计算机是如何连接在一起的。它是网络规划最基本的网络设计方案，连接方式影响着整个网络的设计、性能、可靠性以及建设和通信费用等方面的因素。通常按照拓扑结构的不同，可以将网络分为总线型、星型、环型和树型 4 种基本结构。实际组建的网络根据其规模，拓扑结构可以是这 4 种基本结构的组合。

1) 总线型拓扑结构

总线型拓扑结构(见图 1-4)用一条传输线作为传输介质，网络上的所有站点直接连到这条主干传输线上，采用广播方式进行通信，工作时只有一个站点可通过总线传输信息，这时其他所有站点都不能发送，且都将接收到该信号，然后判断发送地址是否与接收地址一致，若匹配则接受该信息，若不匹配则发送到该站点的数据被丢弃。

总线型拓扑结构的优点是：①通过一条总线进行连接，不需要中继设备，需要铺设的电缆短，因此费用较低；②网络结构简单、灵活，可扩充性能好，需要扩充用户时只需要添加一个接线器即可；③各节点共用总线带宽，因此传输速度会随着网络用户的增多而下降，用户数量有限；④维护较容易，任一节点上的故障不会引起整个网络的使用。总线型拓扑结构的缺点是，总线故障诊断和隔离困难，网络对总线故障较为敏感。

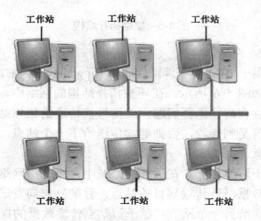

图 1-4　总线型拓扑结构

总线型网络曾经在局域网中有过广泛的应用，但随着双绞线和星型结构的普及，局域网中已经很少使用总线型网络结构，但 ATM、Cable Modem 等所采用的网络，还都属于总线型网络结构。

2) 星型拓扑结构

星型拓扑结构是目前在局域网中应用最为普遍的一种，如图 1-5 所示。它是将网络中各节点通过链路单独与中心节点连接形成的网络结构，各站点之间的通信都要通过中心节点交换，中心节点执行集中式通信控制策略。目前流行的 PBX(专用交换机)就是星型拓扑结构的典型实例。

星型拓扑结构的优点是：①联网容易，所用的传输介质比较便宜；②节点扩展、移动方便，节点扩展时只需要从集线器或交换机等设备中引出一条线，移动节点只需把相应的设备移到新节点即可；③每个连接只接一个设备，故障容易检测和隔离；④易于维护，一个节点出现故障不会影响其他节点的连接。星型拓扑结构的缺点是：①整个网络对中心节点的可靠性要求很高，如果中心节点发生故障，整个网络将瘫痪，不能工作；②由于每个站点直接与中心节点相连，因此实施时所需要的电缆线长度较长。

星型拓扑结构广泛应用于网络中智能集中于中心节点的场合。从目前的趋势来看，计算机的发展已从集中的主机系统发展到大量功能很强的微型机和工作站，在这种环境下，星型拓扑的使用还是占支配地位。在以太网中，星型结构仍然是主要的基本网络结构，其传输速率可达 1000Mb/s。

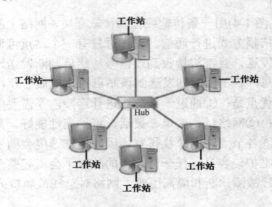

图 1-5　星型拓扑结构

3) 环型拓扑结构

环型拓扑结构主要用于 IBM 的令牌网(Token Ring Network)中，它将各相邻站点互相连接，最终形成闭合环，如图 1-6 所示。在环型拓扑结构的网络中，数据传输方向固定，在站点之间单向传输，不存在路径选择问题，某信号被传递给相邻站点后，相邻站点检测该信号是否传给本站点，若是则接收，否则继续传送给下一个站点，以此类推，在整个环型结构的站点之间传递信息。

令牌传递经常被用于环型拓扑。在这样的系统中，令牌沿网络传递，得到令牌控制权的站点可以传输数据。数据沿环传输到目的站点，目的站点向发送站点发回已接收到的确认信息，然后令牌被传递给另一个站点，赋予该站点传输数据的权力。

环型网的优点是网络结构简单、组网较容易，可以构成实时性较高的网络。其缺点是：①维护非常困难，整个网络各节点间是直接串联的，某个节点或线路出现故障就会造成全网故障；②扩展性不如星型网络结构，如果要添加或移动节点，就必须中断整个网络，且容量有限，建成后难以增加新的主机。

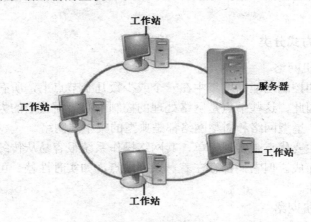

图 1-6　环型拓扑结构

4）树型拓扑结构

树型结构是分级的集中控制式网络，在单个的局域网络系统中很少使用，但在实际构造一个大型网络时，经常采用多级星型网络，将多级星型网络按层次方式排列就形成了树型网络结构，如图 1-7 所示。这种结构非常适合于分主次、分等级的层次型管理系统。网络的最高层是中央处理机，最低层是终端，其他各层可以是多路转换器、集线器，或者部门用计算机。我国的电话网络即采用树型结构，Internet 网也是采用树型结构。

与星型网相比，树型结构的通信线路总长度短，成本较低；节点易于扩充，寻找路径比较方便；网络中任意两个节点之间不产生回路，每个链路都支持双向传输。但除了最底层节点及其相连的线路外，任一节点或与其相连的线路出现故障都会使其所在支路网络受到影响，如果树根发生故障，则全网不能正常工作。

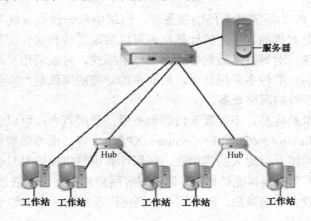

图 1-7　树型拓扑结构

5）混合型网络结构

混合型网络结构就是把传统的总线型网络结构与星型网络结构等进行有机结合，充分发挥各自的优势，使各个节点之间具有灵活的互联性，使服务器、工作站、外部设备形成一个并行的开放式的体系结构。网上的任一节点故障都不会影响整个网络的工作。从结构上看，整个网络具有易扩充，维护方便，易于用简单的硬件设备构造复杂、灵活、实用的网络系统等优点。

2. 按网络控制方式分类

1) 集中式计算机网络

这种网络处理的控制功能高度集中在一个或少数几个节点上，所有的信息流都必须经过这些节点之一。因此，这些节点是网络处理的控制中心，而其余的大多数节点则只有较少的处理控制功能。星型网络和树型网络都是典型的集中式网络。

集中式网络的主要优点是实现简单，其网络操作系统很容易从传统的分时操作系统经适当的扩充和改造而成。但它们都存在着一系列缺点，如实时性差、可靠性低、缺乏较好的可扩充性和灵活性。

2) 分布式计算机网络

在这种网络中，不存在一个处理的控制中心，网络中的任一节点都至少和另外两个节点相连接，信息从一个节点到达另一个节点时，可能有多条路径。同时，网络中的各个节点均以平等地位相互协调工作和交换信息，并可共同完成一个大型任务。分组交换、网状型网络都属于分布式网络，这种网络具有信息处理的分布性、高可靠性、可扩充性及灵活性等一系列优点，因此，它是网络的发展方向。

目前大多数广域网中的主干网，都是做成分布式的控制方式，并采用较高的通信速率，以提高网络性能；而对大量非主干网，为了降低建网成本，则仍采取集中控制方式及较低的通信速率。

3. 按应用结构分类

按照资源访问的不同，局域网通常又可以分为对等网络和基于服务器的网络。

1) 对等网络

对等网络(Peer-to-Peer)不需要专门的服务器，网络中每一台设备既是客户机也是服务器，各节点间地位都是对等的，不同的计算机间可以实现互访和文件交换，也可以在各计算机之间共享硬件设备。对等网络通常被称为工作组模式，可以采用星型结构，也可以采用总线型结构，但目前一般较多采用前者。最简单的对等网络就是用双绞线将两台计算机直接相连，而不需要额外的网络设备。

对等网络组建和维护容易，不需要专门的服务器，费用较少；可以使用人们熟悉的操作系统来建立，如 Windows 9x/2000 Professional/XP/Vista 等，而不需要使用基于服务器的专用操作系统；对等网络具有更大的容错性，任何计算机发生故障时只会使该主机拥有的网络资源不可用，而不会影响其他计算机。但是对等网络也存在不少缺点，尤其是安全性、性能和管理方面存在较大的局限性。对等网络主要适用于家庭、宿舍等小型局域网。

2) 基于服务器的网络

基于服务器的网络中，共享资源通常被合并到一台高性能的计算机中，这台计算机称为服务器。通常有两种结构的基于服务器的网络，即专用服务器结构和客户/服务器结构。

- 专用服务器结构又称为工作站/文件服务器结构，其特点是网络中至少有一台专用的文件服务器，所有的工作站通过通信线路与一台或多台文件服务器相连；工作站之间无法直接通信。文件服务器通常以共享磁盘文件为主要目的，这对一般的数据传输来说已经够用，但随着用户和越来越复杂应用系统的增加，服务器将无法承担这些重任。因为随着用户数量的增加，为每个用户服务的程序也会相应增加，由于每个程序都独立运行，因此会使用户觉得系统极其缓慢。

- 客户/服务器结构克服了专用服务器结构的弱点，采用一台或几台性能较高的计算机(服务器)进行共享数据库的管理，而将其他的应用处理工作分散到网络中的其他主机(客户机)上去完成，从而构成分布式的处理系统。客户机不仅可以和服务器进行通信，而且客户机之间可以不通过服务器直接对话。

基于服务器的网络比对等网络更加安全，用户也更轻松。所有的账户和口令都集中管理，用户只需通过一次身份认证即可访问网络中所有对其开放的资源；资源的集中存放和管理，方便用户快速查找到资源。但是基于服务器的网络需要增加性能较好的服务器，组网和运行成本较高；服务器故障会影响整个网络的运行。

基于服务器的网络通常用在大型的组网中，但对于小型网络，如果需要基于服务器网络所提供的安全性及管理的便利，也可以使用这种网络结构。网络结构的选择并不完全取决于网络的规模，而是取决于实际的需要。

4. 按传输介质分类

网络传输介质就是通信线路。目前常用同轴电缆、双绞线、光纤、卫星、微波等有线或无线传输介质，相应的网络就分别称为同轴电缆网、双绞线网、光纤网、卫星网、无线网等。

5. 按通信协议分类

通信协议是通信双方共同遵守的规则或约定，不同的网络采用不同的通信协议。例如，局域网中的以太网采用 CSMA/CD 协议，令牌环网采用令牌环协议，广域网中的分组交换网采用 X.25 协议，Internet 网则采用 TCP/IP。

6. 按传输速率分类

根据传输速率网络可分为低速网、中速网和高速网。根据网络的带宽网络可分为基带网(窄带网)和宽带网。一般来说，高速网是宽带网，低速网是窄带网。

1.3　局域网通信协议

局域网中服务器与客户机通常使用不同的操作系统，要使它们实现通信必须遵循一种统一的标准。这种为了进行网络数据交换而建立的规则、标准或约定称为网络协议。通信协议有层次特性，大多数的网络组织都按层或级的方式来组织，在下一层的基础上建立上一层，每一层的目的都是为上一层提供一定的服务，而把如何实现这一服务的细节对上一层加以屏蔽。网络协议确定交换数据格式及有关的同步问题。

1.3.1　OSI 模型

开放系统互联参考模型(Open System Interconnection Reference Model，OSI/RM)是国际

标准化组织(International Organization for Standardization，ISO)为在世界范围内实现不同系统之间的互联于 1984 年公布的国际标准。

1. OSI 参考模型的分层结构

OSI 参考模型采用如图 1-8 所示的 7 层体系结构。由底层至高层分别称为物理层、数据链路层、网络层、传输层、会话层、表示层及应用层。

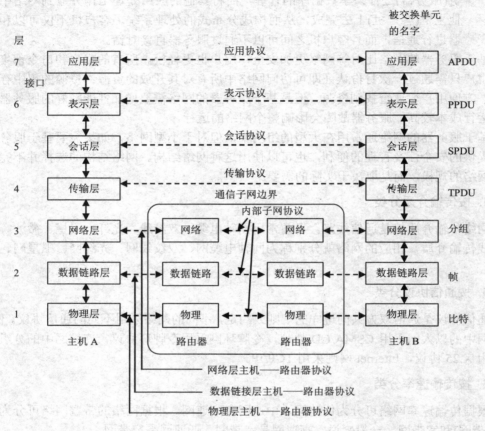

图 1-8 OSI 的 7 层体系结构

2. OSI 各层的主要功能

1) 物理层

物理层(Physical Layer)的任务就是为上层(数据链路层)提供一个物理连接，实现比特流的透明传输。物理层定义了通信设备与传输线路接口的电气特性、机械特性、应具备的功能等，如多高的电压代表"1"和"0"、变化的间隔、电缆如何与网卡连接、如何传输数据等。物理层负责在数据终端设备、数据通信和交换设备之间完成对数据链路的建立、保持和拆除操作。这一层关注的问题大都是机械接口、电气接口、过程接口以及物理层以下的物理传输介质。物理媒体不属于物理层。

2) 数据链路层

数据链路层(Data Link Layer)负责建立、维持和释放数据链路的连接，用于在两个相邻节点之间的线路上无差错地传送以帧为单位的数据。帧是数据的逻辑单位，每一帧包括数据和一些必要的控制信息(包括同步信息、地址信息、差错控制及流量控制信息等)。数据链路层把上一层送来的数据按照一定的格式分割成数据帧，然后将帧按顺序送出，等待由接收端送回的应答帧。因为传输线路上有大量的噪声，所以传输的数据帧有可能被破坏。数据链路层主要解决数据帧的破坏、遗失和重复发送/接收等问题，把一条可能出错的链路，转变成让网络层看起来就像是一条不出差错的理想链路。

数据链路层可使用的协议有 SLIP、PPP、X.25 和帧中继等。常见的 Modem 等拨号设备和低档的网络设备都工作在这个层次上，工作在这个层次上的交换机俗称"第二层交换机"。

3) 网络层

网络层(Network Layer)也称通信子网层，是高层协议与底层协议之间的界面层，用于控制通信子网的操作，是通信子网和资源子网的接口，它解决的是网络与网络之间的通信问题而不是同一网段内部的问题。数据的传送单位是分组或包。网络层具有寻址功能，通过计算机网络通信的两台计算机之间可能要经过许多节点和链路，或者要经过若干个通信子网。网络层的任务就是要选择合适的路由，使发送站的运输层所传下来的分组能够正确无误地按照地址找到目的站，并交给目的站的运输层，保证分组在源节点与目的节点之间正确传送。为了完成这一任务，网络层最主要的工作是选择合适的路由器及处理好流量控制。

网络中的路由器就是工作在这个层次上，较高档的交换机也可以直接工作在这个层次上，因此它们也提供路由功能，俗称"第三层交换机"。

4) 传输层

传输层(Transport Layer)中信息的传送单位是报文。传输层的任务是根据通信子网的特性最佳地利用网络资源，并以可靠的方式为两个端系统(即源站和目的站)的会话层之间建立一条运输连接，透明地传送报文，或者说传输层向上一层(会话层)提供一个可靠的端到端的服务。传输层接收来自会话层的数据。如果需要，将这些数据分割成较小的数据单位再传送给网络层，常说的 QoS 就是这一层的主要服务。传输层要确保数据片能够安全、正确地发送到另一端。传输层是计算机网络体系结构中最重要的一层，传输层协议也是最复杂的协议，其复杂程度取决于网络层所提供的服务类型及上层对传输层的要求。传输层协议通常由网络操作系统的一部分来完成，如 TCP。

根据传输层所提供服务的主要性质，传输层服务可以分为以下 3 大类。

- A 类：网络连接具有可接受的差错率和可接受的故障通知率。A 类服务是可靠的网络服务，一般指虚电路服务。
- C 类：网络连接具有不可接受的差错率。C 类服务质量最差，数据包服务或无线电分组交换网均属此类。
- B 类：网络连接具有可接受的差错率和不可接受的故障通知率。B 类服务介于 A 类和 C 类之间，广域网和互联网通常提供 B 类服务。

5) 会话层

会话层(Session Layer)在两个互相通信的应用进程之间建立、组织、协调其交互(Interaction)。会话层进行高层通信控制，可以让不同主机上的用户建立彼此间的"会话"。会话层除了可以提供普通数据的传送外，还可以提供一些应用程序所需的特殊服务功能。

会话层的传送单位是报文，这一层不再参与数据传输，但要对数据传输进行管理。会话层在两个相互通信的实体之间建立、组织、协调与交互。

6) 表示层

表示层(Presentation Layer)主要解决用户信息的语法表示以及数据格式的转换问题，将欲交换的数据从适合某一用户的抽象语法，变换为适合 OSI 系统内部使用的传送语法。

表示层对来自于应用层的命令和数据进行解释，对各种语法赋予相应的含义，并按照一定的格式传送给会话层。此外，对传送信息进行加密、解密也是表示层的任务之一。

7) 应用层

应用层(Application Layer)是 OSI 参考模型的最高层，它解决的也是最高层次，即程序应用过程中的问题，是直接面向用户的具体应用。应用层主要是给用户提供一个良好的应用环境，使用户不必担心网络资源如何分配等问题。它定义了某些软件所具备的功能和注意事项，如远程登录的方式、文件的传输与管理方法、信息交换的协议等。应用层为应用实体提供一些管理功能及支持分布式应用的一些手段。在 7 层协议中，应用层包含的协议是最多的，且大有增长之势。文件传送协议 FTP、电子邮件协议等均属应用层协议。

1.3.2 TCP/IP

TCP/IP(Transmission Control Protocol/Internet Protocol，传输控制协议/网际协议)于 1969 年由美国国防部高级研究所计划署(ARPA)开发，最初是在分布于全美各地的主机之间建立高速通信连接，实现资源共享，后来成为 Internet 的通信协议。TCP/IP 是最常用的一种协议，也可算是网络通信协议的一种通信标准协议，同时它也是最复杂、最为庞大的一种协议。它是世界标准的协议组，为跨越局域网和广域网环境的大规模互联网络而设计。

1. TCP/IP 介绍

TCP/IP 共分 4 层，分别是应用层、传输层、网络层和网络接口层。TCP/IP 完全撇开了网络的物理特性。它把任何一个能传输数据分组的通信系统都看作网络，这些网络可以是 WAN，也可以是 LAN，甚至可以是点到点的连接。这种网络的对等性大大简化了网络互联技术的实现。TCP/IP 实际上有许多协议组成的协议簇，但其核心是 IP。IP 提供主机之间的数据传送能力，其他协议提供 IP 的辅助功能。而 TCP 提供高可靠的数据传送服务，主要用于一次传送大量报文。利用 TCP/IP 可以方便地实现不同硬件结构、不同软件系统的计算机之间相互通信，比如 NetWare、UNIX、Windows NT、大型主机、小型机和微机等。TCP/IP 最早用于 UNIX 系统中，现在是 Internet 的基础协议。

TCP/IP 通信协议具有灵活性，支持任意规模的网络，几乎可连接所有的服务器和工作站。但灵活性也带来了其复杂性，它需要针对不同网络进行不同的设置，且每个节点至少需要一个 IP 地址、一个子网掩码、一个默认网关和一个主机名。在局域网中，微软为了简化 TCP/IP 的设置，在 Windows NT 中配置了一个动态主机配置协议(DHCP)，它可为客户端自动分配一个 IP 地址，从而避免了出错。

TCP/IP 通信协议当然也有"路由"功能，它的地址是分级的，不同于 IPX/SPX 协议，这样系统就能很容易找到网上的用户。IPX/SPX 协议属于一种广播协议，经常会出现广播包堵塞、无法获得最佳网络带宽等问题。特别要注意的一点就是，在用 Windows 9x 组网进

高职高专立体化教材 计算机系列

入 Windows NT 网络时，一定不能仅用 TCP/IP，还必须加上 NetBEUI 协议，否则就无法实现网络联通。

现在，无论是局域网还是广域网，都可以用 TCP/IP 来构造网络环境。今天，以 TCP/IP 为核心协议的 Internet 更加促进了 TCP/IP 的应用和发展，TCP/IP 已成为事实上的国际标准。与标准化 OSI 模型不同，TCP/IP 不是作为标准人为制定的，而是产生于网间研究和应用实践中的，如图 1-9 所示。

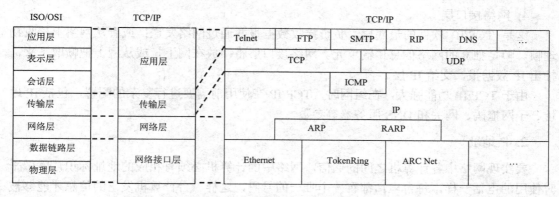

图 1-9 TCP/IP 参考模型与 OSI 参考模型的层次对应关系

1) 应用层

应用层向用户提供一组常用的应用程序，比如文件传输访问、电子邮件等。严格地说，TCP/IP 只包含传输层、网络层和网络接口层这 3 层(不含硬件)，应用程序不能算 TCP/IP 的一部分。就上面提到的常用应用程序，TCP/IP 制定了相应的协议标准，所以也把它们作为 TCP/IP 的内容。

2) 传输层(TCP)

传输层(TCP)提供程序间(即端到端)的通信。其功能包括以下两种。

(1) 格式化信息流。

(2) 提供可靠传输。为实现可靠传输，传输层协议规定接收端必须发回确认，并且假如分组丢失，必须重新发送。

TCP 和 UDP 是传输层的两个基本协议，其功能如下。

(1) 传输控制协议 TCP：该协议为应用程序提供可靠的通信连接，适合于一次传输大批数据的情况，并要求得到相应的应用程序。

(2) 用户数据报协议 UDP：该协议提供了无连接通信，且不对传送包进行可靠的保证。它适合于一次传输小量数据，可靠性则由应用层来负责。

3) 网络层

网络层(IP)负责相邻计算机之间的通信，其功能包括以下几点。

(1) 处理来自传输层的分组发送请求。收到请求后，将分组装入 IP 数据报，填充报头并选择去往信宿机的路径，然后将数据报发往适当的网络接口。

(2) 处理输入数据报。首先检查其合法性，然后进行寻址——假如该数据报已到达信宿地(本机)，则转发该数据报。

(3) 处理报文路径、流量、拥塞等问题。互联协议将数据包封装成 Internet 数据报，并运行必要的路由算法。

这里有 4 个互联协议，分别如下。

① 网际协议 IP：负责在主机和网络之间寻址和路由数据包。

② 地址解析协议 ARP：获得同一物理网络中的硬件主机地址。

③ 网际控制消息协议 ICMP：发送消息，并报告有关数据报的传送错误。

④ Internet 组管理协议 IGMP：被 IP 主机拿来向本地多路广播路由器报告主机组成员。

4) 网络接口层

这是 TCP/IP 软件的最底层，负责接收数据报并通过网络发送；或者从网络上接收物理帧。帧是独立的网络信息传输单元。网络接口层将帧放在网上，或从网上把帧取下来，抽出 IP 数据报，交给 IP 层。

由于 TCP/IP 功能强大，在组网时，TCP/IP 在使用前需要进行复杂的配置，包括 IP 地址、子网掩码、网关和 DNS 服务器等参数。

2．IP 地址

要实现网络中各计算机之间的通信，网络中的计算机必须有相应的地址标识，就像平时使用的电话一样，每台电话都有一个唯一的号码，这样一台计算机发出的信息才能够被传送到指定的计算机。在 TCP/IP 中，这个地址被称为 IP 地址。IP 地址按版本号可以分为 IPv4(网际协议第 4 版)和 IPv6(网际协议第 6 版)，目前，普遍使用的是 IPv4。本节以 IPv4 为例，讲解 IP 地址的格式与分类。

1) IP 地址的结构

IP 地址由 32 位二进制数组成，32 位二进制数被分成 4 段，每段 8 位，中间用小数点隔开。但二进制数不好记忆，因此采用"点分十进制"表示法，即用 4 个十进制整数，每个整数对应一个字节，整数与整数之间以小数点"."为分隔符，这样就产生了常见的 IP 地址，如 192.168.0.1。

IP 地址采用分层结构，由网络地址和主机地址两部分组成。网络地址用来标识网络，同一网络上所有的 TCP/IP 主机的网络地址都相同；主机地址用来标识网络中的主机。这种组合方式和人们日常生活中的电话号码类似，假设一个电话号码为 0571-12345678，其中的 0571 表示该电话属于杭州的，1234 表示该电话所在的局号，5678 表示该局号下的某个电话号码。

2) IP 地址的类别

由于每个网络中拥有的计算机数量不一样，有的网络可能有较多的计算机，而有的网络则只有少量的计算机，因此根据网络规模的大小，Internet 委员会将 IP 地址空间划分为从 A～E 这样 5 个不同的地址类别，其中 A、B、C 这 3 类最为常见。

(1) A 类地址。A 类地址用地址中的第一段来标识网络 ID，且最高位必须是"0"，接下来的 7 位表示网络 ID，即网络 ID 的取值介于 1～126 之间。剩余的 24 位表示主机 ID。A 类地址数量较少，而每个 A 类网络中可包含的主机数量却相当大，每个 A 类网络最多可以连接 16 777 214(2^{24}-2)台主机。由于网络数量有限，A 类地址已经没有了。

需要注意的是，网络 ID 不能是 127，因为该网络 ID 被保留用作回路及诊断地址，任意主机发送给以 127.x.x.x 的信息都将回传给该主机本身。此外，网络 ID 和主机 ID 全为 0 和全为 1 的地址也不能作为主机的 IP 地址，它们分别作为指向本网的地址和向特定的所在网上的所有主机发送数据报的地址。

(2) B 类地址。B 类地址用地址中的前两段来标识网络 ID，且最高两位必须是 "10"，接下来的 14 位表示网络 ID，即网络 ID 的取值介于 128～191 之间。剩余的 16 位表示主机 ID。B 类地址适用于中等规模的网络，它允许有 16 384 个网络，每个网络能容纳的主机数为 65 534(2^{16}-2)台。

(3) C 类地址。C 类地址用地址中的前 3 段来标识网络 ID，且最高 3 位必须是 "110"，接下来的 21 位表示网络 ID，即网络 ID 的取值介于 192～223 之间。剩余的 8 位表示主机 ID。C 类地址适用于小规模的网络，它允许有 16 384 个网络，每个网络有 254(2^8-2)台主机。

(4) D 类地址。D 类地址不分网络号和主机号，其最高 4 位值为 "1110"。D 类地址用于多播。所谓多播就是把数据同时发送给一组主机，只有那些登记过可以接收多播地址的主机才能接收多播数据包。D 类地址的范围是 224.0.0.0～239.255.255.255。

(5) E 类地址。E 类地址是为将来预留的，也可以用于实验目的，但不能分配给主机使用。

IP 地址的类型决定了网络地址(ID)使用哪些位，主机地址(ID)使用哪些位，同时也决定了每类网络中包含的网络数和每个网络中可能包含的主机数。5 类地址的格式如图 1-10 所示。

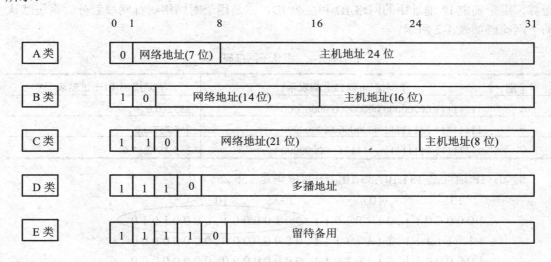

图 1-10 IP 地址的分类结构

3) 保留 IP 地址

为了满足像企业网、校园网、办公室、网吧等内部网络使用 TCP/IP 的需要，Internet 地址授权机构 IANA(Internet Assigned Numbers Authority)将 A、B、C 类地址的一部分保留下来作为私人 IP 地址空间。

保留 IP 地址的特点是，当局域网使用这些地址并接入 Internet 时，它们不会与 Internet 相连的其他使用相同 IP 地址的局域网发生地址冲突。正因为如此，所以当组建一个局域网时，内部网络的 IP 地址可选择保留的 IP 地址，这样当该局域网接入 Internet 后，即使与 Internet 相连的其他局域网也使用了相同的 IP 地址范围(事实上有成千上万的局域网在使用着这些 IP 地址)，它们之间也不会发生 IP 地址的冲突。保留 IP 地址的范围如表 1-1 所示。

表 1-1   保留 IP 地址的范围

类 别	IP 地址范围	网 络 ID	网 络 数
A	10.0.0.0～10.255.255.255	10	1
B	172.16.0.0～172.31.255.255	172.16～172.31	17
C	192.168.0.0～192.168.255.255	192.168.0～192.168.255	256

3. 子网掩码

在两台计算机之间进行通信时，一般用户可能认为只要知道了对方的 IP 地址就可以进行通信了，但实际上这两台计算机之间存在的通信路径可能有很多条。因此在通信时首先要判断这两台计算机是否在同一个网络中，如果在同一个网络中就可以直接通信；如果不是，就转发到本网的出口，由该出口负责选择、处理并发送到目的网络。

1) 标准子网掩码

为了快速确定 IP 地址的哪部分代表网络 ID、哪部分代表主机 ID，以及判断两个 IP 地址是否属于同一网段，就产生了子网掩码的概念。子网掩码与 IP 地址一样，也是一个 32 位的二进制位。子网掩码的作用主要有两个：一是子网掩码与 IP 地址进行"与"、"或"运算，用于确定 IP 地址中的网络 ID 和主机 ID；二是用于对网络进行网段划分。系统默认的子网掩码如表 1-2 所示。

表 1-2   默认子网掩码

类 别	子网掩码(以二进制表示)	子网掩码(以十进制表示)
A	11111111 00000000 00000000 00000000	255.0.0.0
B	11111111 11111111 00000000 00000000	255.255.0.0
C	11111111 11111111 11111111 00000000	255.255.255.0

例如：IP 地址是 131.107.33.10，子网掩码是 255.255.0.0

```
         131        .    107     .    33    .    10
   10000011.01101011.00100001.00001010
   11111111.11111111.00000000.00000000
   10000011.01101011.00000000.00000000
```

网络 ID   131   .   107   .   0   .   0
主机 ID   0   .   0   .   33   .   10

2) 特殊子网掩码

A 类地址网络 ID 数量很少，但是每个网内可容纳的主机数却很多，几乎没有哪个网络会有这么多主机。为了提高 IP 地址的使用率，可以通过人工设定子网掩码的方式将一个网络划分成多个子网。

划分采用借位的方式，从主机最高位开始借位，所借的位与原来的网络 ID 构成新的网络 ID，剩余部分仍为主机 ID。

例如：将 B 类 IP 地址的 168.195.0.0 划分成 27 个子网，其步骤如下。

(1) 27=11011。

(2) 该二进制为 5 位数，$N=5$。

(3) 将 B 类地址的子网掩码 255.255.0.0 的主机地址前五位置 1，得到 255.255.248.0，这就是划分成 27 个子网的 B 类 IP 地址 168.195.0.0 的子网掩码。

知道主机数目也可以计算子网掩码。

例如：欲将 B 类地址 168.195.0.0 划分成若干个子网，每个子网内有 700 台主机，其子网掩码应该是多少？

其操作步骤如下。

(1) 700=1010111100。

(2) 该二进制位为 10 位数，$N=10$。

(3) 使用 255.255.255.255 将该 IP 地址的主机地址位数全部置 1，然后再从后向前将 10 位置 0，即 11111111.11111111.11111100.00000000(255.255.252.0)。这就是将主机划分成 700 台的 B 类 IP 地址 168.195.0.0 的子网掩码。

1.3.3 IPX/SPX 协议

IPX/SPX(Internetwork Packet Exchange/Sequences Packet Exchange，网际包交换/顺序包交换)协议是 Novell 公司开发的通信协议，它的体积比较大，但在复杂环境下有很强的适应性，同时也具有强大的路由功能，能实现网段间的通信。当用户接入的是 NetWare 服务器时，IPX/SPX 及其兼容协议应是最好的选择。但在 Windows 环境中一般不用它，特别要注意的是，在 Windows NT 网络和 Windows 9x 对等网中无法直接用 IPX/SPX 进行通信。

IPX/SPX 的工作方式较简单，不需要任何配置，它可通过"网络地址"来识别自己的身份。在整个协议中，IPX 是 NetWare 最底层的协议，它只负责数据在网络中的移动，并不保证数据传输一定成功，而 SPX 在协议中负责对整个传输的数据进行无差错处理。在 Windows NT 中提供了两个 IPX/SPX 的兼容协议：NWLink IPX/SPX 和 NWLink NetBIOS，两者统称为 NWLink 通信协议。NWLink 通信协议继承了 IPX/SPX 协议的优点，更适应微软的操作系统和网络环境，当需要利用 Windows 系统进入 NetWare 服务器时，NWLink 通信协议是最好的选择。

1.3.4 NetBEUI 协议

NetBEUI (NetBIOS Extend User Interface，用户扩展接口)协议是由 IBM 公司于 1985 年开发的，是一种体积小、效率高、速度快的通信协议，同时也是微软最为喜爱的一种协议，主要适用于早期的微软操作系统，如 DOS、LAN Manager、Windows 3.x 和 Windows for Workgroup。但微软在 Windows XP 中仍将其视为固有默认协议，由此可见它并不是"多余"的，而且对于在有的操作系统中联网还是必不可少的。如在用 Windows 9x 和 Windows ME 组网进入 NT 网络时，不能只用 TCP/IP，还必须加上 NetBEUI 协议，否则就无法实现网络联通。

因为它的出现比较早，也就有它的局限性：NetBEUI 是专门为几台到几百台主机所组成的单段网络而设计的，它不具有跨网段工作的能力，也就是说它不具有路由功能。

1.3.5　协议的选择

要实现网络中计算机间的正常通信，必须安装合适的网络通信协议。协议选择或安装不当，会影响计算机之间的通信。为局域网选择通信协议时，应根据网络规模、网络间的兼容性和网络管理等几方面进行综合考虑。

1. 只安装需要的协议

因每种协议都要占用系统的内存资源，从而影响系统的工作效率，如果可能应只安装一种能满足联网需求的协议即可。如果必须安装多个通信协议，则要考虑协议安装的顺序。

修改协议绑定顺序的步骤如下。

(1) 在 Windows 7 中打开【控制面板】窗口，单击【查看网络状态和任务】超链接，如图 1-11 所示。

图 1-11　【控制面板】窗口

(2) 在打开的【网络和共享中心】窗口中单击【更改适配器设置】超链接，如图 1-12 所示。

图 1-12　【网络和共享中心】窗口

(3) 打开【网络连接】窗口，在【高级】菜单中选择【高级设置】命令，如图1-13所示。

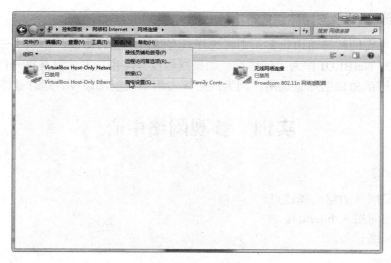

图1-13 【网络连接】窗口

(4) 弹出【高级设置】对话框，在【适配器和绑定】选项卡中，选择【连接】列表框中的【本地连接】选项，则在【本地连接 的绑定】列表框中显示当前该连接所绑定的网络服务及其协议和顺序。选择列表中需要改变顺序的协议，然后单击右侧的向上或向下按钮，如图1-14所示。

图1-14 协议绑定的高级设置

2. 保持协议的一致性

当需要与其他网络进行通信时，要使两个网络在协议的选择方面尽量一致，否则可能会导致在通信时互不相认。不过现在的通信协议标准中TCP/IP为绝大多数协议所接纳、兼容，安装 TCP/IP 时通常不会有这种不相认的现象出现的。

3. 所选择的协议要与网络结构、功能一致

如果网络中有网桥等路由设备，则需选择具有路由功能的协议，如 IPX/SPX、TCP/IP 等，而不能选择 NetBEUI 作为通信协议。如果网络没有路由功能，只是单一的网段，能用 NetBEUI 作为通信协议的尽量选用，因为此协议占用系统资源最少、运行速度最快。

实训　参观网络中心

1. 实训目的

(1) 了解局域网的结构和特点。
(2) 了解如何接入 Internet。
(3) 了解网络设备。

2. 实训设备

学校、企事业单位的网络中心。

3. 背景知识

(1) 计算机网络基础。
(2) 局域网拓扑结构。

4. 实训内容和要求

(1) 观察该网络中所使用的设备，如服务器、交换机、路由器、防火墙等，记录设备名称和型号及这些设备是如何接入网络的，并了解这些设备的主要功能。
(2) 记录该网络内计算机的数量、配置及使用的操作系统。
(3) 画出该网络的拓扑结构，并分析该网络采用何种网络结构。
(4) 写出分析报告。

5. 实训结果和讨论

习　　题

1. 选择题

(1) TCP/IP 主机的非法 IP 地址是(　　)。

    A. 233.100.2.2　　　　　　　　　　　B. 120.1.0.0

    C. 127.120.50.30　　　　　　　　　　D. 131.107.256.60

    E. 188.56.4.255　　　　　　　　　　　F. 200.18.65.255

(2) (　　)是 Internet 使用的协议。

    A. TCP/IP　　　　　　　　　　　　　B. IPX/SPX 及其兼容协议

  C. NetBEUI   D. AppleTalk

(3) ( )操作系统适合作为服务器操作系统。

  A. Windows 2000 Professional B.Windows XP

  C. Windows Server 2003   D.Windows 7

(4) 在OSI参考模型中，保证端到端的可靠性是在( )上完成的。

  A. 数据链路层   B. 传输层

  C. 网络层   D. 会话层

(5) 在计算机网络发展过程中，( )对计算机网络的形成与发展影响最大。

  A. ARPANET   B. OCTOPUS

  C. DATAPAC   D. Novell

(6) 下面各项中不是局域网的特征的是( )。

  A. 分布在一个宽广的地理范围之内 B. 提供给用户一个带宽高的访问环境

  C. 连接物理上相近的设备   D. 速率高

(7) 下面IP地址中，属于B类的是( )。

  A. 128.37.189.2   B. 21.12.238.17

  C. 192.168.0.1   D. 210.1.5.15

(8) 根据分布范围，一个机房的所有计算机联成的网络应是( )。

  A. LAN   B. MAN

  C. WAN   D. CAN

2. 思考题

(1) 架设局域网有哪几种方式？它们各自的特点是什么？

(2) 如何为局域网选择合适的通信协议？

(3) IP地址分为几类？各如何表示？IP地址的主要特点是什么？

(4) 计算机网络有哪些拓扑结构？画出每种拓扑结构图，并说明它们各自的特点是什么。

第 2 章 局域网的硬件设备与操作系统

学习目的与要求：

组建局域网的主要设备有通信介质、通信设备、服务器以及其他配件。网络硬件是网络中计算机间互联必不可少的组成部分，组建局域网之前，选择什么样的网络硬件设备产品，对于网络的性能和可扩展性有着重要的影响。操作系统则是计算机网络的灵魂。

本章重点是通过实践掌握网络传输介质，如双绞线、同轴电缆和光缆的使用方法，学习网络传输介质在不同网络环境中的制作及网卡的安装调试，以及网络操作系统的选择。

2.1 双 绞 线

网络中常见的传输介质有同轴电缆、双绞线、光纤等，其中同轴电缆已经很少使用。双绞线是目前局域网布线工程中使用最为广泛的一种传输介质。

2.1.1 双绞线的结构

双绞线作为一种价格低廉、性能优良的传输介质，在综合布线系统中被广泛应用于水平布线，是当前水平布线的首选电缆。双绞线由两条具有绝缘保护层的铜导线用规则的方法扭绞而成，对称均匀的扭绞可以使线间及周围的电磁干扰最小，每根导线在传输中辐射的电波会被另一根导线上发出的电波抵消。每两条线成为一个芯线对，局域网中的双绞线电缆由不同颜色的 4 对 8 芯线放在一个绝缘套管中组成，如图 2-1 所示。

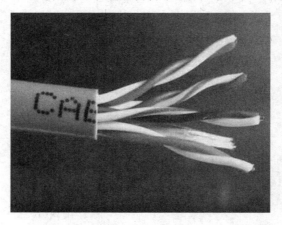

图 2-1 双绞线的结构

双绞线可以传送数字信号，也可以传输模拟信号，其通信距离从几公里到十几公里。对于模拟信号的传输，当传输距离太长时需要安装放大器，以便将衰减的信号放大到合适的数值；对于数字信号的传输则要求加中继器，以将失真的数字信号进行整形。导线越粗，其通信距离就越远，但造价也越高。双绞线在传输距离、带宽和数据率上都有很大的局限性，但是由于它的价格低廉，在短距离的通信中仍被广泛应用。双绞线在距离1 km时能达到每秒几兆字节的速率，在几十米时则能达到100 Mb/s或者更快的速率。

2.1.2 双绞线的分类

双绞线可分为屏蔽双绞线(Shielded Twisted Pair，STP)和非屏蔽双绞线(Unshielded Twisted Pair，UTP)，普通用户使用的大多是非屏蔽双绞线。屏蔽双绞线是在一对双绞线外面有金属筒缠绕，有的还在几对双绞线的外层用铜编织网包上，用作屏蔽，最外层再包上一层具有保护性的聚乙烯塑料，如图2-2所示。与非屏蔽双绞线相比，屏蔽层可以减小辐射，防止信息被窃听，也可以阻止外部电磁干扰的进入，使屏蔽双绞线的传输速率更高、误码率明显降低。但屏蔽双绞线的价格相对较贵，安装也比非屏蔽双绞线困难，通常只用于辐射严重且对传输质量要求较高的场合。无屏蔽双绞线除少了屏蔽层外，其余均与屏蔽双绞线相同，但抗干扰能力较差，误码率也相对较高，但因其价格便宜而且安装方便，广泛应用于电话系统和局域网中。

图2-2 屏蔽双绞线

电气工业协会/电信工业协会(EIA/TIA)按双绞线电气特性将其定义为7种型号，级别越高性能越好。局域网中常用第5类和第6类双绞线，它们都为非屏蔽双绞线，由4对双绞线构成一条电缆。

(1) 1类双绞线：主要用于电话连接，通常不用于数据传输。

(2) 2类双绞线：通常用于程控交换机，ISDN和T1/E1数据传输也可以采用2类电缆。2类线的最高带宽为1 MHz，在局域网中很少使用。

(3) 3类双绞线：又称为声音级电缆，适合于10 Mb/s双绞线以太网和4 Mb/s令牌环网的安装，同时也能运行16 Mb/s的令牌环网，目前已从市场上消失。

(4) 4类双绞线：最高传输速率为20 Mb/s，其他特性与3类双绞线一样，能更稳定地运行16 Mb/s的令牌环网，目前在布线中已经很少使用。

(5) 5类双绞线：又称为数据级电缆，最高传输速率为100 Mb/s，能够运行100 Mb/s的以太网和FDDI，传输距离为100 m，目前大量应用于很多局域网中。

(6) 超 5 类双绞线:最高传输速率可达 155 Mb/s,传输距离可达 130 m,是目前最常见的双绞线类型。

(7) 6 类、7 类双绞线:是新型的电缆,能提供更高的传输速率和更远的距离,其中 6 类双绞线的最高传输速率可以达到 1000 Mb/s,适用于低成本的高速以太网的骨干电路中。

2.1.3 双绞线的制作方法

双绞线的制作非常简单,就是把双绞线的 4 对 8 芯网线按一定规则插入到水晶头中,这类网线的制作所需材料是双绞线和水晶头,所需工具是一把网线压线钳,双绞线的制作就是网线水晶头的制作。

在网络组建过程中,双绞线的接线质量会影响网络的整体性能。双绞线在各种设备之间的接法也有讲究,应按规范连接,否则不是速率上达不到 100 Mb/s,就是距离长了使网络性能下降。

1. 双绞线的连接标准

目前,局域网组网中广泛使用 5 类线和超 5 类双绞线,分为屏蔽和非屏蔽两种。如果是室外使用,选用屏蔽线要好些;如果在室内,则可选用非屏蔽线。由于非屏蔽 5 类线不带屏蔽层,线缆相对柔软些,但其连接方法都是一样的。

根据 EIA/TIA 接线标准,RJ-45 接口制作有两种标准:EIA/TIA 568A 标准和 EIA/TIA 568B 标准。

1) EIA/TIA 接线标准

568A 标准的线序:白绿、绿、白橙、蓝、白蓝、橙、白棕、棕。

568B 标准的线序:白橙、橙、白绿、蓝、白蓝、绿、白棕、棕。

2) 直通线线序

直通线的线序一般遵从 EIA/TIA 标准 568B,两端线序一样,如图 2-3 所示。直通线通常用于不同类型设备的连接,如计算机与集线器、计算机与交换机、集线器的普通端口与集线器的级联口连接、交换机与路由器连接等。

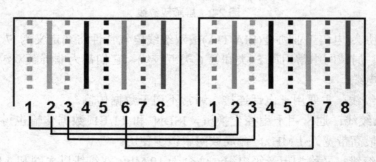

图 2-3　直通线线序

3) 交叉线线序

交叉线的线序是一端用 EIA/TIA 568B 标准,另一端用 EIA/TIA 568A 标准,如图 2-4 所示。交叉线一般用于连接同种设备,如两台计算机直接通过网线连接时,必须使用交叉线来连接,集线器与集线器的普通端口相连接、集线器与交换机相连接、交换机与交换机相连接、路由器与路由器相连接等也采用交叉线来连接。

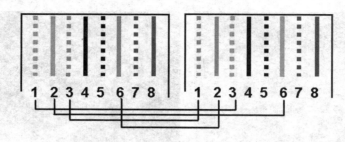

图 2-4　交叉线线序

2. 双绞线的制作

知道了双绞线的连接标准，下面以两台计算机互联的对等网所需的网线为例来介绍如何制作双绞线。

(1) 根据所需要的双绞线长度，用压线钳剪取一段双绞线，两端用剪刀剪齐，将双绞线的一端插入压线钳的剥线刀口，然后适度握紧压线钳(注意不能太用力，否则会划破里面的双绞线套皮甚至剪断双绞线)，慢慢旋转双绞线，让刀口划开双绞线电缆的保护外皮，松开压线钳，取出双绞线，剥去一端的塑料包皮约 20 mm，如图 2-5 所示。可以看到共有 4 对双绞线，将 4 对线扇状拨开，按顺时针方向由左向右依次为白橙/橙、白蓝/蓝、白绿/绿、白棕/棕排好，如图 2-6 所示。

(2) 将双绞线反向缠绕开，每对线分开排列，注意第 3、5 脚的位置互调，调整好的顺序是白橙、橙、白绿、蓝、白蓝、绿、白棕、棕，如图 2-7 所示。将 8 条细线拢好后，用斜口钳剪齐，并留有 14 mm 的长度。

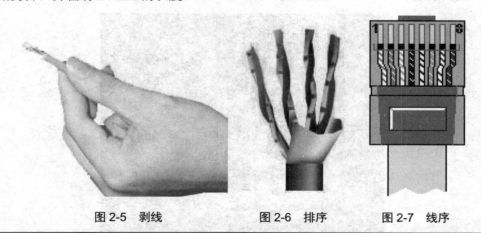

图 2-5　剥线　　　　图 2-6　排序　　　　图 2-7　线序

> **注意**：芯线留得太长，芯线间的相互干扰就会增强，容易损坏。如果芯线太短，接头的金属不能全部接触到芯线，则会因接触不良而使线路不稳。这两点通常是网络效率不高的主要原因。

(3) 并拢、剪齐双绞线线头，检查芯线的排列顺序正确后，将网线插入 RJ-45 接头中，如图 2-8 所示。再放松压线钳，将 RJ-45 头用力塞入压线钳的 RJ-45 插座内，尽量将芯线顶到接头的前端，直到塞不动为止，用力压下压线钳的手柄，直到锁扣松开，如图 2-9 所示。

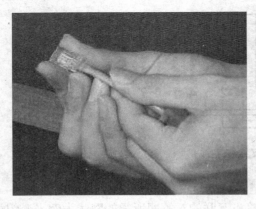 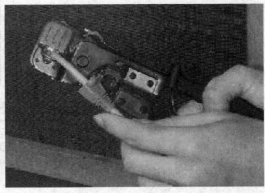

图 2-8　将网线插入 RJ-45 接头　　　　　　图 2-9　压线钳夹紧

(4) 将做好的接头凸起的尾巴对准网卡缺口轻轻一插，听到"喀"的一声就可以了，拔出接头也应不费力。如果插入、拔出不顺，说明接头夹得不紧，再用压线钳用力夹一夹。另一头的做法同上。但特别要注意的是，此例是两台计算机互联的对等网，另一头的接法线路要有变化，顺序是白绿、绿、白橙、蓝、白蓝、橙、白棕、棕。

3. 双绞线的测试

要想网络之间通信，线路必须畅通。要检测双绞线是否接通，可用网络测线仪来测试双绞线是否插对位置，每根导线是否插牢。图 2-10 所示为一台简单的测线仪，左边的是发送端，右边的是接收端，发送端里配备了一个 9 V 的叠层电池。将做好的网线分别插入测试仪，根据测试仪左右两边灯亮的情况，就可以判断网线是否真正做好了。

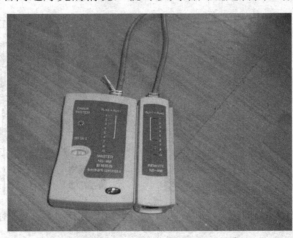

图 2-10　双绞线测试

测试仪每一端都有 8 个指示灯，对于两台计算机互联的对等网的网线来说，如果左边的亮灯顺序为 1、2、3、4、5、6、7、8 依次闪烁，右边的亮灯顺序为 3、6、1、4、5、2、7、8 依次闪烁，说明双绞线接法正确；直通线的测试方法也一样。在测试时，测试仪左右两边的亮灯顺序均为 1、2、3、4、5、6、7、8 依次闪烁，表明接法正确。

如果 8 个灯中有一个灯不亮，说明有一组导线未夹紧，应重新夹紧网线头；如果闪烁的灯停留在某个指示灯上，则说明网线的接法不对，应剪断重新排列；如果看到亮灯顺序不对，则说明跳线有误，应重新制作。

2.2　同轴电缆

同轴电缆是最早在局域网中使用的一种传输介质，主要用于总线型网络中，它由同轴的内、外两个导体组成。内导体是一根金属线，外导体是一层圆柱形的金属导体，一般由细金属线编织为网状结构，内、外导体之间有绝缘层，如图 2-11 所示。另外，同轴电缆的两端需要有终结器(用 50 Ω 或 75 Ω 的电阻连接内、外导体)，中间连接需要收发器、T 形头、筒形连接器等器件。单根同轴电缆的直径为 1.02～2.54 cm。

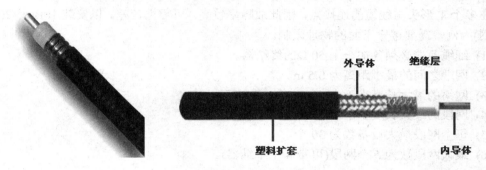

图 2-11　同轴电缆

常用的同轴电缆型号有下列几种。

(1) RG-8 或 RG-11(50 Ω)：粗缆。

(2) RG-58AJ 或 58CU(50 Ω)：细缆。

(3) RG59(75 Ω)：CATV 电缆。

(4) RG-62(93 Ω)：IBM3270 系统使用。

根据带宽和用途不同，同轴电缆可分为基带同轴电缆和宽带同轴电缆。宽带同轴电缆主要用于高带宽数据通信，支持多路复用，如有线电视的数据传送，较少用于计算机局域网中。

局域网中常用的是 50 Ω 基带同轴电缆。基带同轴电缆常用于总线型拓扑结构，即一根电缆连接多台计算机，数据传输速率达到 10 Mb/s。根据基带同轴电缆的直径大小，基带同轴电缆又分为粗缆和细缆，如表 2-1 所示。粗缆多用于局域网主干，支持 2500 m 的传输距离，可以连接数千台设备，但其价格较高；细缆多用于与用户桌面连接，级联使用可支持 800 m 的传输距离，但一般不超过 180 m，可以连接数千台设备。

同轴电缆的最大优点是抗干扰性强，而且支持多点连接；缺点是物理可靠性不好，在公用机房、教学楼等人员嘈杂的地方，极易出现故障，而且某一点发生故障，整段局域网都无法通信，所以已基本被非屏蔽双绞线所取代。

表 2-1　同轴电缆类型

类　型	适　用
50 Ω RG-8 及 RG-11	用于粗缆以太网中
50 Ω RG-58	用于细缆以太网中
70 Ω RG-59	CATV
93 Ω RG-62	专用于 ARCnet

2.2.1　细缆

细缆一般采用 RG58A，适用于传输速率不高(10 Mb/s)、距离近的局域网。用它组网成本低，可以连接集线器(Hub)、交换机等网络交换设备。细缆组网安装方便，但由于整个总线存在多个 T 形头与线缆的连接点，因此故障率较高，可靠性较差。以安装 10Base-2(细缆以太网)为例，需要遵守下面的物理限制。

(1) 细缆两端必须各加一个 50 Ω 的终结器。

(2) 网端之间的最小距离为 0.5 m。

(3) 网络的最大长度小于 925 m。

(4) 网段的最大长度小于 185 m。

(5) 每个网段最大设备数为 30 个。

(6) 最大网段数为 5 个网段(可带 4 个中继器)。

2.2.2　粗缆

粗缆一般采用 RG-11，特征阻抗为 50 Ω，直径为 0.4 英寸。一段粗缆的最大长度为500 m，每一段的两端必须各加一个 50 Ω 的终结器，每个工作站必须加一个 AUI 收发器。粗缆的传输速率为 10 Mb/s。因为需要 AUI 收发器，组网的成本较高，因此目前使用不多。

2.3　光　　纤

光纤(光导纤维电缆)，是网络传输介质中性能最好、应用前景最好的一种电缆，目前大多数大规模的局域网的主干网都采用光纤作为传输介质。光纤的传输速率可以达到每秒几千兆字节。光纤的优点是体积小、重量轻、传输频带宽、传输损耗小、保密性能好、误码率低、不受雷电和电磁干扰等。其缺点是分接和安装困难、安装和测试工具都非常昂贵。

2.3.1　光纤的结构和通信原理

光纤在结构上和同轴电缆相似，只是没有网状屏蔽层。其通信的中心是光传播的玻璃芯，玻璃芯外面包着一层折射率比芯低的玻璃封套。纤芯通常是由石英玻璃做成的横截面很小的双层同心圆柱体，质地较脆，容易断裂，因此需要在外面加一层保护层。光纤通常被扎成束，外面有外壳保护，称为光缆，如图 2-12 所示。

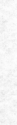

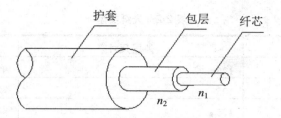

图 2-12　光纤的结构

使用光纤传输信号时，光纤两端必须配有光发射机和光接收机。光发射机负责将数字代码的电信号转换为光信号，并将光信号导入光纤，光信号在光纤中传输，在另一端的光接收机则负责接收光纤上传出的光信号，并将光信号转换为电信号。在实际应用中，光缆的两端都应该安装光纤收发器，光纤收发器集成了光发射机和光接收机的功能，既负责光的发送又负责光的接收。此外，如果传输距离较长，为防止信号衰弱，每隔一定的距离还需要安装一台中继器。

光纤是利用光线在纤芯内的全反射实现信息传输的。光纤通信的传输原理是基于光线由光密介质进入光疏介质时，在入射角足够大的情况下会发生全反射的特性。如图 2-13 所示，∠1、∠2、∠3 是入射角，∠1′、∠2′是折射角，当入射角∠1、∠2、∠3 逐渐增大，入射角度达到∠3 时，发生全反射，即光波能量几乎全部反射，没有能量损失，这样可以达到长距离、高速传输的目的。

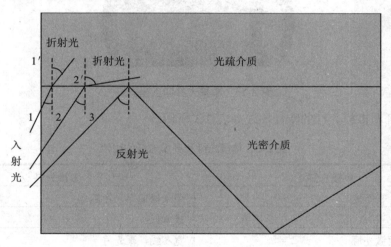

图 2-13　光纤通信的传输原理

2.3.2　多模光纤和单模光纤

光纤的类型由模材料(玻璃式塑料纤维)芯和外层尺寸决定，芯的尺寸大小决定光的传输质量。根据光在光纤中的传播方式，可将光纤分为两种类型：多模光纤和单模光纤。其中的模是指以一定角度进入光线的一束光。常用的光纤类型如表 2-2 所示。

表 2-2　光纤类型　　　　　　　　　　　　　　　　　　　　单位：μm

芯　径	外层尺寸	模
8.3～10	125	单模
50	125	多模
62.5	125	多模
85	125	多模
100	140	多模

单模光纤：芯径小于 10 μm。光直线传播，频率单一，如图 2-14 所示。

多模光纤：芯径在 50 μm 以上。光波浪形传播，频率多样，如图 2-14 所示。

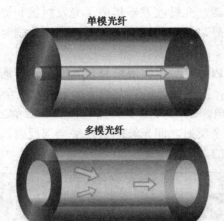

图 2-14　单模光纤和多模光纤

单模光纤和多模光纤的特性比较如表 2-3 所示。

表 2-3　单模光纤和多模光纤的比较

单模光纤	多模光纤
用于高速率、长距离	用于低速率、短距离
成本高	成本低
窄芯线，需要激光源	宽芯线，聚光好
耗散极小，高效	耗散较大

2.4　网　　卡

　　网卡(Network Interface Card，NIC)又称网络适配器或网络接口卡，用以连接计算机和网络，是组建局域网不可缺少的基本配件。网卡一方面负责接收网络中传过来的数据包，解包后，将数据通过主板的总线传输给计算机；另一方面负责将本地计算机上的数据包传输给网络。

2.4.1 网卡的类型

根据总线接口的不同，可以将网卡分为 ISA 网卡、PCI 网卡、专门应用于笔记本电脑的 PCMCIA 网卡及 USB 网卡。其中 ISA 网卡因其速度缓慢、安装复杂等问题已经退出历史舞台，在此不再详述。

1. PCI 网卡

PCI 网卡是目前最流行的网卡接口类型，在台式机和服务器上都有普遍使用。PCI 总线网卡有 10 Mb/s、10/100 Mb/s 自适应、10/100/1000 Mb/s 自适应等几种。其中 10 Mb/s 网卡已经停产；10/100 Mb/s 自适应网卡主要应用在台式机上，如图 2-15 所示；10/100/1000 Mb/s 自适应网卡目前主要应用在服务器上，但随着 1000 Mb/s 网络的发展，一些台式机主板也开始集成 10/100/1000 Mb/s 自适应网卡。1000 Mb/s 网卡中有一部分使用铜缆网卡，使得用户不用光纤，只使用超 5 类双绞线即可构成千兆网络。图 2-16 所示为服务器网卡。

图 2-15 10/100 Mb/s 自适应网卡   图 2-16 服务器网卡

2. PCMCIA 网卡

PCMCIA 网卡专门用于笔记本电脑，如图 2-17 所示。PCMCIA 总线是专用于笔记本电脑的一种总线，笔记本电脑通常有一个或两个 PCMCIA 插槽，用于功能扩展。PCMCIA 总线分为两种，一种是 16 位的 PCMCIA，另一种是 32 位的 CardBus。CardBus 是一种用于笔记本电脑的芯的高性能 PC 卡总线接口标准，不仅提供了更快的传输速度，而且可以独立于主 CPU，与计算机内存直接交换数据，从而减轻了 CPU 的负担。

图 2-17 PCMCIA 网卡

3. USB 网卡

USB 作为一种新型的总线技术，其传输速率远远大于传统的串行口和并行口，安装简单且支持热插拔，被广泛应用于鼠标、键盘、打印机、扫描仪等设备，网卡自然也不例外。当前市场上很多主板采用小板设计，PCI 插槽比较少，还有一些老的笔记本电脑没有配置网卡，这些情况下 USB 网卡都是一个不错的选择。USB 网卡其实就是一种外置式网卡，如图 2-18 所示。

图 2-18 USB 网卡

除了上述的几种类型之外，还出现了一种在服务器上使用的网卡类型——PCI-X，它与原来的 PCI 相比在 I/O 速度方面提高了一倍，比 PCI 接口具有更快的数据传输速度。目前这种总线类型的网卡在市面上比较少见，主要由服务器厂商独家提供。另外还有一种由 Intel 提出，由 PCI-SIG(PCI 特殊兴趣组织)颁布的 PCI-Express 总线，无论是在速度上还是结构上都比 PCI-X 总线要强许多，这种总线类型并不是专用于网卡，有可能在将来取代现行的 AGP 和 PCI 接口，实现计算机内部的总线接口的统一。

除了按总线接口类型分类之外，还可以按端口类型将网卡分为 RJ-45 接口(双绞线)网卡、AUI 接口(粗缆)网卡、BNC 接口(细缆)网卡和光纤接口网卡等。目前大多数局域网使用的是 RJ-45 接口网卡。按接口的数量网卡可分为单端口网卡、双端口网卡和三端口网卡，如 RJ-45+BNC、RJ-45+BNC+AUI 等，以适应不同传输介质的网络。按应用的领域分，网卡可以分为工作站网卡和服务器网卡，服务器网卡由于承担着为网络提供服务的重任，无论从传输速率方面还是稳定性和容错性方面对网卡都有较高的要求。

2.4.2　网卡的选择

网卡作为局域网组建的基本配件，对于整个网络的性能起着决定性作用。在选择网卡时应该综合考虑网络类型、传输介质类型、网络带宽，以及网卡的品牌、质量等。

1. 网卡的传输速率与接口类型

计算机网络发展迅速，目前市场上大部分计算机主板上都集成了 10/100 Mb/s 自适应网卡，因此对于大多数新配机器的用户来说，不需要再添加新的网卡。而对于没有集成网卡或者需要安装双网卡的用户，则应该根据需要来选择合适的网卡。现在网卡价格已经非常便宜，几十元就能买一块普通的 10/100 Mb/s 自适应网卡。另外，现在 RJ-45 接口使用最为广泛，许多网络设备都采用此接口，所以一般用户选择 RJ-45 接口的 10/100 Mb/s 自适应网卡就可以了。

2. 网卡的用途

根据工作对象的不同，网卡可以分为服务器网卡和普通工作站网卡。对于台式机，一般的网卡都可以胜任，不用追求高端品牌。而服务器网卡是为了适应服务器的工作特点专门设计的，在网卡上采用专门的控制芯片，大量的工作由控制芯片直接完成，从而减轻了 CPU 的负担，对于这类用途的网卡，应选择性能好的名牌产品，否则会对网络速度产生很大的影响。在安装无盘工作站时，则必须选择支持远程启动的网卡，并且需要经销商提供对应网络操作系统上的引导芯片(Boot ROM)。

2.4.3 网卡的安装

目前大多数计算机主板都集成了 10/100 Mb/s 自适应网卡，因此对于大部分用户来说，不需要再手工安装网卡，只需要安装网卡相应的驱动程序即可。但若用户需要安装双网卡或者网卡坏了需要更换网卡时，则还需要进行网卡的安装操作。

网卡的安装主要分为两步：硬件安装和网卡驱动程序安装。下面以安装 PCI 网卡为例介绍网卡的安装过程。

(1) 关闭计算机并切断电源，然后打开机箱盖。

(2) 在主板上选择一个未使用的 PCI 插槽，卸去该插槽后面对应的挡板。

(3) 用手轻握网卡两端，垂直对准主板上的 PCI 插槽，向下轻压到位后，再用螺钉固定即完成了网卡的安装。压的过程中要稍用些力，直到网卡的引脚全部压入插槽中为止，同时，两手的用力要均匀，不能出现一端压入，而另一端翘起的现象。

(4) 安装完成后，盖上机箱盖并紧固机箱螺钉。

(5) 打开计算机，安装网卡驱动程序。

2.5 集 线 器

早期的局域网都是总线型的，通过一条总线电缆将整个办公室甚至整栋楼的计算机连接起来。这种网络的主要缺点是线缆价格昂贵、布线困难、网络扩展和管理不方便、可靠性较差。为了解决这些问题，人们借鉴中继器的原理研制了集线器，它将所有计算机通过一些集中的端口连接在一起，这样网络的扩展和管理就方便了很多。集线器实际上是对总线电缆的一种浓缩，将总线电缆缩成集线器的内部总线并模块化，通过端口向外提供多个连接，只需要利用标准的接头直接将电缆插接在集线器的端口上即可。

2.5.1 集线器的工作原理

集线器是星型拓扑结构网络的中心网络设备，图 2-19 所示为 8 个端口的集线器，共连接了 8 台计算机，集线器会对连接的计算机之间进行信号的转发传递。具体的通信过程是：

当计算机 1 要发送一条信息给计算机 8 时,计算机 1 的网卡将信息通过双绞线送到集线器上,但是集线器不会直接将信息送给计算机 8,而是将信息进行"广播",将信息同时发送给 8 个端口。8 个端口上的计算机接收到这条广播信息时,会对信息进行检查,如果发现该信息是发给自己的则接收,否则不予理睬。由于该信息是计算机 1 发给计算机 8 的,因此最终计算机 8 会接收该信息,而其他 7 台计算机看完信息后,会因为信息不是自己的而不接收该信息。

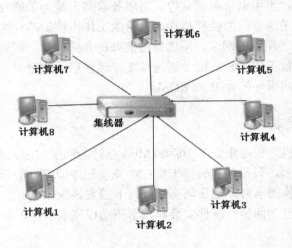

图 2-19 集线器的工作原理

2.5.2 集线器的特点

1. 共享带宽

集线器的带宽是指它通信时能够达到的最大速度。目前市面上用于中小型局域网的集线器主要有 10 Mb/s、100 Mb/s 和 10/100Mb/s 自适应 3 种。

10 Mb/s 带宽的集线器的传输速度最大为 10 Mb/s,即使与它连接的计算机使用的是 100 Mb/s 网卡,在传输数据时速度仍然只有 10 Mb/s。

集线器上每个端口的真实速度除了与集线器的带宽有关外,与同时工作的设备数量也有关。比如说一个带宽为 100 Mb/s 的集线器上连接了 8 台计算机,当这 8 台计算机同时工作时,则每台计算机真正所拥有的带宽是(100/8) Mb/s=12.5 Mb/s。

集线器在一个时钟周期中只能传输一组信息,如果一台集线器连接的计算机数目较多,并且多台计算机经常同时通信时,会导致集线器的工作效率很差,如发生信息堵塞、碰撞等。

2. 半双工

由于集线器采取"广播"的方式传输信息,因此集线器传送数据时只能工作在半双工状态下。比如计算机 1 与计算机 8 需要相互传送一些数据,当计算机 1 在发送数据时,计算机 8 只能接收计算机 1 发过来的数据,等计算机 1 停止发送并做好了接收准备,它才能将自己的信息发送给计算机 1 或其他计算机。

2.5.3 集线器的选择

1. 带宽

根据带宽的不同，目前市面上用于局域网的集线器可分为 10 Mb/s、100 Mb/s 和 10/100 Mb/s 自适应 3 种。选择哪种集线器主要取决于以下 3 个因素。

(1) 上连设备带宽：如果上连设备支持 IEEE 802.3U，则可购买 100 Mb/s 集线器，否则只能选择 10 Mb/s 的。

(2) 站点数：由于连接在集线器上的所有计算机都使用同一个上行总线，处于同一冲突域内，所以如果计算机数目较多，最好选择带宽高的。

(3) 应用需求：若传输内容不涉及语音、图像等，则可选择低带宽的；若传输内容中包含大量的多媒体元素，则应选择高带宽的。

2. 扩展需求

根据端口数目的多少，集线器一般分为 8 口、16 口和 24 口几种。当一个集线器提供的端口不够时，一般有两种方法可以扩展：堆叠和级联。

3. 支持网管功能

根据对 Hub 管理方式的不同，集线器可分为亚集线器和智能集线器两种。智能集线器改进了普通 Hub 的缺点，增加了网络交换功能，具有网络管理和自动检测网络端口速度的能力。亚集线器只起到简单的信号放大和再生作用，无法对网络性能进行优化。早期使用的共享式 Hub 一般为非智能型的，而现在流行的 100 Mb/s Hub 和 10/100 Mb/s 自适应 Hub 多为智能型的。

4. 接口类型

选择 Hub 时，还要注意信号输入口的接口类型，与双绞线连接时需要具有 RJ-45 接口；如果与细缆相连，需要具有 BNC 接口；与粗缆相连需要有 AUI 接口；当局域网长距离连接时，还需要具有与光纤连接的光纤接口。早期的 10 Mb/s Hub 一般具有 RJ-45、BNC 和 AUI 这 3 种接口。100 Mb/s Hub 和 10/100 Mb/s Hub 一般只有 RJ-45 接口，有的也具有光纤接口。

5. 品牌和价格

目前市面上的高档 Hub 市场主要还是由美国产品占据，如 3COM、TP-Link 等，它们在设计上比较独特，一般几个甚至是每个端口配置一个处理器，当然价格也比较高。中国台湾的 D-Link 和 Accton 的产品占据了中低端市场上的主要份额，而大陆的一些公司如联想、实达也分别推出了自己的产品。中低档产品一般均采用单处理器技术，其外围电路的设计也大同小异，各个品牌在质量上差距已经不大。相对而言，大陆产品的价格要便宜很多。

2.5.4 集线器的连接

集线器的连接比较简单，基本上不用配置，但为了使集线器满足大型网络对端口数量的要求，一般在较大型网络中采用堆叠和级联方式来解决。

1. 堆叠

堆叠是解决单个集线器端口不足时的一种方法,如图 2-20 所示,但是因为堆叠在一起的多个集线器还是工作在同一环境下,所以堆叠的层数也不能太多。市面上一些集线器以其堆叠层数比其他品牌的多而作为卖点,如果遇到这种情况,要辩证地认识:一方面可堆叠层数越多,一般说明集线器的稳定性越高;另一方面,可堆叠层数越多,每个用户实际可享有的带宽则越小。

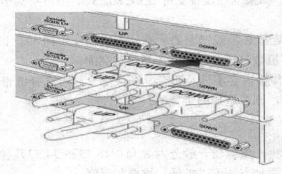

图 2-20 集线器的堆叠

2. 级联

级联是在网络中增加用户数的另一种方法,但是此项功能的使用一般是有条件的,即 Hub 必须提供可级联的端口,此端口上常标有 Uplink 或 MDI 字样,用此端口与其他的 Hub 进行级联,如图 2-21 所示。如果没有提供专门的端口,当要进行级联时,连接两个集线器的双绞线在制作时必须要进行错线。

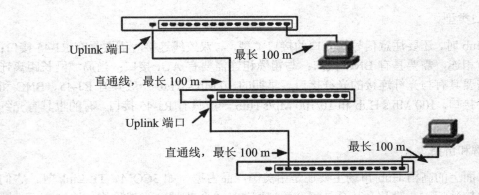

图 2-21 集线器的级联

2.6 交 换 机

2.6.1 交换机的主要功能

交换机是一种基于 MAC 地址识别、能完成封装转发数据包功能的网络设备。它可以识别数据包中的 MAC 地址信息,并将其存放在内部的 MAC 地址表中。交换机通过查看数据包头部的 MAC 地址信息，可以直接将数据包发往其目标端口，而不是向所有端口转发。另外，一些交换机也可以把网络"分段"，通过对照地址表，交换机只允许必要的网络流量通过交换机。通过交换机的过滤和转发，可以有效地隔离广播风暴、减少误包和错包的出现、避免共享冲突。交换机的主要功能包括物理编址、网络拓扑结构、错误校验、帧序列及流量控制。目前一些高档交换机还具备一些芯的功能，如对 VLAN(虚拟局域网)的支持、对链路汇聚的支持，有的甚至还具有防火墙和路由功能。

2.6.2 交换机与集线器的区别

从两者的工作原理来看，交换机和集线器是有很大差别的。

首先，从 OSI 体系结构来看，集线器属于 OSI 的第一层物理层设备，而交换机属于 OSI 的第二层数据链路层或者更高层设备。

其次，从工作方式来看，集线器采用的是广播方式，在共享网段内每次只能传送一个数据帧，多个节点发送数据帧就会出现冲突，很容易产生"广播风暴"，当网络规模较大时性能会受到很大的影响。而当交换机工作的时候，只有发出请求的端口和目的端口之间相互响应而不影响其他端口，因此交换机能够在一定程度上隔离冲突域和有效抑制"广播风暴"的产生。

另外，从带宽来看，集线器不管有多少个端口，所有端口都是共享一条带宽，在同一时刻只能有两个端口传送数据，其他端口只能等待，同时集线器只能工作在半双工模式下；而对于交换机而言，每个端口都有一条独占的带宽，当两个端口工作时并不影响其他端口的工作，同时交换机不但可以工作在半双工模式下，而且可以工作在全双工模式下。

2.6.3 交换机的特点

1. 独享带宽

由于交换机能够智能化地根据地址信息将数据快速传送到目的地，因此它不会像集线器那样在传输数据时"打扰"那些非收信人，这样交换机在同一时刻可进行多个端口组之间的数据传输。每个端口都可视为独立的网段，相互通信的双方独自享有全部的带宽，无须同其他设备竞争使用。比如说，当主机 A 向主机 D 发送数据时，主机 B 可同时向主机 C 发送数据，而且这两个传输都享有网络的全部带宽——假设此时它们使用的是 100 Mb/s 的交换机，那么该交换机此时的总流通量就等于 2×100 Mb/s=200 Mb/s。

2. 全双工

当交换机上的两个端口在通信时，由于它们之间的通道是相对独立的，可以实现全双工通信。

2.6.4 交换机的选择

选择交换机时，主要根据网络的实际需要来选择；同时注意交换机的各项性能指标，如端口类型、交换方式、背板带宽、网管功能等；对于规模较大的一些网络，由于需要更多的交换机，产品的价格和售后服务也是要考虑的因素。

1．端口数量

交换机设备的端口数量是最直观的衡量因素，常见的交换机端口数有 8 口、12 口、16 口、24 口、48 口等几种。对于一个百人以内规模的企业或校园网环境来说，24 口的交换机既可以作部门交换机，也可以当中心骨干交换机使用；从应用上说，24 口交换机比 8 口和 16 口的交换机有更大的扩展余地，对企业进一步扩展网络有利。

2．交换速度

交换机的交换速度是企业内部网传输性能的重要因素，目前 10/100 Mb/s 快速以太网已成为主流，一般的交换机都能够提供全部或部分 10/100 Mb/s 端口，单纯提供 10 Mb/s 端口的交换机已逐渐淡出市场。如果企业对于局域网的传输速度要求较高，那么还是应该选用千兆级的核心交换机作为企业网骨干交换机，但其价格要远远高于普通的工作组级交换机。

3．交换方式

目前交换机在传送源端口和目的端口的数据包时采用直通式交换、存储转发方式和碎片隔离方式 3 种数据包交换方式。直通式是在交换机收到整个数据包之前就已经开始转发数据。存储转发是计算机网络领域使用最为广泛的方式，它将输入输出端口到来的数据包先缓存起来，然后进行 CRC(循环冗余校验)检查，确定数据包是否正确，并过滤掉冲突包错误，确定包正确后，取出目的地址，通过查找 MAC 表找到想要发送的目的地址，然后将该包发送出去。碎片隔离是介于两者之间的一种解决方案，它检查数据包的长度，若小于 64 B 说明是假包则丢弃，若大于 64 B 则发送该包。存储转发方式是目前交换机的主流交换方式。

2.7　路　由　器

使用集线器和交换机，用户已经可以组建局域网了。但是当机器的数量达到一定数目时，问题也就来了：对于用集线器构成的局域网而言，由于采用"广播"工作模式，当网络规模较大时，信息在传输过程中出现碰撞、堵塞的情况越来越严重，即使是交换机，这种情况也同样存在。路由器是一种连接多个网络或网段的网络设备，它能将不同网络或网段之间的数据信息进行"翻译"，以使它们能够相互"读"懂对方的数据，从而构成一个更大的网络。

2.7.1　路由器的基本功能

路由器(见图 2-22)的一个作用是连通不同的网络，另一个作用是选择信息传送的线路。选择快捷的近路能大大提高通信速度、减轻网络系统通信负荷、节约网络系统资源，提高网络系统通畅率，从而让网络系统发挥出更大的效益。路由器的基本功能如下。

(1) 协议转换：路由器可支持不同网络层协议的转换，实现不同网络间的互联。

(2) 路由选择：当数据分组从互联的网络到达路由器时，路由器能根据分组的目的地址，按某种路由策略，选择最佳路由，将分组转发出去。

(3) 流量控制：通过流量控制，避免传输数据的拥挤和阻塞。

(4) 过滤和隔离：路由器可对网间传输的数据分组进行过滤，并隔离广播风暴。

(5) 分段和组装：当多个网络通过路由器互联时，各网络传输的数据分组的大小可能不同，这就需要路由器对数据分组进行分段或重新组装。

(6) 网络管理：路由器连接多种网络，网间信息都要通过路由器，在这里对网络中的信息流、设备进行监控和管理是比较方便的。因此，高档路由器都配备了网络管理功能，以便提高网络的运行效率、可靠性和可维护性。

图 2-22　路由器

2.7.2　路由器与交换机的区别

路由器产生于交换机之后，因此路由器和交换机有一定的联系，它们不是完全独立的两种设备，路由器主要克服了交换机不能路由转发数据包的不足。总地来说，路由器与交换机的主要区别体现在以下几个方面。

1. 工作层次不一样

最初的交换机工作在 OSI 模型的第二层，即数据链路层，而路由器一开始就设计 OSI 模型的第三层，即网络层。由于交换机工作在数据链路层，因此它的工作原理比较简单。而路由器工作在网络层，可以得到更多的协议信息，因此路由器可以做出更加智能的转发策略。虽然现在有 3 层交换机，部分实现了路由器的一些功能，但并不能完全代替路由器。

2. 数据转发所依据的对象不同

交换机是利用物理地址来确定是否转发数据，而路由器则是利用位于第三层的寻址方法来确定是否转发数据，使用的是 IP 地址而不是物理地址。IP 地址是在软件中实现的，描述的是设备所在的网络，有时这些第三层的地址也称为协议地址或者网络地址。物理地址通常是由网卡生产厂商分配并且固化到网卡中去的，而 IP 地址通常由网络管理员分配，这个过程通过软件实现，因此 IP 地址很容易改变。

3. 路由器可以分割广播域

传统的交换机只能分割冲突域，而无法分割广播域，而路由器可以分割广播域。由交换机连接的网段仍属于同一个广播域，广播数据包会在交换机连接的所有网段上传播，在某些情况下会导致通信拥挤和安全漏洞。连接到路由器上的网段会被分配成不同的广播域，广播数据不会穿过路由器。虽然第三层以上的交换机具有 VLAN 功能，也可以分割广播域，但是各个广播域之间是不能通信交流的，它们之间的交流仍然需要路由器。

4. 路由器提供防火墙服务

路由器仅仅转发特定地址的数据包，不传送不支持路由协议的数据包传送和未知目标网络数据包的传送，从而可以防止广播风暴。

2.7.3 路由器的通信协议

所谓通信协议是指通信双方的一种约定，包括对数据格式、同步方式、传送速度、传送步骤、检错纠错方式和控制字符定义等做出统一规定，通信双方必须共同遵守，因此也叫通信控制规程或传输控制规程。

路由协议分为两个部分：静态路由和动态路由。

由系统管理员事先设置好固定的路由表称之为静态路由表，一般是在系统安装时根据网络的配置情况预先设定的，它不会随未来网络结构的改变而改变，一般用于网络规模不大、拓扑结构固定的网络中。静态路由的优点是简单、高效、可靠，在所有的路由中，静态路由的优先级最高。

动态路由是网络中的路由器之间相互通信、传递路由信息、利用收到的路由信息更新路由器表的过程。动态路由能实时地适应网络结构的变化，如果路由更新信息表明发生了网络变化，路由选择软件就会重新计算路由，并发出新的路由更新信息。这些信息通过各个网络，引起各路由器重新启动其路由算法，并更新各自的路由表以动态地反映网络拓扑变化。动态路由适用于网络规模大、网络拓扑复杂的网络。当然，各种动态路由协议会不同程度地占用网络带宽和 CPU 资源。

静态路由和动态路由有各自的特点和适用范围，因此在网络中动态路由通常作为静态路由的补充。当一个分组在路由器中进行寻径时，路由器首先查找静态路由，如果查到则根据相应的静态路由转发分组；否则再查找动态路由。

根据是否在一个自治域内部使用，动态路由协议分为内部网关协议(IGP)和外部网关协议(EGP)。这里的自治域是指一个具有统一管理机构、统一路由策略的网络。自治域内部采用的路由选择协议称为内部网关协议，常用的有 RIP(Routing Information Protocol，路由信息协议)、OSPF(Open Shortest Path First，开放式最短路优先)；外部网关协议主要用于多个自治域之间的路由选择，常用的是 BGP(Border Gateway Protocol，边界网关协议)和 BGP-4。

2.7.4 路由器的主要优缺点

路由器虽然属于高档的网络接入设备，但与其他设备一样，也存在一些优缺点，主要体现在以下方面。

1. 优点

(1) 适用于大规模的网络。
(2) 复杂的网络拓扑结构，负载共享和最优路径。
(3) 更好地处理多媒体。
(4) 安全性高。
(5) 隔离不需要的通信量。

(6) 节省局域网的频宽。

(7) 减少主机负担。

2. 缺点

(1) 不支持非路由协议。

(2) 安装复杂。

(3) 价格高。

2.7.5 路由器的选择

路由器是组建局域网时经常用到的网络产品，目前市场上路由器品牌型号众多，面对这些眼花缭乱的产品，相信那些对路由器不太熟悉的用户肯定会感到无从下手。选购路由器应主要从以下几个方面加以考虑。

(1) 实际需求：性能、功能、所支持的协议等必须满足要求，不要盲目追求品牌。

(2) 吞吐量：指路由器对数据包的转发能力。较高档的路由器能对较大的数据包进行正确快速转发；而低档路由器则只能转发小的数据包，对于较大的数据包则需要拆分成许多小的数据包再进行转发。

(3) 可扩展性：要考虑到未来网络升级的需要。

(4) 服务支持：生产厂家售前售后的服务和支持是保证设备正常使用的重要因素。

(5) 可靠性：主要考虑产品的可用性、无故障工作时间和故障恢复时间等指标。

(6) 价格：在产品质量、服务都能保证的前提下，希望价格较低。

(7) 品牌因素：通常情况下，名牌大厂的产品会有更好的质量和服务。

2.8 其他网络互联设备

2.8.1 中继器

中继器(Repeater，RP)是连接网络线路的一种装置，常用于两个网络节点之间物理信号的双向转发工作。中继器是最简单的网络互联设备，工作在 OSI 的最底层，主要完成物理层的功能，负责在两个节点的物理层上按位传递信息，完成信号的复制、调整和放大功能，以此来延长网络的长度。

由于存在损耗，在线路上传输的信号功率会逐渐衰减，衰减到一定程度时将造成信号失真，因此会导致接收错误。中继器就是为解决这一问题而设计的。它完成物理线路的连接，对衰减的信号进行放大，保持与原数据相同。

一般情况下，中继器的两端连接的是相同的媒体，但有的中继器也可以完成不同媒体的转接工作。理论上讲，中继器的使用是无限的，网络也因此可以无限延长。但事实上这是不可能的，因为网络标准中对信号的延迟范围作了具体规定，中继器只能在此规定范围内进行有效的工作，否则会引起网络故障。以太网络标准中约定一个以太网最多可分成 5 个网段，最多使用 4 个中继器，而且只有 3 个网段可以连接计算机终端。

集线器就是一种特殊的中继器，它与中继器的区别在于，集线器能够提供多个端口服务，所以集线器也被称为多口中继器。

2.8.2 网关

从一个房间走到另一个房间，必然要经过一扇门。同样，从一个网络向另一个网络发送信息，也必须经过一道"关口"，这道关口就是网关。

网关(Gateway)是计算机网络中负责不同协议间转换使用软件或硬件的设备，它可以将具有不同体系结构的计算机网络连接在一起。在 OSI 模型中，网关属于最高层(应用层)的设备。

网关将不同的协议进行转换，将数据按照目标协议的要求重新分组，以便在两个不同类型的网络之间进行通信。由于协议转换比较复杂，所以通常情况下，网关只进行一对一的转换或者在少数几种特定的应用协议之间进行转换。将网关和多协议路由器组合在一起，可以连接多种不同类型的计算机网络。

TCP/IP 协议中的网关是最常用的，这里所说的"网关"均指 TCP/IP 协议下的网关。网关实质上是一个网络通向其他网络的 IP 地址。比如有网络 A 和网络 B，网络 A 的 IP 地址范围为 192.168.1.1～192.168.1.254，子网掩码为 255.255.255.0；网络 B 的 IP 地址范围为 192.168.2.1～192.168.2.254，子网掩码为 255.255.255.0。在没有路由器的情况下，两个网络之间是不能进行 TCP/IP 通信的，即使是两个网络连接在同一台交换机(或集线器)上，TCP/IP 也会根据子网掩码(255.255.255.0)判定两个网络中的主机处在不同的网络里，而要实现这两个网络之间的通信，则必须通过网关。如果网络 A 中的主机发现数据包的目的主机不在本地网络中，就把数据包转发给它自己的网关，再由网关转发给网络 B 的网关，网络 B 的网关再转发给网络 B 的某个主机，如图 2-23 所示。网络 B 向网络 A 转发数据包的过程也是如此。

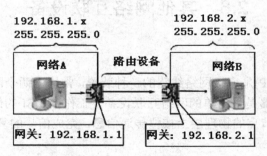

图 2-23 网关转发示意图

2.8.3 网桥

网桥(Bridge)也称桥接器，是将一个网段与另一个网段连接起来的中间设备，用它可以完成具有相同或相似体系结构网络系统的连接，并将网络范围扩大到原来的几倍。一般情况下，被连接的网络系统都具有相同的逻辑链路控制规程(LLC)，但介质访问控制协议(MAC)可以不同。

网桥是数据链路层的连接设备，准确地说它工作在 MAC 子层上。网桥在两个局域网的数据链路层(DDL)间按帧传送信息。

网桥是为各种局域网存储转发数据而设计的，它对末端节点用户是透明的，末端节点在其报文通过网桥时，并不知道网桥的存在。网桥可以将相同或不相同的局域网连在一起，组成一个扩展的局域网络。

2.9　局域网操作系统

网络的核心是网络操作系统，用来管理网络资源和网络应用，起控制网络并提供人机交互的作用。网络操作系统可实现操作系统的所有功能，并且能够对网络中的资源进行管理和共享。目前较为常见的网络操作系统主要包括 UNIX 操作系统、Linux 操作系统、Novell 公司的 NetWare 操作系统以及微软公司的 Windows NT/2000/2003/2008 等操作系统。作为几大网络操作系统，它们有共同点同时也各具特色，被广泛地应用于各类网络环境中，并都占有一定的市场份额。网络建设者和网络管理员应该熟悉这几种网络操作系统的特性及其优缺点，应根据应用目的、具体的应用情况来选择合适的网络操作系统。下面对这几种网络操作系统分别作一介绍。

2.9.1　UNIX 操作系统

UNIX 操作系统是美国贝尔实验室开发的一种多用户、多任务的通用操作系统，支持大型的文件系统服务、数据服务等应用。UNIX 操作系统是目前功能最强、安全性和稳定性最高的网络操作系统，能满足各行各业实际应用的需求，受到广大用户的欢迎，成为重要的企业级操作平台。

UNIX 操作系统最初是由 AT&T 和 SCO 两家公司共同推出的，由于其系统的高稳定性和安全性，且对大型文件系统、大型数据库系统的支持，使得在服务器领域有卓越硬件开发功力的 SUN 和 IBM 两家公司也忍不住诱惑，加入其中，借助其服务器硬件市场推动了操作系统的发展。目前，UNIX 网络操作系统的版本有 UNIXSVR、BSD UNIX、SUN Solaris 和 IBM-AIX 等。

UNIX 操作系统的优点是：可移植性强，可以在不同类型的计算机上运行；系统安全性与稳定性好，能够支持大型文件系统与数据库系统；对系统应用软件的支持比较完善。

UNIX 操作系统的缺点是：由于其多数是以命令方式来进行操作的，不容易掌握，特别是初级用户，因此小型局域网基本不使用 UNIX 作为网络操作系统，UNIX 一般用于大型的网站或大型的局域网中。

2.9.2　NetWare 操作系统

Novell 公司的 NetWare 操作系统是基于服务器的网络操作系统，要求网络中必须有一台专门的服务器，由于其对当时主流操作系统 DOS 命令的兼容，且对基础设备要求低，可以方便地实现网络连接与支持，具有对无盘工作站的优化组建、支持更多应用软件的优势，在早期的计算机网络中，NetWare 操作系统应用比较普遍。但是不友好的交互方式还是阻碍了其发展，目前只有在金融等需要无盘工作站的特定行业以及设备成本预算比较小的教育部门、小型企业等还有一定的使用。

NetWare 操作系统的优点是：支持多处理器和大容量的物理内存管理；操作相对方便，对设备的要求很低，对于网络的组建具有先天的优势，相对 DOS 能够支持更多的应用，能够支持金融等行业所需的无盘工作站，同时节省成本；能与不同类型的计算机兼容，而且还能与不同类型的操作系统兼容，能够在系统出错时及时自我修复；NetWare 对入网用户进行注册登记，并采用 4 级安全控制原则，以管理不同级别的用户对网络资源的使用；支持很多游戏软件的开发环境搭建，系统稳定性和 UNIX 系统基本处于同等水平。

NetWare 操作系统的缺点是：操作大部分依靠手工输入命令来实现，人性化显得比较薄弱；对于硬盘的识别最大只能达到 1 GB，无法满足大容量服务器的需求；各版本的升级没有深层次的技术革新。

2.9.3　Windows 操作系统

Windows 系列操作系统是微软公司开发的一种界面友好、操作简便的网络操作系统。Windows 操作系统其客户端操作系统有 Windows 95/98/Me、Windows Workstation、Windows 2000 Professional、Windows XP、Windows 7 和 Windows 8 等。Windows 操作系统其服务器端产品包括 Windows NT Server、Windows 2000 Server、Windows Server 2003 和 Windows Server 2008 等。Windows 操作系统支持即插即用、多任务、对称多处理和群集等一系列功能。

1. Windows NT

Windows NT 系列操作系统易于维护和扩展，可以随着系统的升级使用新的技术。友好的图形界面很容易被用户接受，因此 Windows 系列产品自研发后一直是市场的主流。Windows NT 操作系统操作直观、安全等理念的实现，对于网络操作系统的发展具有划时代的意义。

Windows NT 操作系统的优点是：操作直观，功能实用，组网简单，管理方便，安全性能良好。

Windows NT 操作系统的缺点是：运行速度慢，功能不够完善，进行超出系统处理能力的多项并发处理时，单个线程的不响应会使系统不堪重负产生死机现象，需要对服务器进行重启。微软公司已停止对其进行任何升级服务，市面上也无该正版产品的销售。

2. Windows 2000 Server

Windows 2000 以 Windows NT 4.0 和 Windows 95/98 为基础，秉承了 Windows 操作系统一贯的直观、易用的优点，并增加了许多新的特征和功能，极大地改善了可靠性、可操作性、安全性和网络功能，Windows 2000 Server 可以轻松地处理几乎所有服务器作业。Windows 2000 包括 Windows 2000 Server、Windows 2000 Advanced Server、Windows 2000 Data Center Server 等产品，在局域网中使用较为广泛的是 Windows 2000 Server 和 Windows 2000 Advanced Server，目前微软公司已经停止此系列产品的销售与系统升级服务。

Windows 2000 Server 操作系统的优点是：操作直观，易于使用，功能随着时代的发展具有大幅的提升，管理更加全面，相对于 NT 版本，当单个线程不响应时，其他线程的处理仍然继续，无须重启系统。

Windows 2000 Server 操作系统的缺点是：运行速度不是非常理想；由于是在原有完整的 NT 内核基础上进行开发，系统的稳定性和安全性有部分被削弱。微软公司已停止对 Windows 2000 系列服务器进行销售和升级服务。

3. Windows Server 2003

微软公司于 2001 年 10 月 25 日正式发布了 Windows XP Professional 中文版，根据微软公司的传统做法，其服务器版本也会相继推出，但这次似乎有所变化，起初是 Whistler Server，后来又改成 Windows .NET Server，正式版本发布后又改为 Windows Server 2003。Windows Server 2003 继承了 Windows XP 的人性化界面，对于原内核处理技术进行了重大改革，在安全性能上有了很大的提升，在管理能力上也有了不小的提升，是目前 Windows 服务器产品中的主流产品。Windows Server 共包括 4 个产品，分别为 Windows Web Server、Windows Standard Server、Windows Enterprise Server 和 Windows Data Center Server。使用较为广泛的是 Windows Standard Server。Windows Standard Server 可为各类中小型网络用户提供良好的服务性能。

Windows Server 2003 操作系统的优点是：操作方便易用，安全性高，线程处理速度有了不小的提升，管理能力也有较大的提升，提供灵活易用的工具，通过加强策略，使任务自动化管理更方便，是目前 Windows 服务器产品的主流产品。

Windows Server 2003 操作系统的缺点是：由于管理功能的增加，需要处理的线程更加繁杂，相对于 Windows 2000 Server 系列操作系统速度有所变慢，安全性能仍有完善空间。

4. Windows Server 2008

与从 Windows 2000 Server 到 Windows Server 2003 系统只进行了相当少的更新不同，Windows Server 2008 对构成 Windows Server 产品的内核代码库进行了根本性的修订。

Windows Server 2008 是迄今为止最灵活、最稳定的 Windows Server 操作系统，借助其新技术和新功能，提供性能最全面、最可靠的 Windows 平台，可以满足所有的业务负载和应用程序要求，加强了操作系统安全性并进行了安全创新突破。新增加的虚拟化技术，可在一个服务器上虚拟多种操作系统，如 Windows、Linux 等。服务器操作系统内置的虚拟化技术和更加简单灵活的授权策略，可获得前所未有的易用性优势并降低成本。

Windows Server 2008 操作系统的优点是：故障转移集群使高可用性服务器集群的配置、管理与移植变得简单，可自动转移工作指令；全新和强大的命令行 Shell 和脚本语言，帮助实现系统管理任务的自动化；最小化内核攻击面，增强核心安全性，免受攻击困扰。

Windows Server 2008 操作系统的缺点是：非 Windows 以及老 Windows 客户机与微软的网络访问保护(NAP)方案之间缺少兼容性；BitLock 磁盘加密技术使得文件复制的速度变慢。

2.9.4 Linux 操作系统

Linux 操作系统是目前广泛应用于计算机的类 UNIX 操作系统，它是从 UNIX 操作系统继承而来的。Linux 操作系统最初是 1993 年由芬兰赫尔辛基大学的学生 Linux Torvalds 开发的，支持多用户、多任务、多线程、多 CPU。它最大的特点就是源代码开放，基于其平台的开发与使用无须支付任何版权费用，成为很多服务器操作系统的首选。另外，任何一个用户都可以根据自己的需要修改 Linux 操作系统的内核，因此 Linux 操作系统的发展非常迅速。目前也有中文版本的 Linux，如 RedHAT(红帽子)、红旗 Linux 等，在国内得到了用户充分的肯定，主要体现在它的安全性和稳定性方面。它与 UNIX 有许多类似之处。但这类操作系统目前仍主要应用于中高档服务器中。

Linux 操作系统的优点是：源代码开放，使得该类网络操作系统的技术完善从民间得到其他厂商无法比拟的雄厚力量，因而其所具有的兼容、安全、稳定的 Linux 特性也是其他网络操作系统不容易实现的。

Linux 操作系统的缺点是：因为 Linux 操作系统是基于 UNIX 操作系统所做的开发修补，属于类 UNIX 模式，这就决定了其兼容性和其他网络操作系统相比有一定的差距；Linux 操作系统版本过于繁多以及不同版本之间互不兼容也影响着它的流行。

2.9.5　操作系统的选择

局域网选择操作系统时，应从网络自身的特点出发，遵循选择操作系统的基本原则，同时权衡各方面的利弊，选择合适的操作系统。

1. 选择操作系统的依据

1) 安全性

病毒一旦在网络上流行起来，就很难将其清除干净，所以在选择操作系统时一定要考虑其安全性。要求网络操作系统本身具有抵抗病毒的能力，同时所选操作系统必须有杀毒软件作为保障。

2) 可靠性

对网络而言，重要的可靠性是不言而喻的。对于某些业务环境，停机一分钟的损失都无法估量。因此一个成熟的操作系统必须具有高的可靠性。

3) 易用性

易于使用是对操作系统的最起码要求。安装简单、界面友好、升级容易、对硬件要求不能过高等，这些都是选择操作系统应考虑的问题。

4) 可维护性

可维护性对用户来说同样非常重要。它要求用户通过简单的学习和培训就能胜任网络的日常维护工作，同时网络维护的成本要低。

5) 可管理性

可管理性是系统以及第三方软件对管理的支持，强大的网络管理功能是第三方性能更好、功能更全面的管理工具，方便用户使用。

6) 可集成性和可扩展性

可集成性就是系统对硬件及软件的兼容能力。网络操作系统作为不同软硬件资源的管理者，应具有广泛的兼容性，尽可能多地管理各种软硬件资源。

可扩展性就是对现有系统要有足够充分的扩充能力，随着网络应用的不断扩大，网络处理功能也随之增加，可扩展性可以保证今天的投资能适应今后的发展。

2. 选择合适的操作系统

随着企业业务变得越来越复杂，服务器的操作系统在商务活动的组织和实施过程中发挥着支配作用，选择合适的操作系统也就显得越来越重要。

如果组建中小型局域网，Windows Server 2003 是较好的选择。

如果要组建全新的大型网络，如大型企事业单位，有远程互联需求并对稳定性有较高的要求，则可以选择 UNIX。

如果具备 UNIX 操作经验，但服务器配置不高，则可选择 Linux。

实训　双绞线的制作

1．实训目的

(1) 掌握网络双绞线中直通线的制作方法。

(2) 掌握网络双绞线中交叉线的制作方法。

(3) 掌握网络连通性的测试方法。

(4) 通过查找资料，了解光纤线缆的制作过程。

2．实训设备

双绞线、压线钳、测线仪、RJ-45 水晶头。

3．背景知识

(1) 双绞线类型。

(2) 双绞线的制作方法。

(3) 双绞线的线序排列。

4．实训内容和要求

(1) 按照 T568A、T568B 规范标准制作。

(2) 摸索并掌握双绞线理序、整理的要领，尽可能总结出技巧。

(3) 用测线仪测试线路导通情况并记录，完成实验报告。

5．实训步骤

制作一条网络双绞线的直通线的步骤如下。

(1) 剥线。用压线钳剪刀口将双绞线端头剪齐，再将双绞线端头伸入剥线刀口，适度握紧压线钳，同时慢慢旋转双绞线，让刀口划开双绞线的保护胶皮，取出端头，从而剥下保护胶皮。

(2) 理线。双绞线由 8 根有色导线两两绞合而成，按照标准 568B 的线序排列，整理完毕后用剪线刀口将前端修齐。

(3) 插线。右手捏住水晶头，将水晶头有弹片的一侧向下，左手将已经捏平的双绞线稍稍用力平行插入水晶头内的线槽中，8 条导线顶端插入线槽顶端。

(4) 压线。确认所有导线都到位后，将水晶头放入压线钳夹槽中，用力捏几下压线钳，压紧线头即可。

(5) 检测。将双绞线两端分别插入信号发射器和信号接收器，打开电源。如果网线制作成功，则发射器和接收器上同一条线对应的指示灯会亮起来，依次从 1 号到 8 号。

制作一条网络双绞线的交叉线，其步骤一样，只是线序不同。

6. 实训结果和讨论

(1) 在 Hub 与 Hub 的连接中，通常有两种类型的网线可供选择。当 Hub 有级联口和没有级联口的两种情况下，分别选择哪一种类型的网线进行 Hub 互联？

(2) 如果两个接头的线序发生同样的错误，网线还能用吗？为什么？

习　　题

1. 选择题

(1) 局域网中最常用的传输介质是(　　)。

  A. 细缆　　　　　　　　　　　　B. STP

  C. 粗缆　　　　　　　　　　　　D.UTP

(2) 以下符合光纤特性的是(　　)。

  A. 能支持音频和视频　　　　　　B. 通常使用 RJ-45 接头

  C. 信号在墙壁和天花板上反射　　D. 很容易连接

(3) 宽带 ISDN，一律采用(　　)传输。

  A. 光纤　　　　　　　　　　　　B. 电缆

  C. 双绞线　　　　　　　　　　　D. 电源线

(4) 目前人们多数选择交换机而不选用 Hub 的原因是(　　)。

  A. 交换机便宜　　　　　　　　　B. 交换机读取帧的速度比 Hub 快

  C. 交换机产生更多的冲突域　　　D. 交换机不转发广播

(5) 双绞线是用两根绝缘导线绞合而成的，绞合的目的是(　　)。

  A. 增大传送速度　　　　　　　　B. 减少干扰

  C. 增加传输距离　　　　　　　　D. 安装方便

(6) 路由器属于(　　)。

  A. 数据链路层的互联设备　　　　B. 物理层的互联设备

  C. 网络层的互联设备　　　　　　D. 应用层的互联设备

(7) 10Mb/s 和 100 Mb/s 自适应系统是指(　　)。

  A. 可工作在 10 Mb/s，也可工作在 100 Mb/s

  B. 既工作在 10 Mb/s，又可工作在 100 Mb/s

  C. 端口之间 10 Mb/s 和 100Mb/s 自动匹配

  D. 以上都是

2. 思考题

(1) 试比较集线器和交换机，并指出它们的区别。

(2) 简述光纤的结构。与其他传输介质相比，光纤有哪些优点？

(3) MAC 地址的作用是什么？

第 3 章　局域网与 Internet 连接

学习目的与要求：

通过局域网与 Internet 连接，是现在比较普遍的上网方式，并且可以方便地共享其所有资源。

通过对本章的学习，要求学生了解局域网接入 Internet 的方式，掌握通过代理服务器和 NAT 共享 Internet 连接的方法。

3.1　局域网连接 Internet 的方式

目前接入 Internet 的方式有很多，如拨号上网、ISDN、Cable Modem、ADSL、千兆位以太网等。这几种上网方式的网速各不相同，并且安装费、使用费也各不相同，用户可根据实际情况和使用要求来选择接入方式。

3.1.1　调制解调器拨号接入

调制解调器(Modem)拨号连接是最传统的 Internet 接入方式，主要利用电话网络(PTSN，公共交换电话网)，采用拨号方式进行连接。这是最容易实施的方法，费用低廉、上网经济，但传输速度低、线路可靠性差。适于对可靠性要求不高、业务量小的小型企事业单位和个人使用。拨号连接的用户需具备：一台计算机、普通的通信软件、一台调制解调器和一根电话线。近年来，随着网络用户需求的提高和各种宽带基础设施的发展，越来越多的拨号用户转向了宽带接入方式，调制解调器拨号接入方式逐步被淘汰。

要建立拨号连接，首先要选择 Internet 服务商，即 ISP，提供接入服务，申请一个上网账号。其次要选择一款调制解调器，做好硬件安装，并完成必要的配置。第三，进行通信软件的安装和配置。最后，完成拨号网络连接的建立和设置。

电话线路便是为传输音频信号而建设的，计算机输出的数字信号不能直接在普通的电话线路上进行传输。调制解调器负责将计算机输出的数字信号转换成电话线路能够传输的模拟信号，将从电话线路上接收到的模拟信号转换成计算机能够处理的数字信号。

按照与计算机的连接方法的不同，调制解调器可分为两种类型：内置式和外置式，也就是人们通常所说的内"猫"和外"猫"。两种调制解调器的外观如图 3-1 和图 3-2 所示。内置 Modem 无独立电源，它是在主机板中的 ISA /PCI 插槽上工作的，也称为 Modem 卡。外置 Modem 的主要优点是安装和拆卸比较方便，它有一个独立的电源，一般通过串口或并口与计算机相连，不受主机内的电磁场干扰，因而不易掉线并容易达到应有的传输速度。

电话拨号的传输速率较低，目前较好线路的最高传输速率也只能达到 56 Kb/s，而质量较差的电话线路的传输速率可能会更低，远不能满足传输多媒体信息的需求。除了速率较低外，还需要通过拨号建立连接，在大量信息的传输过程中有可能会断开。

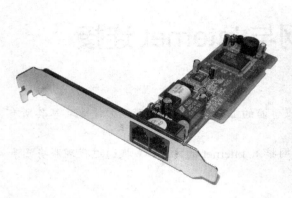

图 3-1　内置 Modem　　　　　　　　图 3-2　外置 Modem

因此,调制解调器拨号上网有几个缺点:一是接入速度慢,连接不稳定;二是占用电话线路,在拨号上网的同时使用电话,而且在费用方面除了收取网络使用费外还要收取电话费。目前这种接入方式已不是主流,因此在这里不作详细介绍。

3.1.2　ISDN

ISDN(Integrated Service Digital Network,综合业务数字网),也就是人们通常所说的"一线通",是以综合数字电话网(IDN)为基础发展而来的,能提供端到端的数字连接,用来支持包括语音和非语音在内的多种电信业务。原来一根普通电话线只能接一部电话,拨号上网的时候就不能打电话。而 ISDN 除了提供电话业务外,还能将传真、数据、图像等多种业务在同一个网络中传送和处理,并通过现有的电话线提供给用户,它可以在一条电话线上连接 8 部相同或不同的通信终端,并能使两部终端同时使用。

虽然仍是普通电话线,但 ISDN 在上网的同时还可以接电话,就像拥有两条电话线路一样,这是因为窄带 ISDN 接口有两条 64 Kb/s 用于传送用户信息流的 B 信道和一条 16 Kb/s 用于传送电路交换信令信息和分组交换数据信息的 D 信道,简称 2B+D。当有电话拨入时,它就会自动释放一个 B 信道来接听电话。它允许的最大传输速率是 128 Kb/s,是普通 Modem 的 2～3 倍,这一功能对当时还在使用 Modem 的用户来说很具有吸引力。

ISDN 的传输过程是纯数字的,这与传统的 Modem 拨号接入中用户终端到交换机之间的传输是模拟信号相比,通信质量大大提高。ISDN 数据传输比特率比传统电话线改善 10 倍以上。此外,ISDN 的呼叫连接速度非常快,一般只需要几秒即可拨通,而传统的 Modem 拨号可能需要几十秒。

与普通拨号上网要使用 Modem 一样,ISDN 也需要专用的终端设备,主要由网络终端 NT1+和 ISDN 适配器组成。网络终端 NT1+就像有线电视的用户接入盒一样,必不可少,它为 ISDN 适配器提供了接口和接入方式。而 ISDN 适配器和 Modem 一样分为内置和外置两类,内置的一般称为 ISDN 内置卡或者 ISDN 适配卡,外置的 ISDN 适配器则称为 TA,用户可以根据自己的需要选择不同的终端设备。但随着 ADSL 的出现,ISDN 已走向没落,渐渐退出人们的视野。

3.1.3 ADSL

ADSL(Asymmetrical Digital Subscriber Line)技术是一种用不对称数字用户线实现宽带接入互联网的技术。ADSL 作为一种传输层的技术，充分利用现有的电话线资源，采用先进的复用技术和调制技术，将数字数据和模拟电话业务在同一根电话线上的不同频段同时进行传输，在高速传输数据的同时不影响现有的电话业务及质量。它在一对双绞线上提供上行 640 Kb/s、下行 8 Mb/s 的带宽，从而克服了传统用户在"最后一公里"的"瓶颈"，实现了真正意义上的宽带接入，如图 3-3 所示。

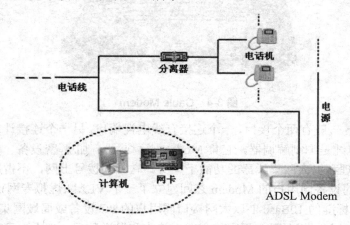

图 3-3 ADSL 连接示意图

DSL(Digital Subscriber Line，数字用户线路)是以铜质电话线作为传输介质的传输技术组合，包括 HDSL、SDSL、VDSL、ADSL 和 RADSL 等，一般称之为 xDSL。它们的主要区别体现在信号传输速度和距离的不同以及上行速率和下行速率对称性的不同这两个方面。

传统的电话系统使用的是铜线的低频部分(4 kHz 以下频段)，而 ADSL 采用 DMT(离散多音频)技术，将原先电话线路的 0～1.1 MHz 频段划分成 256 个频宽为 4.3 kHz 的子频带。其中，4 kHz 以下频段仍用于传送 POTS(传统电话业务)，20～138 kHz 的频段用来传送上行信号，138 kHz～1.1 MHz 的频段用来传送下行信号。DMT 技术可根据线路的情况调整在每个信道上所调制的比特数，以便更充分地利用线路。一般来说，子信道的信噪比越大，在该信道上调制的比特数越多。如果某个子信道的信噪比很差，则弃之不用。目前，ADSL 可达到上行 640 Kb/s、下行 8 Mb/s 的数据传输率。

随着国际互联网的快速发展，以及电子商务的应用，Internet 已经深入千家万户，成为人们生活中必不可少的一部分。用户可以多种方式接入 Internet，数字化、宽带化、光纤到户(FTTH)是今后接入方式的必然发展方向。目前由于光纤到户成本过高，在今后的几年内大多数用户上网仍将继续使用现有的过渡性的宽带接入技术，包括 N-ISDN、Cable Modem、ADSL 等。其中 ADSL(非对称数字用户环路)是最具前景及竞争力的一种，将在未来很长一段时间内占主导地位。

3.1.4 Cable Modem

Cable Modem 中文译作"电缆调制解调器"或者"线缆调制解调器",是通过有线电视网络进行高速数据接入的装置,也被人们称为"有线通",如图 3-4 所示。

图 3-4　Cable Modem

Cable Modem 一般有两个接口,一个连接有线电视端口,另一个连接计算机网卡。Cable Modem 本身不单纯是调制解调器,它集 Modem、调谐器、加/解密设备、桥接器、网络接口卡、SNMP 代理和以太网集线器的功能于一身。它无须拨号上网,不占用电话线,可永久连接。服务商的设备同用户的 Modem 之间建立了一个 VLAN(虚拟专网)连接,大多数的 Modem 提供一个标准的 10Base-T 以太网接口同用户的 PC 设备或局域网集线器相连。

一个 Cable Modem 要在两个不同的方向上接收和发送数据,把上、下行数字信号用不同的调制方式调制在双向传输的某一个带宽的电视频道上。Cable Modem 属于共享介质系统,其他空闲频段仍然可用于有线电视信号的传输。它把上行数字信号进行射频调制,转换成与电视信号类似的信号,所以能在有线电视网上传送。接收下行信号时,Cable Modem 把它转换为数字信号,以便计算机处理。

除了双向 Cable Modem 接入方案之外,有线电视厂商也推出单向 Cable Modem 接入方案。它的上行通道采用电话 Modem 回传,从而节省了现行有线电视网进行双向改造所需的庞大费用,节约了运营成本,可以即刻推出高速 Internet 接入服务;但也丧失了 Cable Modem 技术的最大优点,即不占用电话线、不需拨号及永久连接。

3.1.5 FTTX+LAN

FTTX+LAN 光纤局域网,是一种高速接入业务,能实现千兆光纤到小区(大楼)中心交换机,中心交换机和楼道交换机以百兆光纤或五类网络线相连,楼道内采用综合布线,用户上网速率可达 10 Mb/s,可以向用户提供高速上网,以及如视频通信、交互游戏、远程教育、远程医疗、局域网高速互联之类的宽带增值业务。

FTTX+LAN 接入设备成本低,网络稳定性强,具有较强的可扩展性,投资规模小,另有光纤到办公室、光纤到户、光纤到桌面等多种接入方式可满足不同用户的需求。因 FTTX 接入成本较高,对于普通人群的经济能力和网络水平而言并不是非常适合,而 FTTX 与 LAN 结合就大大降低了接入成本,同时也提供了 10 Mb/s 以上的用户端带宽,是目前比较理想的接入方式。但 FTTX+LAN 无法像 ADSL 一样,单独为某个用户开通,它需要小区综合布线，使用光纤接入城域网，各社区楼内采用以太网接入到户，所以在选择这种接入方式时要考虑所居住的小区是否能安装。

FTTX+LAN 接入的特点如下。

(1) 高速传输。用户上网速率可达传统上网速率的几十倍，充分满足了远程办公、VOD点播、VPN 等工作。

(2) 网络可靠、稳定。通信公司局端交换机、小区中心交换机和楼道交换机之间以光纤相连，保证了线路的可靠性和信号的低损耗。

(3) 用户投资少、价格便宜。用户只需一台带有网络接口卡的普通计算机即可上网。

(4) 安装方便。小区、大厦内采用综合布线，用户采用五类网络线连接即可。

3.1.6 无线接入

无线接入技术(Wireless Access Technology)也称无线本地环路(Wireless Local Loop)，主要功能是以无线技术(大部分是移动通信技术)为传输媒介向用户提供固定的或移动的终端服务。无线用户环路的宗旨和目标是提供与有线接入网相同的业务种类和更广泛的服务范围。无线用户环路由于具有应用灵活、安装快捷等特点，目前已成为接入技术中最热门的话题，受到各国尤其是电信业务急需普及的发展中国家的重视。

1. 微波接入

目前最常用于军事通信上的就是通常所说的微波。所谓微波是指频率大于 1 GHz 的电波。如果应用较小的发射功率(约 1 W)配合定向高增益微波天线，再于每隔 10～50 英里(为16～80 km)的距离设置一个中继站就可以架构起微波通信系统。我国城市间的电视节目传输主要依靠的就是微波传输。20 世纪 70 年代起研制出了中小容量(如 8 Mb/s、34 Mb/s)的数字微波通信系统，这是通信技术由模拟向数字发展的必然结果。20 世纪 80 年代后期，随着同步数字系列(SDH)在传输系统中的推广应用，出现了 $N×155$ Mb/s 的 SDH 大容量数字微波通信系统。

现在，数字微波通信和光纤、卫星一起被称为现代通信传输的三大支柱。随着技术的不断发展，除了在传统的传输领域外，数字微波技术在固定宽带接入领域也越来越引起人们的重视。数字微波设备所接收与传送的是数字信号，数字微波采用正交调幅(QAM)或移相键控(PSK)等调幅方式，传送语音、数据或是影像等数字信号。数字微波具有较佳的通信品质，而且在长距离的传送过程中相对不会有杂音累积。数字微波作为一种无线传输方式，在灵活性、抗灾性和移动性方面具有光纤传输所无法比拟的优点，这也是它的优势所在。

目前，数字微波通信技术的主要发展方向如下。

(1) 提高 QAM 调制级数及严格限带。为了提高频谱利用率，一般多采用多电平 QAM调制技术，目前已达到 1024 QAM。与此同时，对信道滤波器的设计提出了极为严格的要求：在某些情况下，其余弦滚降系数应低至 0.1，现已可做到 0.2 左右。

(2) 网格编码调制及维特比检测技术。为降低系统误码率，必须采用复杂的纠错编码技术，但由此会导致频带利用率的下降。为了解决这个问题，可采用网格编码调制(TCM)技术。采用 TCM 技术需利用维特比算法解码，在高速数字信号传输中，应用这种解码算法难度较大。

(3) 自适应时域均衡技术。使用高性能、全数字化二维时域均衡技术减少码间干扰、正交干扰及多径衰落的影响。

(4) 多载波并联传输。多载波并联传输可显著降低发信码元的速率,减少传播色散的影响。运用双载波并联传输可使瞬断率降低到原来的 1/10。

(5) 其他技术。如多重空间分集接收、发信功放非线性预校正、自适应正交极化干扰消除电路等。

数字微波通信系统主要应用于以下场合。

(1) 主干线光纤传输的备份及补充。如点对点的 SDH 微波、PDH 微波等。主要用于主干线光纤传输系统在遇到损害时的紧急修复,以及由于种种原因不适合使用光纤的地段和场合。

(2) 农村、海岛等边远地区和专用通信网中为用户提供基本业务的场合。这些场合可以使用微波点对点、点对多点系统,微波频段的无线用户环路也属于这一类。

(3) 城市内的短距离支线连接。如移动通信基站之间、基站控制器与基站之间的互联、局域网之间的无线联网等。既可使用中小容量点对点微波,也可使用无须申请频率的微波数字扩频系统。

(4) 未来的宽带业务接入(如光纤通信技术——MDS)。

2. 卫星接入

随着 Internet 的快速发展,利用卫星的宽带 IP 多介质广播可解决 Internet 带宽的瓶颈问题。通过卫星进行多介质广播的宽带 IP 系统逐渐引起了人们的重视,宽带 IP 系统提供的多介质(音频、视频、数据等)信息和高速 Internet 接入等服务已经在商业运营中取得一定成效。由于卫星广播具有覆盖面大、传输距离远、不受地理条件限制等优点,利用卫星通信作为宽带接入网技术,将有很大的发展前景。目前,已有网络使用卫星通信的 VSAT 技术,发挥其非对称特点,即上行检索使用地面电话线或数据电路,而下行则以卫星通信高速率传输,可用于提供 ISP 的双向传输。

卫星通信在 Internet 接入网中的应用在国外已很广泛。在我国卫星通信的应用是从 1999 年起,利用美国休斯公司的 DirecPC 技术解决 Internet 下载瓶颈问题。另外,双威通信网络与首创公司已达成协议,双方各自利用无线接入技术和光缆等专线资源,共同为用户提供宽带互联网接入服务。这标志着卫星传送已进入首都信息平台。其上行信息通过现有的 163 拨号或专线 TCP/IP 网络传送,下行信息通过 54 MHz 卫星带宽广播发送,这样用户可享受比传统 Modem 高出 8 倍的速率,达到 400 Kb/s 的浏览速度、3 Mb/s 的下载速度,为用户节省 60%以上的上网时间,还可以享受宽带视频、音频多点传送服务。卫星通信技术用于 Internet 的前景非常看好,相信不久之后,新一代低成本的双向 IPVSAT 将投入市场。

3. 蓝牙接入

蓝牙(Bluetooth)技术是一种无线数据与语音通信的开放性全球规范,它以低成本的近距离无线连接为基础,为固定与移动设备通信环境建立一个特别连接的短程无线电技术。其实质内容是要建立通用的无线电空中接口(Radio Air Interface)及其控制软件的公开标准,使通信和计算机进一步结合,使不同厂家生产的便携式设备在没有电线或电缆相互连接的情况下，能在近距离范围内具有相互操作的性能(Interoperability)。

蓝牙技术的最初倡导者是 5 家世界著名的计算机和通信公司：Ericsson、IBM、Intel、Nokia 和 Toshiba。他们于 1998 年 5 月成立了"蓝牙"特殊利益集团(Bluetooth Special Interest Group)，把蓝牙技术理念推向社会，使其成为一种无线电技术全球规范。

蓝牙技术的作用是有效地简化掌上电脑、笔记本电脑和移动电话手机等移动通信终端设备之间的通信，也能够成功地简化以上这些设备与 Internet 之间的通信，从而使这些现代通信设备与因特网之间的数据传输变得更加迅速高效，为无线通信拓宽道路。说得通俗一点，就是蓝牙技术使得现代一些轻易携带的移动通信设备和计算机设备，不必借助电缆就能联网，并且能够实现无线上网，其实际应用范围还可以拓展到各种家电产品、消费电子产品和汽车等信息家电，组成一个巨大的无线通信网络。

蓝牙技术具有广阔的应用发展前景。传统的有线电话发展到 5000 万个，整整经历了70 年，模拟蜂窝电话用了 14 年，GSM 用了 7 年，而蓝牙要达到这个数量只要两年。

4. 无线 USB——WUSB

目前，USB 技术已经成为 PC 间普遍流行的技术标准，而且也逐渐被用到消费电子、移动终端中。现在，WUSB 这个高速有效的连接接口的诞生是为了消去电缆的负担，以加强 USB 所不具有的功能。WUSB 是 2004 年 Intel 春季技术峰会提出的一个全新无线传输标准。

试想，如果一个家庭的所有装置，比如打印机、扫描仪、外接硬盘、数码相机等，都没有电线直接连接到计算机上，这该是多么方便、多么美好的事情。这些通过 WUSB 就可以做到。

蓝牙和 WUSB 均属于小范围的个人网络通信。最初，蓝牙依靠通信质量和速度打败了红外线传输技术。但是随着人们日益增加的通信速度要求，12 Mb/s 的蓝牙通信速度逐渐不能胜任多介质、宽带等各项应用；而覆盖范围达到 2 m、通信速率达 480 Mb/s 的 WUSB正在展现实力。

3.2　局域网共享 Internet 连接

一台计算机要连入 Internet，必须为其分配一个正式的 IP 地址。但由于当初在设计TCP/IP 时，没有考虑到计算机网络尤其是 Internet 的发展会如此迅速，从而导致目前 IP 地址资源十分紧张，不可能为每一台连入 Internet 的计算机都分配一个正式的 IP 地址。虽然在 IPv6 中对 IP 地址进行了扩展，但目前 IPv6 的使用还未普及，所以出现了各种局域网中各计算机共享 Internet 连接上网的方法。

3.2.1　Internet 连接共享

所谓 Internet 连接共享(Internet Connection Sharing，ICS)是指借助于一个 Internet 连接将多台计算机连接到 Internet 的方法，非常适合家庭网络。在网络中一台计算机直接连接到Internet，被称为 ICS 主机，网络中其余共享 ICS 主机连接的计算机称为客户机。客户机通过 ICS 主机对 Internet 进行访问，也就是说网络中的所有通信都要通过 ICS 主机。

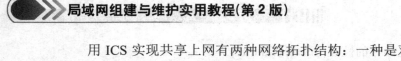

用 ICS 实现共享上网有两种网络拓扑结构：一种是双机共享上网，另一种是多机共享上网。双机共享上网拓扑结构是一台 ICS 主机，一台客户机，如图 3-5 所示。作为 ICS 主机的计算机需要两个网络连接，一个是与客户机连接，另一个是与 Internet 连接。与客户机的连接通过网卡来实现；与 Internet 的连接则借助于 ADSL、Cable Modem 或光纤接入、无线接入等手段来实现。客户机只需要一个局域网连接就可以了，只要能够与 ICS 主机正常通信，就可以共享 Internet 连接并实现 Internet 访问。但是这种拓扑结构有一个缺点，就是 ICS 主机必须开机，其他计算机才可以访问 Internet。

如果超过两台计算机共享上网，上面的拓扑结构就不太合适，因为每增加一台计算机就要增加一块网卡。此时，可用如图 3-6 所示的多机共享上网拓扑结构。

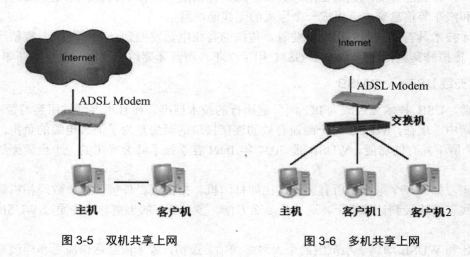

图 3-5　双机共享上网　　　　图 3-6　多机共享上网

3.2.2　代理服务器

代理服务器(Proxy Server)，顾名思义就是提供网络代理服务的服务器，是个人网络和 Internet 服务商之间的中间代理机构，它负责转发合法的网络信息，对转发进行控制和登记。比如局域网中某台不能上网的计算机想浏览某个网页，先向代理服务器发出请求，代理服务器再从目标服务器上获取网页信息，然后转发给用户，这样局域网上的机器使用起来就像能够直接访问网络一样。

1. 代理服务器的功能

代理服务器通过通信线路、线路路由和 ISP 相连，而局域网内的其他主机则通过代理服务器间接地连接 Internet。代理服务器最基本的功能是连接，此外还可以进行一些网站的过滤和控制，甚至可以作为初级的网络防火墙使用。

除此之外，代理服务器还具有以下功能。

(1) 用户管理。可以按用户进行管理，没有登记的用户不能通过代理服务器访问 Internet，可以针对不同的用户设置不同的权限，也可以设置网络应用软件的用户使用权限，比如只能在中午休息时间玩游戏、看股票，并可对用户的访问时间、访问地点及信息流量进行统计。

(2) 减少出口流量。代理服务器可以设置一个较大的高速缓存，当一台计算机访问过 Internet 上的某些资源时，就会将这些资源存入缓存中，其他计算机要访问同样的信息时，代理服务器就会自动从缓存中读取，从而提高了用户的访问速度，减少了网络流量，这对外部连接速度较慢的用户非常合适。

(3) 节省 IP 地址。IP 地址资源是有限的，现在 IP 地址的资源缺乏(IPv6 实现后可能会有所好转)，代理服务器通常装两块网络适配器，一个连接 Internet，另一个连接内部网络，通过代理服务器软件来实现 IP 地址转换和 IP 包的转发。

(4) 防火墙。所有的局域网用户通过代理服务器访问 Internet 时，只映射为一个 IP 地址，外界不能直接访问局域网，因此在一定程度上实现了防火墙功能，大大增强了网络内部计算机的安全性。

代理服务器的功能都是由软件来实现的，比较流行的有微软公司的 ISA(Internet Security and Acceleration)、Qbik 公司的 WinGate 以及 UNIX/Linux 平台下的 Squid。其中 ISA 服务器的配置和管理较为复杂，对计算机的要求也较高；WinGate 则较为简单。

下面以 CCProxy 为例讲解如何进行代理服务器的设置。

2. 代理服务器的设置

(1) 下载软件，双击打开如图 3-7 所示的软件主界面。

图 3-7　CCProxy 主界面

(2) 单击【设置】按钮，弹出如图 3-8 所示的【设置】对话框，进行代理服务设置。

(3) 单击【高级】按钮，在弹出的【高级】对话框中进行二级代理设置，如图 3-9 所示。

图 3-8　代理服务设置

图 3-9　二级代理设置

(4) 单击【网络】标签,切换到【网络】选项卡,在【服务器绑定 IP】下拉列表框中选择服务器的 IP 地址,其他选项根据需要进行设置,如图 3-10 所示,然后单击【确定】按钮。

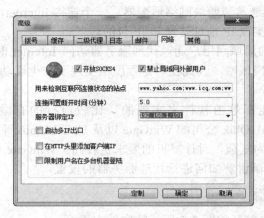

图 3-10 服务器 IP 绑定

(5) 在 CCProxy 主界面中单击【账号】按钮,打开【账号管理】对话框,如图 3-11 所示。在【允许范围】下拉列表框中选择【允许部分】选项,单击【新建】按钮,创建新用户,如图 3-12 所示,创建完成后单击【确定】按钮返回。

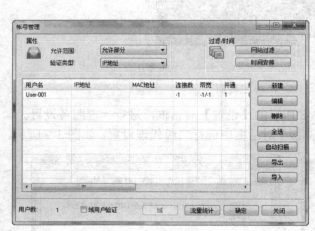

图 3-11 【账号管理】对话框

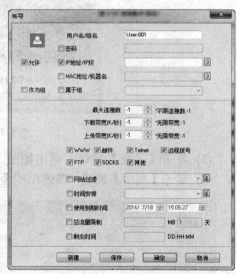

图 3-12 创建账号

3. 客户端的设置

(1) 打开 IE 浏览器,选择【工具】→【Internet 选项】菜单命令,在打开的【Internet 选项】对话框中单击【连接】标签,切换到【连接】选项卡,如图 3-13 所示。

(2) 单击【局域网设置】按钮,打开【局域网(LAN)设置】对话框进行设置,如图 3-14 所示。

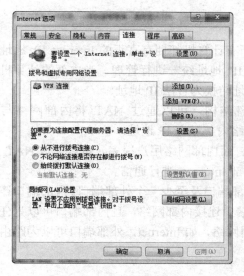

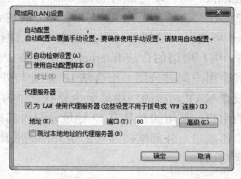

图 3-13　【Internet 选项】对话框　　　　图 3-14　局域网设置

(3) 单击【代理服务器】下的【高级】按钮，弹出如图 3-15 所示的【代理服务器设置】对话框，在其中输入服务器的 IP 地址和端口号，单击【确定】按钮，设置完成。

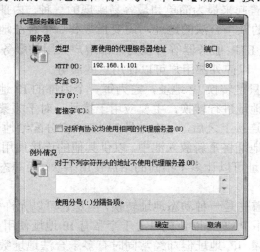

图 3-15　代理服务器地址和端口设置

3.2.3　NAT 技术

随着 Internet 的迅速发展，IP 地址短缺及路由规模越来越大已成为一个相当严重的问题。为了解决这个问题，出现了多种解决方案，其中在目前网络环境中比较有效的一种方法就是地址转换(Network Address Translation，NAT)。

所谓地址转换，就是指在一个局域网内部，各计算机间通过内部私有 IP 地址进行通信，当组织内部的计算机要与外部的 Internet 进行通信时，具有 NAT 功能的设备负责将其私有 IP 地址转换为公用 IP 地址，即以申请的合法 IP 地址进行通信。此时内部网络对于外部网络来说是不可见的，而且内部计算机用户也意识不到 NAT 服务器的存在。

1. NAT 技术的应用

(1) 想连接 Internet，但不想让网络内的所有计算机都拥有真正的 Internet IP 地址。通过 NAT 功能，可以对申请的合法的 Internet IP 地址统一进行管理，当内部的计算机需要连接 Internet 时，动态或静态地将私有 IP 地址转换为合法 IP 地址。

(2) 不想让外部网络用户知道网络的内部结构，可以通过 NAT 将内部网络与外部 Internet 隔离开，这样外部用户根本不知道网络内部私有 IP 地址。

(3) 用户申请的合法 Internet IP 地址很少，而内部网络用户很多。可以通过 NAT 功能实现多个用户同时公用一个合法 IP 地址与外部 Internet 进行通信。

设置 NAT 功能的路由器至少要有一个内部端口及至少一个外部端口。内部端口连接网络内的用户，使用的是私有 IP 地址，即内部端口连接内部网络，且内部端口可以为任意一个路由器端口。外部端口连接的是外部的公用网络，如 Internet，外部端口可以为路由器上的任意端口。

2. NAT 技术的类型

NAT 有 3 种类型：静态 NAT(Static NAT)、动态地址 NAT(Pooled NAT)和地址复用 PAT(Port Address Translation)。

(1) 静态 NAT 是设置起来最为简单和最容易实现的一种，内部网络中的每个主机都被永久映射成外部网络中的某个合法的地址，需要指定和哪个合法地址进行转换。如果内部网络有 E-mail 服务器或 FTP 服务器等可以为外部用户共用的服务，这些服务器的 IP 地址必须采用静态地址转换，以便外部用户可以使用这些服务。

(2) 动态地址 NAT 只是转换 IP 地址，它为每一个内部的 IP 地址动态地分配一个未使用的 IP 地址对内部 IP 地址进行转换，主要应用于拨号。对于频繁的远程连接也可以采用动态 NAT，当远程用户连接上之后，动态地址 NAT 就会分配给他一个 IP 地址。而一旦连接断开，取出的外部 IP 地址将重新放入池中，以供其他的连接使用。动态转换效率非常高，因为一个注册过的 IP 地址可以让多个不同的站点使用多次，而静态转换只能让一个特定的站点使用。

(3) 地址复用 PAT 首先是一种动态地址转换，但是它可以允许多个内部 IP 地址公用一个外部 IP 地址。通过使用 PAT 可以让成百上千个私有 IP 地址使用一个合法的 IP 地址访问 Internet，对只申请到少量 IP 地址但却经常同时有多于合法地址数的用户上外部网络的情况，这种转换极为有用。PAT 与动态地址 NAT 不同，它将内部连接映射到外部网络中的一个单独的 IP 地址上，同时在该地址上加上一个由 NAT 设备选定的 TCP 端口号。当 NAT 服务器接收到外部网络返回的信息时，会根据地址中的 TCP 或 UDP 端口号判断将数据包转发到网络中发起该访问请求的主机。

实训 接入 Internet

1. 实训目的

(1) 了解 Internet 接入的多种方式。
(2) 掌握宽带接入的软件设置技巧。

(3) 理解 ADSL 宽带接入上网过程。

2. 实训设备

计算机、Modem、Internet 连接点。

3. 背景知识

(1) Internet 接入方式。

(2) ADSL 宽带接入。

4. 实训内容和要求

(1) 掌握 ADSL 调制解调器的安装方法。

(2) 掌握宽带接入的软件设置技巧。

(3) 学会 ADSL 宽带接入上网方法。

5. 实训步骤

通过局域网接入 Internet 的方法如下。

在 Windows 7 中的步骤如下。

(1) 通过【开始】菜单打开【控制面板】窗口，在【控制面板】窗口中单击【网络和 Internet 连接】下的【查看网络状态和任务】超链接。

(2) 在打开的窗口中单击【更改适配器设置】超链接，然后在打开的窗口中双击【本地连接】选项，弹出【本地连接 属性】对话框。

(3) 在【常规】选项卡的上部是关于硬件即网卡的有关信息，单击【配置】按钮可以对网卡进行进一步的配置，如升级驱动程序等。在【常规】选项卡的下部列出了连接所使用的一些协议、服务等，其中包括 Internet 协议版本 6(TCP/IPv6) 和 Internet 协议版本 4(TCP/IPv4)。需要说明的是，在网络中用到的协议除了 Internet 协议版本 6(TCP/IPv6) 和 Internet 协议版本 4(TCP/IPv4) 外还有很多，如果在实际应用中还需要其他的协议，可以单击【安装】按钮，在弹出的对话框中选择需要安装的协议即可。

(4) 选中【Internet 协议版本 4(TCP/IPv4)】选项，单击【属性】按钮，打开【Internet 协议版本 4(TCP/IPv4)属性】对话框，在【常规】选项卡中选择由用户指定 IP 地址，那么用户就需要在【IP 地址】、【子网掩码】和【默认网关】文本框中分别输入 IP 地址，且 DNS 服务器也只能由用户自行指定。

在 Windows XP 中的步骤如下。

(1) 通过【开始】菜单打开【控制面板】窗口，在【控制面板】中单击【网络和 Internet 连接】图标，在打开的窗口中单击【网络连接】图标。

(2) 在打开的窗口中双击局域网设置的【本地连接】选项，弹出【本地连接 状态】对话框。

(3) 在【本地连接 状态】对话框的【常规】选项卡中单击【属性】按钮，弹出【本地连接 属性】对话框。在【常规】选项卡的上部是关于硬件即网卡的有关信息，单击【配置】按钮可以对网卡进行进一步的配置，如升级驱动程序等。在【常规】选项卡的下部列出了连接所使用的一些协议、服务等，其中包括 Internet 协议(TCP/IP)。需要说明的是，在网络中用到的协议除了 Internet 协议(TCP/IP)外还有很多，如果在实际应用中还需要其他的协议，可以单击【安装】按钮，在弹出的对话框中选择需要安装的协议即可。

(4) 选中【Internet 协议(TCP/IP)】选项，单击【属性】按钮，打开【Internet 协议(TCP/IP)属性】对话框，在【常规】选项卡中选择由用户指定 IP 地址，那么用户就需要在【IP 地址】、【子网掩码】和【默认网关】文本框中分别输入 IP 地址，且 DNS 服务器也只能由用户自行指定。

通过 ADSL 接入 Internet，在此不再详述。

6. 实训结果和讨论

习   题

1. 选择题

(1) Cable Modem 属于(   )类型的网络。
   A. 树型   B. 环型
   C. 星型   D. 总线型
(2) ICS 主机需要(   )网络接口卡。
   A. 3 块   B. 0 块
   C. 2 块   D. 1 块
(3) 当个人计算机以拨号方式接入 Internet 时，不可缺少的设备是(   )。
   A. 电话机   B. 网卡
   C. 调制解调器   D. 浏览器软件
(4) (   )上网方式不适合目前企业的需要。
   A. Modem 拨号接入   B. DDN
   C. ADSL   D. FTTX+LAN

2. 思考题

(1) 常用的 Internet 接入方式有哪几种？
(2) 比较 ADSL、局域网和代理服务器 3 种方式接入 Internet 的优、缺点。

第4章　家庭局域网的组建

学习目的与要求：

随着网络的普及，家庭用户的计算机接入 Internet 网络也越来越常见。如果能将这些计算机连接起来，组成一个家庭局域网，就可以实现软硬件资源共享，再配合简单的软件，还可以实现共享上网，以满足家庭成员的需求。

通过对本章的学习，要求学生掌握家庭局域网的组建，在 Windows Server 2008 平台上共享网络资源，掌握打印服务的配置和使用，以及映射网络驱动器的设置。

4.1　家庭局域网概述

随着计算机技术的发展，计算机的功能不断增强，价格也在不断下降，从而使得计算机逐渐走进普通人家。现在很多家庭都有多台计算机，既有台式机，也有笔记本电脑。多台计算机之间要共享资源，就需要将各计算机连接起来，组建一个简单的家庭局域网。而且，随着国内 Internet 的快速发展，越来越多的家庭将计算机接入 Internet。如果有了家庭局域网，只需要将这些计算机共享一个 Internet 连接，家庭成员就可以同时使用多台计算机访问 Internet。

组建家庭局域网时，除了计算机外，还要用到网卡、宽带路由器、交换机、双绞线和信息模块等硬件设备。下面介绍如何选购这些硬件设备。

1. 网卡

目前网卡已经成为计算机的标准配置，不管是台式机还是笔记本电脑都集成了网卡。因此，如果要组建有线家庭局域网就不需要额外添置网卡。但如果要组建家庭无线局域网，则需要购买无线网卡。目前无线网卡按速率可分为 54 Mb/s 和 108 Mb/s，家庭中选购 54 Mb/s 的无线网卡便能满足日常需求。选购时应注意与无线路由器的速率匹配，避免浪费。当然如果条件允许，也可以选择 108 Mb/s 的无线网卡，以得到更快的网络速度。

台式机的无线网卡一般为 USB 接口和 PCI 接口两种，建议使用 PCI 接口无线网卡，如图 4-1 所示。此外，很多笔记本电脑已集成无线网卡，但大多数为 54 Mb/s，若要获得 108 Mb/s 的速率，则可选择前面介绍过的 PCMCIA 笔记本无线网卡。

2. 宽带路由器

宽带路由器是组建家庭局域网最好的网络设备，它是一个集共享接入网关、防火墙和交换机于一身，性能相对强大，具备完善的网络服务功能的设备。宽带路由器一般有一个 WAN 接口，数个 LAN 接口，不需要另外配置服务器和交换机。

目前适合家庭使用的宽带路由器，也被称为 SOHO 路由器，分为无线路由器和有线路由器，如图 4-2 所示。两者的差别在于无线路由器除了提供有线路由的功能外，还提供无线接入的功能，这样家里的计算机只需配备无线网卡就可以组成局域网，从而省去了布线环节，适用于布线不方便的家庭使用。

图 4-1　PCI 无线网卡

图 4-2　无线宽带路由器和有线宽带路由器

3. 交换机

家庭中如果选用了宽带路由器就无须使用交换机，但如果家中计算机数量较多或者为了日常接入的方便，家中布线时预留的网络信息接口较多，超过了宽带路由器所提供的 LAN 端口数，这时就需要使用交换机进行扩展。家中的交换机通常有 4 端口或 8 端口，如图 4-3 所示。此外，如果家中有支持路由功能的 ADSL Modem 接入 Internet，也可以选购交换机而不使用路由器来组建家庭局域网。

图 4-3　交换机

4. 信息模块

家中如果采用有线局域网,则需要进行布线,特别是新装修的房子,在装修时应将网线布好,根据需要预留相应的接口数量相同的信息模块和面板,如图 4-4 所示。

将双绞线压制到信息模块还需要专业的打线钳,如图 4-5 所示。因为打线钳平时用处不大,家庭用户可以在购买网线和信息模块时从销售商处借用,不必购买。

图 4-4 信息模块

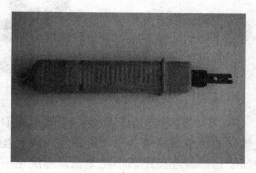

图 4-5 打线钳

4.2 家庭局域网组网

4.2.1 双机互联方案

组建家庭局域网,经常遇到家里有两台计算机的情况。双机互联是多机互联的特例。双机互联的方式很多:串/并口双机通信、网卡互联、USB 互联、通过路由器或交换机互联、通过红外线互联等。采用串/并口进行通信还可以省去网卡,直接用串、并行电缆连接两台计算机即可。虽然这是一种最廉价的双机互联方式,但是这种网络传输速率非常低,并且串、并行电缆的制作也比较麻烦。随着网卡成为计算机的标准配置之后,通过双绞线进行网卡双机互联成为最常用的方式。

1. 网卡互联

在用网卡实现双机互联时,网线需要只作为交叉线,即双绞线一端按照 EIAT/TIA 568A 标准,另一端按照 EIAT/TIA 568B 标准制作水晶头,然后分别插在两台计算机的网卡上,使两台计算机直接连接起来。

2. USB 电缆互联

使用计算机的 USB 接口和 USB 电缆也可以实现双机互联。此方法安装简单,操作方便,支持热插拔,传输速率可达 10 Mb/s。使用 USB 集线器可以实现 17 台计算机的互联。但是使用 USB 电缆互联时传输距离较短(不超过 5 m),且要求安装专用驱动程序。

目前市场上的 USB 电缆有 USB 直连线和 USB 电缆两种类型。USB 直连线只能完成文件传输,而 USB 电缆组建的网络与用网卡连接起来的网络功能基本一致,可实现网络共享、网络联机游戏、共享上网等。与 USB 直连线相比,USB 电缆的中间多了一个包,如图 4-6 所示。

图 4-6　USB 网络连接电缆

3. 串/并口互联

串/并口互联可以在两台要进行通信的计算机的串口或并口之间直接连接,通过电缆实现数据的传输和资源共享。这是实现双机互联最简单也是最廉价的方法,但该方法有一定的局限性,即连接距离不能太长,速度也不是很快,且是单向数据,并且使用该方法时不能共享打印机。因此目前很少有家庭使用该方法进行互联,在此也不作详细介绍。

4. 红外线互联

一般的笔记本电脑都有红外线接口,因此该方法是专门为笔记本电脑设计的,两台具有同样 IrDA 标准的笔记本电脑就可以通过红外线接口实现互联。使用红外线互联不需要任何附加设备,目前市场上的笔记本电脑都支持 4 Mb/s 的传输速率。笔记本电脑内置的红外传输设备一般操作系统都可以识别,其相应的驱动程序以及相应的通信协议也会被自动安装。启用设备时,只需要在【控制面板】窗口中单击【红外线】按钮,在弹出的【选项】对话框中选中【启动红外线通讯】复选框就可以完成文件的复制。联机时要注意两台笔记本电脑不能距离太远,且中间最好不要有大的障碍物,附近也不要有强烈的光源,以免引起干扰。

4.2.2　多机互联方案

如果家中拥有两台以上的计算机,就需要进行多机互联。实现多机互联一般采用双绞线+集线器(交换机)来组建星型局域网,由于家中各计算机功能相近,没有主次之分,可以组建成对等网。网络中任意一台计算机可以作为网络服务器为其他计算机提供资源,也可以作为工作站分享其他服务器的资源。对等网除了共享文件之外,还可以共享打印机等。另外,对等网组建方式简单,成本低,网络配置和维护方便。

1. 总线型家庭局域网

总线型局域网是将所有的计算机通过网卡直接与传输介质相连。由于不需要集线设备,因此成本相对比较低廉,但由于网络中所有数据传输都依赖一根传输电缆来完成,一旦出现总线故障,整个网络就瘫痪了,可靠性不高,且不容易扩展。

2. 星型家庭局域网

星型拓扑结构布线简单、网络扩展性好、维护方便,非常适合在家庭局域网中使用。

星型局域网中，核心设备是集线器、交换机或路由器，所有的计算机一端都与集线设备相连，另一端与计算机网卡相连。

4.2.3 家庭局域网的组建

家庭局域网的组建一般遵循以下几个步骤。

(1) 设备选购。

(2) 布线、安装网卡。

(3) 配置网络通信协议和 IP 地址。

(4) 配置网络标识。

(5) 测试网络连通性。

设备选购、网卡安装在前面的内容中已作介绍，在此不再详述。下面介绍家庭局域网的布线。

1. 布线

家庭局域网布线有明线和暗线两种。所谓明线是指连接计算机的网线暴露在外面，其缺点是影响美观，但容易实现。要注意网线应沿着踢脚线、门边、墙角等，使用线卡将其固定在墙壁上。暗线是将网线隐藏在墙体内或者地板下，这样不会影响室内美观，但实现起来比较麻烦，一般需要在室内装修阶段实施。

为了实现家庭局域网的功能和居室的美观，在装修的时候就应该对家庭局域网的功能和布线考虑周全，一般应注意以下几点。

(1) 注重美观。家居布线注重美观，因此布线施工应当与装修同时进行，尽量将电缆管槽埋藏于地板或装饰板之下。信息插座也要选用内嵌式，将底盒埋藏于墙壁内。

(2) 综合布线。在布线设计时，应当综合考虑电话线、有线电视电缆、电力线和双绞线的布设。电话线和电力线不能离双绞线太近，以避免对双绞线产生干扰，两者间隔保持20 cm 左右即可。如果在房屋建设时已经布好网络，并在每个房间预留了信息点，如果用户不考虑额外增加信息点，则应根据这些信息点的位置考虑家具和计算机的位置。

(3) 信息点数量。一般家庭的计算机数量在 2～3 台，但这并不代表只需要这么几个信息点。通常情况下，主卧室有两个主人，建议安装两个信息点，以便男、女主人同时使用计算机。其他卧室和客厅只安装一个信息点，供孩子或临时变更计算机使用地点时使用。特别是拥有笔记本电脑时，更应当考虑在每个室和厅内都安装一个信息点。如果小区预留有信息接口，应当布设一条从该接口到集线设备的双绞线，以实现家庭网络与小区宽带的连接。如果暂时用不到这么多的信息点，也建议将网线布好，在信息插座处用白板覆盖，以便日后启用。

(4) 集线设备的位置。集线器是星型局域网的核心设备，但很少被接触，因此在保证通风较好的前提下，集线设备应当位于最隐蔽的位置。

(5) 避开干扰源。双绞线和计算机要尽量远离洗衣机、电冰箱、空调、电风扇，以避免这些电器对双绞线中传输信息的干扰。

布线和网卡安装完成后，为了使网络能够运行，还需要进行局域网的 TCP/IP 配置。网络之所以可连通，不仅机器内必须有网卡，网卡上连接了网线，还必须安装 TCP/IP 以支持客户机与服务器。

2. 安装协议

计算机之间要进行数据通信，就必须遵循相同的协议，就好像中国人之间可以说汉语，法国人之间可以说法语，但是中国人和德国人要进行交流的话，只要中国人和德国人都说世界通用语言(英语)就可以了。组建家庭局域网时需要添加 TCP/IP 和 NetBEUI 协议，并安装 Windows 网络客户端、Microsoft 网络的文件和打印机共享，这些协议在 Windows 7 中均为默认安装项，不需要用户手动添加。

但在某些情况下，Windows 系统需要与其他类型的主机进行通信，TCP/IP 是不能满足需求的，因此还要添加其他网络通信协议。下面以安装 Reliable Multicast Protocol 为例讲解安装网络协议的方法，其步骤如下。

(1) 右击桌面右下角任务托盘区域的【网络连接】图标，在弹出的快捷菜单中选择【网络和共享中心】命令，打开如图 4-7 所示的【网络和共享中心】窗口。

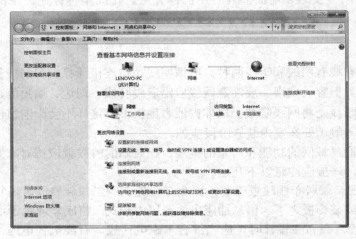

图 4-7　【网络和共享中心】窗口

(2) 单击【查看活动网络】区域中的【本地连接】超链接，打开【本地连接 状态】对话框，如图 4-8 所示。

图 4-8　【本地连接 状态】对话框

(3) 单击【属性】按钮，弹出如图 4-9 所示的【本地连接 属性】对话框，单击【安装】按钮，打开【选择网络功能】对话框，选择【协议】选项，再单击【添加】按钮。

(4) 打开如图 4-10 所示的【选择网络协议】对话框，选择 Reliable Multicast Protocol，单击【确定】按钮开始安装。完成后自动返回到【本地连接 属性】对话框，完成 Reliable Multicast Protocol 的安装。

图 4-9　【本地连接 属性】对话框

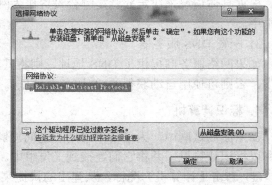

图 4-10　【选择网络协议】对话框

3. 配置 TCP/IP

协议安装完成后还需要进行一定的配置。在【本地连接 属性】对话框的【网络】选项卡的【此连接使用下列项目】列表框中，选中【Internet 协议版本 4(TCP/IPv4)】复选框，然后单击【属性】按钮，弹出【Internet 协议版本 4(TCP/IPv4)属性】对话框，如图 4-11 所示。

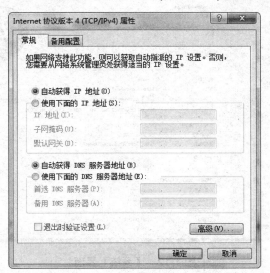

图 4-11　【Internet 协议版本 4(TCP/IPv4)属性】对话框

1) 配置 IP 地址和子网掩码

在组建家庭局域网中，计算机一般使用 Internet 包括的私有地址(A 类私有地址为 10.0.0.0～10.255.255.255；B 类私有地址为 172.16.0.0～172.31.255.255；C 类私有地址为 192.168.0.0～192.168.255.255)，这里选用 C 类私有地址 192.168.0.1 网段，子网掩码为 255.255.255.0，可分配的 IP 地址为 192.168.1.1～192.168.1.254。配置 IP 地址时需要在【IP 地址】和【子网掩码】文本框中输入相应的 IP 地址和子网掩码。

2) 配置默认网关

在组建对等式家庭局域网时，各计算机的地位平等，可以不设置网关。但在以共享方式接入 Internet 时因为该计算机需要通过其他计算机连接到 Internet，所以要填写默认网关。根据具体情况来决定究竟是哪台设置作为网关，然后将其 IP 地址输入【默认网关】文本框中。

3) 配置 DNS 服务器

如果网络服务商提供了 DNS 地址，则将其输入【使用下面的 DNS 服务器地址】文本框中，否则可使用自动获得 DNS 服务器地址。

4. 标识计算机

在家庭局域网中，为了使网络用户之间能够相互访问，必须给每台计算机一个唯一的名称以标识计算机，并将它们连接到工作组中。操作步骤如下。

(1) 右击【计算机】图标，从弹出的快捷菜单中选择【属性】命令。

(2) 打开如图 4-12 所示的【系统】界面，单击【计算机名称、域和工作组设置】区域右侧的【更改设置】超链接。

图 4-12　【系统】界面

(3) 弹出如图 4-13 所示的【系统属性】对话框，单击【更改】按钮，弹出如图 4-14 所示的【计算机名/域更改】对话框。在该对话框中，以系统管理员身份登录可以进行修改，在【计算机名】文本框中输入新名称。为了便于管理，可以选中【工作组】单选按钮，再根据需要输入计算机工作组的名称，然后单击【确定】按钮。

图 4-13　【系统属性】对话框　　　　图 4-14　【计算机名/域更改】对话框

　　(4) 弹出提示对话框，提示必须重新启动计算机才能应用这些更改，如图 4-15 所示。单击【确定】按钮返回到【系统属性】对话框，再单击【关闭】按钮，关闭【系统属性】对话框。接着弹出提示对话框，提示必须重新启动计算机才能应用这些更改，如图 4-16 所示。单击【立即重新启动】按钮，即可重新启动计算机并应用新的计算机名。若单击【稍后重新启动】按钮则不会立即重新启动计算机。

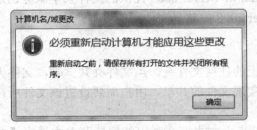
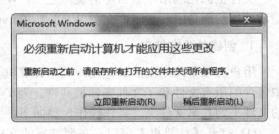

图 4-15　重新启动计算机提示对话框　　　　图 4-16　提示对话框

5. TCP/IP 通信协议的测试

　　安装并设置完 TCP/IP 后，为了保证其能够正常工作，在使用前一定要进行测试。建议大家使用系统自带的工具程序——ping 命令。该工具可以检查任何一个用户是否与同一网段的其他用户连通，是否与其他网段的用户连接正常，同时还能检查出自己的 IP 地址是否与其他用户的 IP 地址发生冲突。假如服务器的 IP 地址为 192.168.250.250，如要测试自己的机器是否与服务器接通，只需切换到命令提示符下，并输入命令 ping 192.168.250.250 即可。

　　如果出现类似于"来自 192.168.250.250 的回复：字节=32　时间=1ms TTL=64"的回应，

说明 TCP/IP 工作正常，如图 4-17 所示；如果显示类似于"Request timed out"信息，说明双方的 TCP/IP 设置可能有错，或网络的其他连接(如网卡、Hub 或连线等)有问题，还需进一步检查。

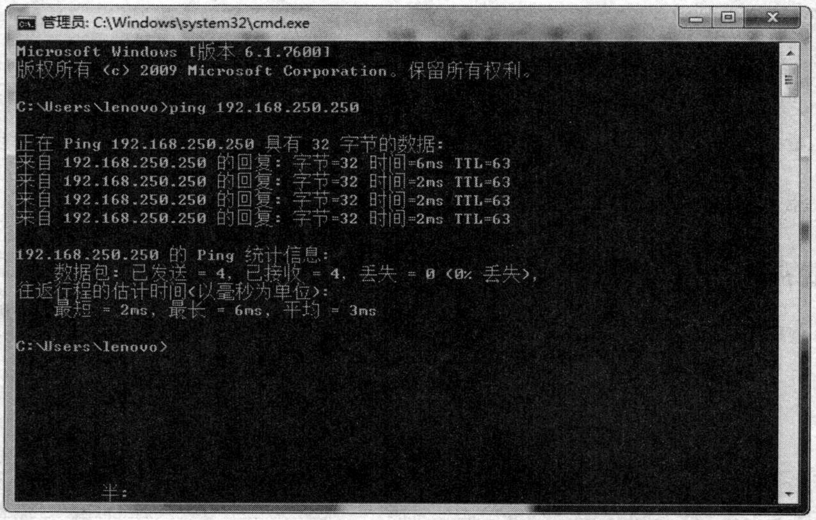

图 4-17　网络连通

4.3　网络资源共享

4.3.1　共享文件与文件夹

文件资源是网络中最常见的资源之一，Windows Server 2008 提供的文件共享服务也是最常使用的服务之一。下面介绍 Windows Server 2008 中共享文件夹的管理。

1. 创建共享文件夹

用户可以与网络上的其他用户共享计算机上的任何文件夹，当文件夹共享时，文件夹中包含的所有文件和子文件夹都被共享。为了实现文件的共享，用户需要设置该文件所在的文件夹为共享文件夹。具体操作步骤如下。

(1) 打开【计算机】窗口，在要共享的文件夹上右击，在弹出的快捷菜单中选择【共享】→【高级共享】命令，打开文件夹属性对话框。

(2) 切换到【共享】选项卡，单击【高级共享】按钮，打开如图 4-18 所示的【高级共享】对话框，选中【共享此文件夹】复选框，在【共享名】文本框中输入共享名。在【将同时共享的用户数量限制为】微调框中输入想要限制的用户数量，然后单击【确定】按钮。

可以通过网络进行测试，选择【开始】→【运行】菜单，打开【运行】对话框，输入\\127.0.0.1，单击【确定】按钮就可以显示当前计算机上所有的共享文件夹，如图 4-19 所示。如果显示出刚才创建的共享文件夹，则表明共享成功，其他用户就可以通过网络访问此共享文件夹了。

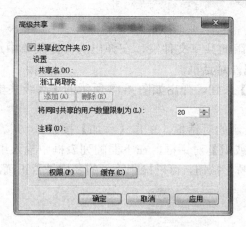

图 4-18　【高级共享】对话框

图 4-19　测试共享文件夹

2. 设置共享文件夹的权限

共享资源提供对应用程序、数据或用户个人数据的访问。为了保证数据的安全，可以使用共享权限控制对共享资源的访问，且易于应用和管理。新建的共享文件夹已经自动设置了共享权限，默认的共享权限是任何本地用户都能以只读权限访问。用户也可以根据需要设置共享文件夹的权限。

可对共享文件夹指派以下的访问类型。

- 读取：读取权限是指派给 Everyone 组的默认权限。读取权限允许查看文件名和子文件夹名、允许查看文件中的数据、允许运行程序文件。
- 更改：更改权限不是任何组的默认权限，更改权限除了允许所有的读取权限外，还有添加删除文件和子文件夹、更改文件中的数据的权限。
- 完全控制：完全控制权限是指派给本机的 Administrator 组的默认权限。

接下来设置的任何用户都可以只读访问，用户 s 的权限则设置为拒绝访问。具体设置步骤如下。

(1) 右击需要设置权限的共享文件夹，在弹出的快捷菜单中选择【共享】→【高级共享】命令，打开文件夹属性对话框。

(2) 单击【高级共享】按钮，弹出如图 4-18 所示的【高级共享】对话框，单击【权限】按钮。

(3) 打开如图 4-20 所示的对话框，单击【添加】按钮。

(4) 打开【选择用户或组】对话框，在下面的列表框中输入用户的名称，如图 4-21 所示。单击右侧的【检查名称】按钮，可以检测输入的名称是否正确，最后单击【确定】按钮。

图 4-20　设置共享权限

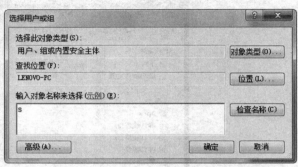

图 4-21　【选择用户或组】对话框

(5) 将 s 的权限设置为拒绝访问，然后单击【确定】按钮，如图 4-22 所示。

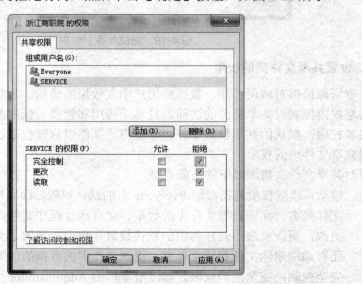

图 4-22　更改权限

3. 共享多个文件夹

如果一台服务器要设置多个共享文件夹，则可以使用 Windows 自带的共享文件夹管理工具来集中设置，操作步骤如下。

(1) 右击【计算机】图标，在弹出的快捷菜单中选择【管理】命令，打开【计算机管理】窗口，在左侧窗格中依次单击【系统工具】→【共享文件夹】选项，右击【共享】选项，在弹出的快捷菜单中选择【新建共享】命令，如图 4-23 所示。

图 4-23　选择【新建共享】命令

(2) 在弹出的对话框中单击【下一步】按钮，弹出如图 4-24 所示的【文件夹路径】界面，单击【浏览】按钮，选择要共享的文件夹，然后单击【下一步】按钮。

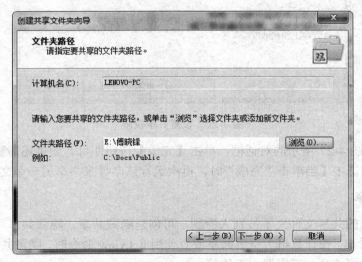

图 4-24　选择共享文件夹

(3) 输入共享名，单击【更改】按钮可设置脱机用户是否可以使用和如何使用共享内容的方式，如图 4-25 所示，单击【下一步】按钮。

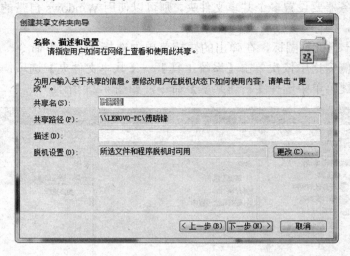

图 4-25　设置共享名

(4) 弹出如图 4-26 所示的【共享文件夹的权限】界面，为共享文件夹设置访问权限，默认是选中【所有用户有只读访问权限】单选按钮，单击【完成】按钮。

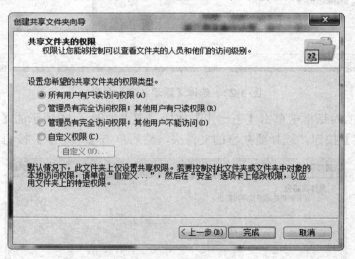

图 4-26　设置共享权限

(5) 打开如图 4-27 所示的对话框，单击【完成】按钮即可。如果还需要继续设置其他共享文件夹，则选中【当单击"完成"时，再次运行该向导来共享另一个文件夹】复选框。

4. 隐藏共享

为了使主机的共享文件夹不被别人看到，可创建隐藏共享。隐藏共享可由共享名后面的美元符号($)看出。在计算机上查看共享或者使用 net view 命令时，隐藏共享不会被列出，如果想连接到隐藏共享，就需要人工连接。

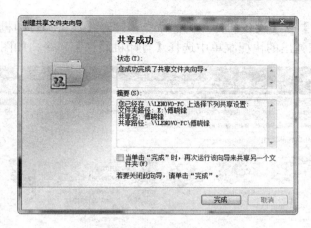

图 4-27　完成共享

Windows 可创建隐藏的系统管理共享，管理员、程序和服务可以用这些共享来管理网络上的计算机环境。根分区和卷共享后表示为驱动器号后面附加一个$符号，如驱动器号 D 和 E 共享后表示为 D$ 和 E$。

默认情况下，Windows 可以启用下列隐藏系统管理共享。

(1) 系统根文件夹(%SYSTEMROOT%)共享：表示为 ADMIN$。它是用户安装 Windows 系统文件夹后，管理员通过网络可以方便地访问到此系统根文件夹的目录结构。

(2) FAX$共享：供传真客户端发送传真使用。此共享文件夹供用户临时缓存文件，并访问存储在文件服务器上的传真封面。

(3) IPC$共享：这是共享命名管道的资源，在程序之间的通信过程中该命名管道起着至关重要的作用。在计算机的远程管理期间，以及在查看计算机的共享资源时，也要使用 IPC$。不能删除该资源。

(4) PRINT$共享：用于远程管理打印机过程中使用的资源。

(5) ADMIN$：这是计算机远程管理期间使用的资源。该资源的路径总是系统根目录路径(安装操作系统的目录，如 C:\Windows)，以便对整个系统进行远程管理。可以被删除，但是用户停止并重新启动服务器服务或重新启动计算机后将自动重新创建。

(6) NETLOGON：这是域控制器上包括用户登录脚本的共享文件夹。

(7) SYSVOL：这也是域控制器目录服务数据库所需使用的共享文件夹。删除该共享文件夹会导致域控制器活动目录服务无法正常运行。

由用户创建的隐藏共享可以被删除，而且在重启后不会被创建。创建隐藏共享的步骤与创建共享文件夹类似，只是在输入共享名的时候在其后加一个$符号即可。

4.3.2　共享打印机

设置共享打印机分为两步，第一步是在安装了打印机的计算机上将打印机设置为共享，第二步是在需要使用共享打印机的计算机上添加打印机。

1. 设置打印机共享

将打印机设置为共享的步骤如下。

(1) 选择【开始】→【设备和打印机】命令，打开【设备和打印机】窗口，在要共享的打印机上右击，在弹出的快捷菜单中选择【打印机属性】命令，如图4-28所示。

图4-28　选择【打印机属性】命令

(2) 弹出如图4-29所示的打印机属性对话框，切换到【共享】选项卡，选中【共享这台打印机】复选框，然后在【共享名】文本框中输入共享的打印机名。

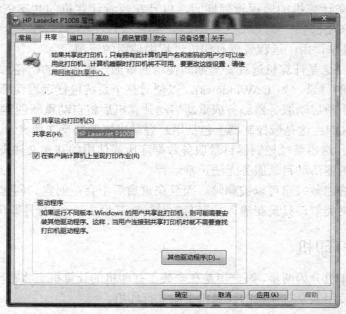

图4-29　设置打印机属性

(3) 单击【确定】按钮，就可以完成打印机的共享。

2. 添加网络打印机

在需要使用共享打印机的计算机上添加网络打印机的步骤如下。

(1) 打开【设备和打印机】窗口，单击上方的【添加打印机】超链接，如图 4-30 所示。

图 4-30　【设备和打印机】窗口

(2) 弹出如图 4-31 所示的添加打印机向导对话框，选择【添加网络、无线或 Bluetooth 打印机】选项，然后单击【下一步】按钮。

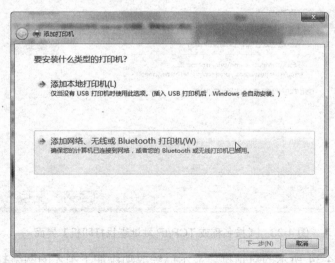

图 4-31　选择【添加网络、无线或 Bluetooth 打印机】选项

(3) 系统开始搜索可用的打印机，如图 4-32 所示。如果搜索到可用的打印机，则选择相应的打印机。若搜索不到或者你需要的打印机不在列表中，则选择【我需要的打印机不在列表中】选项，再单击【下一步】按钮。

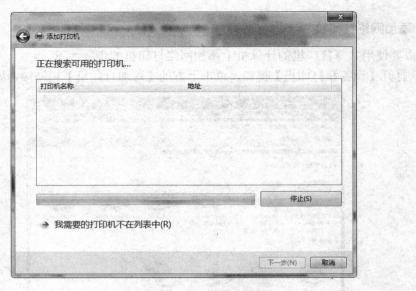

图 4-32　搜索可用的打印机

(4) 打开【按名称或 TCP/IP 地址查找打印机】界面，选中【按名称选择共享打印机】单选按钮，并在名称文本框中输入打印机地址，格式为"\\计算机名\打印机名"，输入完成后单击【下一步】按钮，如图 4-33 所示。

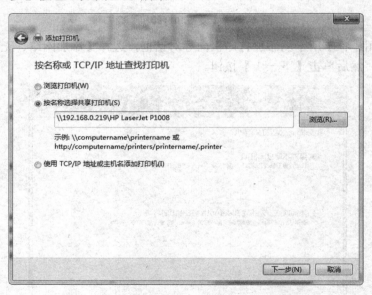

图 4-33　【按名称或 TCP/IP 地址查找打印机】界面

(5) 弹出如图 4-34 所示的对话框，显示已经成功添加了刚才的网络打印机，单击【下一步】按钮，弹出如图 4-35 所示的对话框。如果需要检查打印机是否正常工作，或者要查看打印机的疑难解答信息，可以单击【打印测试页】按钮打印一张测试页。单击【完成】按钮即可完成网络打印机的安装。

图 4-34 确认成功添加打印机   图 4-35 网络打印机安装完成

(6) 安装完成后,可以看到【设备和打印机】窗口中出现了添加成功的打印机。

4.3.3 访问网络中的共享资源

当服务器建立共享文件夹以后,用户就可以访问网络上的共享资源。访问共享文件夹的方式有很多,下面介绍几种方法。

方法一:单击【网上邻居】→【整个网络】→Microsoft Windows Network,可以看到网络中所有的工作组,打开相应的工作组,找到共享文件夹所在的计算机,双击计算机名称,输入正确的用户名和密码,验证通过后就可以访问共享文件夹了。

方法二:如果知道共享文件夹所在的计算机的名称,就可以利用计算机名直接访问共享文件夹。

(1) 选择【开始】→【运行】命令,打开【运行】对话框,在【打开】文本框中输入"\\计算机名",然后单击【确定】按钮。

(2) 打开【我的电脑】窗口,在地址栏中输入"\\计算机名",按 Enter 键可打开共享文件夹,在 IE 地址栏中输入也可以打开,如图 4-36 所示。

图 4-36 访问共享文件夹

(3) 如果想直接访问共享文件夹,可以直接输入"\\计算机名\共享名",然后按 Enter

键。使用这种方法也可以访问隐藏的共享文件夹,只要在共享名后面加上美元符"$"即可。

如果不知道对方的计算机名称,只知道对方的 IP 地址,以上的方法也同样可行,只要将计算机名称改为对方的 IP 地址即可,如图 4-37 所示。

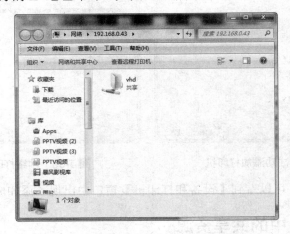

图 4-37　通过 IP 地址访问共享文件夹

4.3.4　映像和使用磁盘驱动器

尽管在【网上邻居】中可以查看、使用网络上的其他资源,但是当用户经常使用网络上的某个资源时,这种访问方式就有些不方便。为此,用户可以把某个经常使用的网络文件夹映射成一个驱动器,这样对该资源的访问就好像直接访问自己计算机上的驱动器一样方便。

在网络中映射一个共享资源的具体步骤如下。

(1) 打开【计算机】窗口,单击【映射网络驱动器】超链接,弹出如图 4-38 所示的【映射网络驱动器】对话框。选择驱动器,系统默认的驱动器为 Z,在【文件夹】下拉列表框中输入映射到网络资源的路径,也可以单击【浏览】按钮查找,最后单击【完成】按钮创建映射。

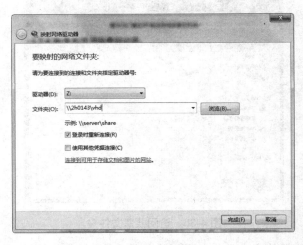

图 4-38　【映射网络驱动器】对话框

　　(2) 创建好映射驱动器后，【计算机】窗口中就多了个 Z 盘，如图 4-39 所示，下次访问时只要双击该盘符即可。

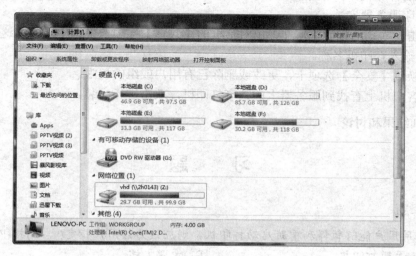

图 4-39　映射驱动器完成

　　对于不再使用的网络驱动器，可以将其断开。方法是：右击相应的网络驱动器，从弹出的快捷菜单中选择【断开】命令即可。

实训　网络打印服务器

1．实训目的

(1) 掌握 Windows Server 2008 中安装网络打印服务器的方法。
(2) 掌握网络打印共享和打印机设置。

2．实训设备

打印机一台、计算机两台。

3．背景知识

(1) 网络打印服务器的安装。
(2) 打印机属性。
(3) 打印机共享。

4．实训内容和要求

(1) 安装网络打印服务器及设置网络打印共享。
(2) 打印机属性设置。

5．实训步骤

　　(1) 打开【添加打印机向导】对话框，选择【网络打印机】选项，然后单击【下一步】按钮。

(2) 在【指定打印机】对话框中选中【浏览打印机】单选按钮，单击【下一步】按钮，选择要使用的打印机，并根据需要设置为默认打印机，完成【添加打印机向导】设置即完成了网络打印服务器安装。

(3) 右击要共享的打印机，在弹出对话框的【共享】选项卡中选中【共享这台打印机】复选框，并输入打印机名称。

(4) 切换到【安全】选项卡，更改或删除已有用户或组的权限。

(5) 在客户机上查找到服务器上的共享打印机，双击进行安装。

6. 实训结果和讨论

习　　题

1. 选择题

(1) 如果用户能够暂停和重新启动打印机，则应该为该用户指定(　　)打印权限。

　　A. 管理打印机　　　　　　　　B. 管理文档

　　C. 打印　　　　　　　　　　　D. 以上都错

(2) 如果共享文件夹只能读取不能写入，该用户应该指定(　　)权限。

　　A. 更改　　　　　　　　　　　B. 完全控制

　　C. 读取　　　　　　　　　　　D. 以上全选

(3) 查看隐藏的共享文件夹应该在共享文件夹后加(　　)符号。

　　A. $　　　　　　　　　　　　　B. #

　　C. &　　　　　　　　　　　　　D. ¥

(4) 以下说法正确的是(　　)。

　　A. 在传统的局域网中，一个工作组通常在一个网段上

　　B. 在传统的局域网中，一个工作组通常不在一个网段上

　　C. 在传统的局域网中，多个工作组通常在一个网段上

　　D. 以上说法都不正确

(5) 打开【网上邻居】窗口后，发现只能看到部分邻居计算机，不可能的原因是(　　)。

　　A. 网络不通　　　　　　　　　B. 没有安装网卡驱动程序

　　C. 没有安装 Modem　　　　　　D. 没有安装 NetBEUI 协议

2. 思考题

(1) 如何设置文件和文件夹共享？

(2) 如何设置打印机共享？

(3) 如何在 Windows 7 中共享 Internet？

第 5 章　宿舍局域网的组建

学习目的与要求：

网络对今天的企、事业单位已经必不可少，学校更是离不开网络。在学生宿舍中组建局域网来共享资源、上网冲浪、联机游戏也越来越普遍。很多大学新建的宿舍楼都已经组建好局域网，而对于一些老宿舍楼来说，就需要学生自己组建、配置局域网了。

通过对本章的学习，要求学生掌握宿舍局域网的组建方案、使用路由器共享 Internet 连接的方法，了解 IIS 的一些知识，掌握利用 Windows Server 2008 操作系统通过 IIS 发布 Web 网站的方法。

5.1　宿舍局域网的组建方案

现在大学生中拥有计算机的已不在少数，一般一个宿舍都有两台以上计算机。在某些专业，比如信息技术系，由于学习的需要，几乎人手一台计算机。一般情况下，一个宿舍 4~6 个人，也就是说每个宿舍有 4~6 台计算机。就单台计算机而言，计算机的功能不能完全发挥出来，如果能将邻近的几个宿舍的计算机组成局域网，就可以和同学一起共享资源、看电影甚至打游戏。

5.1.1　组建宿舍局域网的原则

对于学生宿舍来说，要求几台计算机能组成局域网，可以实现资源共享、联网游戏；能共享宽带，同时上网，对网速方面没有太苛刻的要求，但要求稳定性较好；组网成本上要求整体投资较少；选择设备时，没必要选择太好的，够用即可，但产品的性价比要高，售后服务要好。

5.1.2　接入方式和组网模式

学生宿舍通常有两种 Internet 接入方式：一种是接入学校提供的校园网，另一种是 ADSL 宽带接入。校园网一般是接入教育网的，在教育网内速度较快，但与其他网络连接时速度比较慢；ADSL 在网络速度方面有优势，但有些资源和网站只能在校园网中使用，ADSL 用户是无法访问的。因此要根据实际情况选择合适的 Internet 接入方式，如果两者能兼顾当然是最好了。

目前比较流行的组网模式有有线和无线两种。无线网络可以省去布线的麻烦，现在很多学生拥有 Intel 迅驰技术的笔记本电脑，有了无线网络，用笔记本电脑上网就不会受地点的限制，充分体现了笔记本电脑的移动性。但无线网络相对来说成本较高，台式计算机中还要配置无线网卡。有线网络的投入成本较低，但是布线比较麻烦，影响环境的整洁，且会因为网线的限制而不能随意移动。

5.1.3　宿舍局域网组建方案

组建单个宿舍的局域网与组建家庭局域网类似，如果采用 ADSL 方式接入 Internet，则可以购买宽带路由器构成局域网；如果 ADSL Modem 带有路由功能，则可选择交换机来组网。如果采用通过校园网方式接入 Internet，则可以采用宽带路由器。如果宿舍中只有两台计算机，也可以选择 ICS 方式共享上网，但是不建议使用该方式，因为如果 ICS 主机不开机的话，另一台计算机也无法上网。

如果有多个宿舍的计算机共同上网，则可以通过交换机互联的方式将其连接起来，但要注意使用超五类双绞线的有效传输距离为 100 m。

5.2　使用宽带路由器共享 Internet 连接

宽带路由器作为一种网络共享设备，越来越多地出现在人们的生活、工作和学习中。它具有组网方便、安全可靠等优点，支持 ADSL、HFC 或者小区宽带的 Internet 共享接入，很多宿舍在共享上网时都会选择宽带路由器。

5.2.1　宽带路由器的功能

宽带路由器是近几年来新兴的一种网络产品，它随着宽带的普及应运而生。宽带路由器在一个紧凑的盒子中集成了路由器、防火墙、带宽控制和管理等功能，具备快速转发能力、灵活的网络管理和丰富的网络状态等特点。准确地讲，宽带路由器从定义上并不能完全称为路由器，它只能实现部分传统路由器的功能，主要是为宽带接入用户提供网络地址转换 NAT 技术。

代理服务器软件也是采用 NAT 转换技术，从速度上考虑，使用一台 PC 做代理服务器比宽带路由器的 NAT 转发性能要好。但是宽带路由器专门为宽带线路进行了特殊设计，采用独立的处理器芯片和软件技术来实现 NAT 转换，所以与传统的使用代理服务器软件共享上网相比，宽带路由器具有很多优势。宽带路由器一般具有以下功能。

1. 网络地址转换(NAT)功能

用户无论采用何种方式接入 Internet，通常只有一个 IP 地址。NAT 功能将局域网内分配给每台计算机的 IP 地址转换成合法的实际 IP 地址，从而使内部网络的每台计算机可直接与 Internet 上的其他主机进行通信，而且 Internet 主机无法直接访问内部的计算机，提供了一定的网络安全保障。

2. DHCP 功能

宿舍中的每台计算机都必须有一个 IP 地址，否则在网络中就无法找到它。DHCP 服务提供安全、可靠、简单的网络设置，可以管理动态的 IP 地址分配及其他相关的环境配置工作，如 DNS、WINS、Gateway 的设置，可避免因手工设置 IP 地址及子网掩码所产生的错误，同时也避免了把一个 IP 地址分配给多台工作站所造成的地址冲突。

3. 防火墙功能

宽带路由器中内置的防火墙能够起到基本的防火墙功能，它能够屏蔽内部网络的 IP 地址，自由设定 IP 地址、通信端口过滤，防止黑客攻击和病毒入侵。通过路由器内置的防火墙功能，可设置不同的过滤规则，过滤来自外网的所有异常的信息包，使内部网络使用者可以安心上网。

4. 虚拟专用网(VPN)功能

VPN 能利用 Internet 公用网络建立一个拥有自主权的私有网络，用户可以在 Internet 中创建专门的通道，通过 Internet 连接到局域网内部的 VPN 服务器，这样不仅可以节约开支，而且能保证企业信息安全。

5. 网站过滤功能

网站过滤功能的作用类似于纱窗，用户输入一些被禁止访问的站点 URL，站点将会被屏蔽，可以防止小孩子浏览一些不健康或者不安全的网站，保证其健康成长。

6. 虚拟拨号功能

这个功能是宽带路由器必备的。ADSL 接入 Internet 有虚拟拨号和专线接入两种方式，一般用户都使用虚拟拨号上网。虚拟拨号设定好之后，路由器每次启动、重启都会自动拨号，也就是说，只要路由器处于开机工作状态，就一直处于在线状态，包月用户使用虚拟拨号功能就不用每次上网都拨号。

7. Web 界面管理

由于很多用户缺乏相关的网络专业知识，所以宽带路由器一般都提供 Web 界面管理，就跟平常上网一样，操作起来比较方便。

有些宽带路由器还具有上网权限限制、流量管理监控功能及打印服务器功能等，所以使用宽带路由器可以很方便地共享上网。一般宿舍组建局域网共享上网时，建议使用宽带路由器。

5.2.2 安装和配置宽带路由器

宽带路由器的安装非常简单，只需要按照说明书进行操作即可轻松连接。根据用户接入 Internet 的方式，宽带路由器的连接主要包括与计算机、交换机的连接以及与 ADSL Modem 或其他 Internet 接入的连接。

1. 宽带路由器的安装

本例以 TP-LINK 的 TL-R402+宽带路由器为例，介绍在以 ADSL 方式接入 Internet 后，通过宽带路由器共享 Internet 接入的配置方法。用户只需在连接着宽带路由器的计算机上打开浏览器，输入宽带路由器的 IP 地址就可以进入设置页面进行设置。具体操作步骤如下。

(1) TL-R402+的出厂默认 IP 地址是 192.168.1.1，子网掩码为 255.255.255.0。在进行设置前，将要访问路由器的计算机的 IP 地址设置为自动获取，在 Internet Explorer 的地址栏中输入"http://192.168.1.1"，按 Enter 键，弹出如图 5-1 所示【Windows 安全】对话框，输入用户名和密码即可进入配置界面。

(2) 单击【设置向导】菜单，弹出【设置向导】对话框，单击【下一步】按钮，弹出如图 5-2 所示的界面，根据上网方式的不同选择相应的选项，这里选择【ADSL 虚拟拨号 (PPPoE)】单选按钮，单击【下一步】按钮。

图 5-1　用户登录

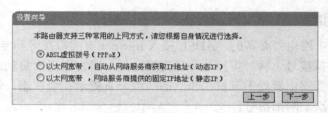

图 5-2　设置上网方式

(3) 弹出如图 5-3 所示的上网账号和口令界面。输入 ISP 提供的上网账号和口令，单击【下一步】按钮，弹出完成界面，单击【完成】按钮完成设置，这样与该宽带路由器所连接的计算机均可上网了。

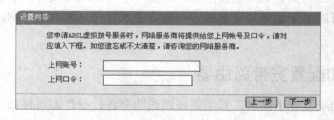

图 5-3　设置上网账号密码

2. 宽带路由器的配置

宽带路由器安装完成后就可以共享上网，但还有些其他配置，详细说明如下。

(1) 在左侧菜单栏中单击【网络参数】菜单，可以看到如图 5-4 所示的子菜单。单击【LAN 口设置】子菜单，在如图 5-5 所示的 LAN 口设置对话框中可以配置 LAN 接口的网络参数，如果需要，可以更改 LAN 接口 IP 地址以配合实际网络环境的需要。

● 【MAC 地址】：本路由器对局域网的 MAC 地址，用来标识局域网。
● 【IP 地址】：本路由器对局域网的 IP 地址，该 IP 地址出厂默认设置为 192.168.1.1，可以根据需要进行修改。

● 【子网掩码】：本路由器对局域网的子网掩码，可以在下拉列表框中选择 B 类 (255.255.0.0)或者 C 类(255.255.255.0)地址的子网掩码。

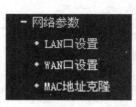

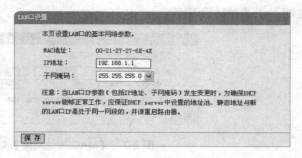

图 5-4　网络参数　　　　　　　　　　　图 5-5　【LAN 口设置】对话框

(2) 单击【WAN 口设置】子菜单，在弹出的如图 5-6 所示的【WAN 口设置】对话框中可以配置 WAN 接口的网络参数。对于 ADSL 用户，WAN 口连接类型选择 PPPoE，可以更改上网账号和口令，在连接方式选项中选择合适的模式，现在大部分都是包月用户，可以选择自动连接。

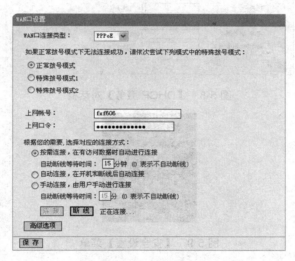

图 5-6　【WAN 口设置】对话框

(3) 单击【MAC 地址克隆】子菜单，在弹出的如图 5-7 所示的【MAC 地址克隆】对话框中设置路由器对广域网的 MAC 地址。

● 【MAC 地址】：路由器对广域网的 MAC 地址。默认的 MAC 地址为路由器上 WAN 的物理接口的 MAC 地址。有些 ISP 会提供一个 MAC 地址，要求用户对 MAC 地址进行绑定，只要根据提供的值，输入到【MAC 地址】文本框即可。

● 【当前管理 PC 的 MAC 地址】：当前正在管理路由器的计算机网卡的 MAC 地址。

(4) 单击【DHCP 服务】菜单，在弹出的如图 5-8 所示的【DHCP 服务】对话框中设置 DHCP 服务器，设置的项目包括是否启用 DHCP 服务器、地址池、地址的租期、网关地址、DNS 地址等。

(5) 单击【安全设置】菜单，在该菜单中包括【防火墙设置】、【IP 地址过滤】、【域

名过滤】、【MAC 地址过滤】、【远端 WEB 管理】和【Ping 功能】这 6 个子菜单,如图
5-9 所示。只有防火墙的总开关开启的时候后面的【IP 地址过滤】、【域名过滤】、【MAC
地址过滤】子菜单才会生效。

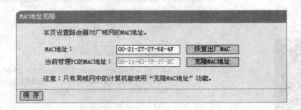

图 5-7 【MAC 地址克隆】对话框

图 5-8 【DHCP 服务】对话框

图 5-9 【安全设置】菜单

5.3 在局域网中发布个人主页

IIS 7.0(Internet Information Services,Internet 信息服务)是 Windows Server 2008 系统内
置的服务组件之一。IIS 7.0 可以控制和管理网站、FTP 站点,使用网络新闻传输协议(NNTP)
和简单邮件传输协议(SMTP)。IIS 7.0 通过支持灵活的可扩展模型来实现强大的定制功能,
通过安装和运行特征加强安全。

5.3.1 安装 IIS 7.0

IIS 7.0 不是默认的安装组件,所以在使用时必须先安装 IIS 组件,具体步骤如下。
选择一台安装有 Windows Server 2008 的服务器用以部署 IIS 服务,并且指定这台服务

器的计算机名为 SERVER1，指定这台服务器的 IP 地址为 192.168.1.1，指定 DNS 服务器域名为 www.mydns.com。

(1) 在计算机 SERVER1 的桌面上选择【开始】→【服务器管理器】命令，弹出【服务器管理器】界面，单击【添加角色】超链接，启动添加角色向导。单击【下一步】按钮，弹出如图 5-10 所示的【选择服务器角色】界面，该界面中显示了当前系统所有可以安装的网络服务，选中【Web 服务器(IIS)】复选框，单击【下一步】按钮。

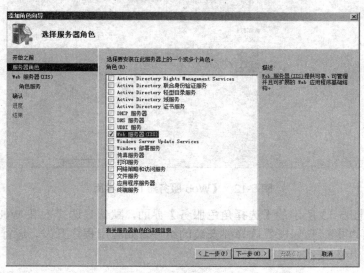

图 5-10　【选择服务器角色】界面

(2) 添加角色向导会针对任何需要的依赖关系向你提示，由于 IIS 依赖 Windows 进程激活服务(WAS)，因此会出现如图 5-11 所示的提示框，单击【添加必需的功能】按钮。

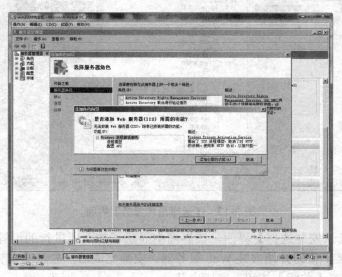

图 5-11　是否添加 Web 服务器所需的功能界面

(3) 弹出如图 5-12 所示的【Web 服务器(IIS)】界面，该界面中显示了 Web 服务器的简介、注意事项和其他信息，单击【下一步】按钮。

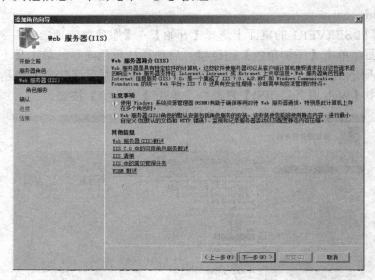

图 5-12　【Web 服务器 IIS】界面

(4) 弹出如图 5-13 所示的【选择角色服务】界面，默认只选择安装 Web 服务器所必需的组件，用户可以根据实际需要选择要安装的组件，如应用程序开发、运行状况和诊断等，然后单击【下一步】按钮。

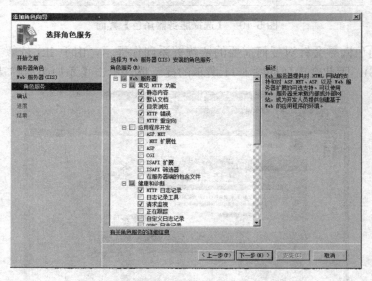

图 5-13　【选择角色服务】界面

(5) 弹出【确认安装选择】界面，该界面中显示了前面所进行的设置，检查设置是否正确，单击【安装】按钮开始安装 Web 服务器。安装完成后，显示【安装结果】界面，如图 5-14 所示，单击【关闭】按钮，完成安装。

也可以右击【计算机】图标，在弹出的快捷菜单中选择【管理】命令。打开如图 5-15 所示的【服务器管理器】窗口，右击【角色】选项，在弹出的快捷菜单中选择【添加角色】

命令，也可以打开【添加角色向导】进行 IIS 的安装。

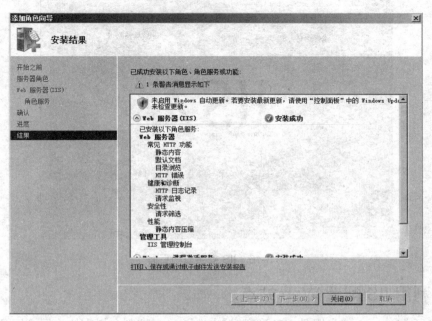

图 5-14 【安装结果】界面

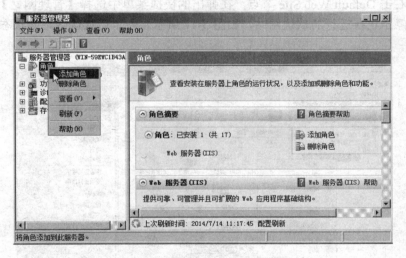

图 5-15 【服务器管理器】窗口

安装完 IIS 以后还需要对该 Web 服务器进行测试，以检测网站是否正确安装并运行。在局域网中的一台计算机，通过浏览器打开以下地址格式进行测试。

● IP 地址：HTTP://192.168.1.1。

● DNS 域名地址：http:// www.mydns.com。

● 计算机名：SERVER1。

如果 IIS 安装成功，则会在 IE 浏览器中显示如图 5-16 所示的网页。如果没有显示该网页，请检查 IIS 是否出现了问题或重新启动 IIS 服务，也可以删除 IIS 重新安装。

图 5-16　IIS 安装成功页面

5.3.2　利用 IIS 配置 Web 站点

(1) 打开【Internet 信息服务(IIS)管理器】控制台，在控制台树中依次展开服务器和【网站】节点，右击 Default Web Site 节点，在弹出的快捷菜单中选择【管理网站】→【停止】命令，即可停止正在运行的默认网站，如图 5-17 所示。停止后默认网站的状态显示为"已停止"。

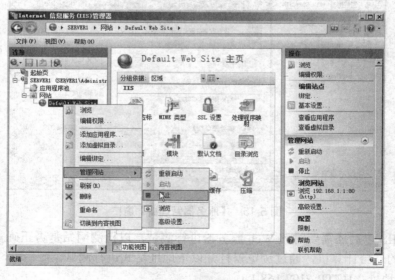

图 5-17　【Internet 信息服务(IIS)管理器】窗口

(2) 把 C:\Web 作为网站的主目录，并在此文件夹内存放网页 Index.html 作为网站的首页，网站首页可以用记事本或 Dreamweaver 软件编写。

(3) 在【Internet 信息服务(IIS)管理器】控制台树中，展开服务器节点，右击【网站】选项，在弹出的快捷菜单中选择【添加网站】命令，打开【添加网站】对话框。在该对话框中可以指定网站名称、应用程序池、网络内容目录、传递身份验证、网站类型、IP 地址、端口号、主机名以及是否启动网站。

在此设置网站名称为 Web，物理路径为 C:\Web，类型为 http，IP 地址为 192.168.1.1，默认端口号为 80，如图 5-18 所示，单击【确定】按钮完成 Web 网站的创建。

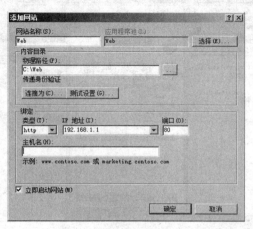

图 5-18 【添加网站】对话框

(4) 返回到【Internet 信息服务(IIS)管理器】控制台，可以看到刚才所创建的网站已经启动，如图 5-19 所示。在客户机中打开 IE 浏览器，在地址栏中输入 http://192.168.1.1 就可以访问刚刚创建的网站了。

图 5-19 网站添加成功

双击右侧视图中的【默认文档】图标，打开如图 5-20 所示的界面，可以对默认文档进行添加、删除和更改顺序等操作。

所谓默认文档是指在 Web 浏览器中输入 Web 网站的 IP 地址或域名就显示出来的 Web 页面，也就是通常所说的主页(Homepage)。IIS 7.0 默认文档的文件名有 6 种，分别是 Default.htm、Default.asp、index.htm、index.html、iisstart.htm 和 Default.aspx。这也是一般网站中最常用的主页名，如果 Web 网站无法找到这 6 个文件中的任何一个，将在 Web 浏览器上显示"该页无法显示"的提示。默认文档可以是一个，也可以是多个，IIS 按照排列的前后顺序依次调用这些文档。当第一个文档存在时，将直接显示在用户浏览器上，而不再调用后面的文档；如果第一个文档不存在，则将第二个文档显示给用户，以此类推。

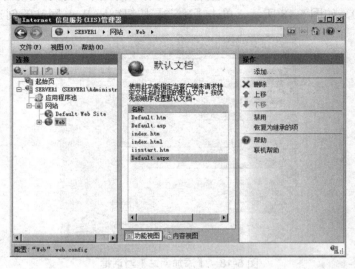

图 5-20　设置默认文档

5.3.3　Web 站点管理

万维网是一个大规模、联机式的信息储藏所，英文简称为 Web。万维网用连接的方法能非常方便地从 Internet 上的一个站点访问另一个站点，从而主动地按需获取丰富的信息。WWW 是 Internet 最重要的服务，Web 服务器是实现信息发布的基本平台，信息发布需要建立相应的 Web 网站，Internet 上的各类网站都是通过 Web 服务器实现的。

基于 HTTP 对 Web 服务是互联网上使用得最多的服务，IIS 是 Windows 平台上使用得最多的 Web 服务器。

1. 创建虚拟目录

在 Web 网站中，Web 内容文件都会保存在一个或多个目录树下，包括 HTML 内容文件、Web 应用程序和数据库等。当网站比较大的时候，不同的文件可能存放在不同的目录中。为了使主目录外的内容和信息也能通过 Web 网站发布，就需要创建虚拟目录。虚拟目录创建和基本管理的详细步骤如下。

(1) 打开【Internet 信息服务(IIS)管理器】窗口，右击要添加目录的网站，在弹出的快捷菜单中选择【添加虚拟目录】命令，如图 5-21 所示，开始为虚拟网站创建不同的虚拟目录。

(2) 弹出如图 5-22 所示的【添加虚拟目录】对话框，在【别名】文本框中输入该虚拟目录的别名，用户用该别名来链接虚拟目录。该别名必须唯一，不能与其他网站或虚拟目录重名。在【物理路径】文本框中输入该虚拟目录的文件夹路径，也可以单击【浏览】按钮进行选择。这个路径可以使用本地计算机的文件夹路径，也可以使用网络中的文件夹路径。设置完成后单击【确定】按钮完成创建。

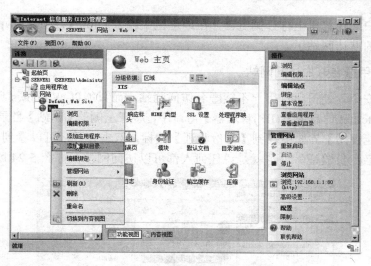

图 5-21　选择【添加虚拟目录】命令

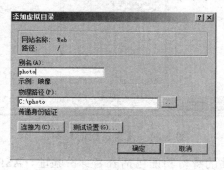

图 5-22　【添加虚拟目录】对话框

(3) 创建完成后，在【Internet 信息服务(IIS)管理器】窗口中可以看到虚拟目录，如图 5-23 所示。

图 5-23　创建好的虚拟目录

用户在客户端计算机上打开浏览器，在地址栏中输入 http://192.168.1.1/photo 就可以访问 C:/photo 里的默认网站了。

2. 禁止使用匿名账户访问网站

设置网站安全，使得所有用户不能匿名访问网站，而只能以 Windows 身份验证访问。

(1) 在【Internet 信息服务(IIS)管理器】窗口中，展开左侧的【网站】目录树，单击 Web 网站，在【功能视图】界面中找到【身份验证】图标，双击打开，可以看到 Web 网站默认启用的是"匿名身份验证"，也就是说任何人都可以访问网站，如图 5-24 所示。

图 5-24 【身份验证】界面

通常情况下，Web 网站的身份验证包括匿名身份验证、ASP.NET 模拟、Forms 身份验证、Windows 身份验证、基本身份验证和摘要式身份验证。

- 匿名身份验证。允许网络中的任何用户进行访问，不需要使用用户名和密码登录。
- ASP.NET 模拟。如果要在非默认安全上下文中运行 ASP.NET 应用程序，请使用 ASP.NET 模拟，如果对某个 ASP.NET 应用程序启用了模拟，那么该应用程序可以运行在以下两种不同的上下文中：作为通过 IIS 身份验证的用户或作为你设置的任意账户。例如，如果要使用的是匿名身份验证，并选择作为已通过身份验证的用户运行 ASP.NET 应用程序，那么该应用程序将在为匿名用户设置的账户下运行；如果选择在任意账户下运行应用程序，则它将运行在为该账户设置的任意安全上下文中。
- Forms 身份验证。使用用户端重定向来将未经身份验证的用户重定向到一个 HTML 表单，用户可以在该表单中输入凭证，通常是用户名和密码。确认凭证有效之后，系统将用户重定向到他们最初请求的页面。
- Windows 身份验证。使用哈希技术来标识用户，而不通过网络实际发送密码。
- 基本身份验证。需要用户输入用户名和密码，然后以明文方式通过网络将这些信息传送到服务器，经过验证后方可允许用户访问。
- 摘要式身份验证。与基本身份验证非常类似，所不同的是将密码作为哈希值发送。摘要式身份验证仅用于 Windows 域控制器的域。

使用这些方法可以确认任何请求访问网站的用户的身份，以及授予访问站点公共区域的权限，同时又可以防止未经授权的用户访问专用文件和目录。

(2) 在这里选择【Windows 身份验证】选项，然后单击【操作】面板中的【启用】超链接即可启用该身份验证。

(3) 在客户机上打开 IE 浏览器，输入 www.zjvcc.com 访问网站，弹出如图 5-25 所示的【Windows 安全】对话框，输入能被网站进行身份验证的用户账户和密码，然后单击【确定】按钮才可以访问该网站。

图 5-25　【Windows 安全】对话框

3. 限制访问网站的用户数量

(1) 在【Internet 信息服务(IIS)管理器】窗口中，依次展开服务器和"网站"节点，单击 Web 网站，然后在【操作】面板中单击【配置】区域的【限制】超链接，如图 5-26 所示。

图 5-26　限制访问用户

(2) 在打开的【编辑网站限制】对话框中，选中【限制连接数】复选框，并设置要限制的连接数为"1"，单击【确定】按钮即可完成限制连接数的设置，如图 5-27 所示。

(3) 在客户机上打开 IE 浏览器，输入网址访问网站，显示如图 5-28 所示的页面，表示已经超过网站限制的连接数。

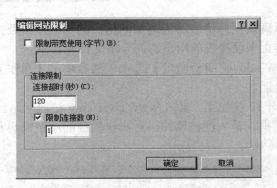

图 5-27 【编辑网站限制】对话框

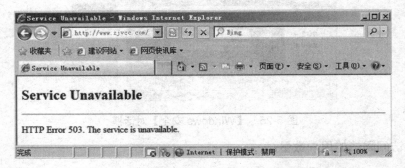

图 5-28 访问网站时超过所设限制数量

5.3.4 创建多个网站

一台服务器可以同时搭建多个完全独立的网站，以降低硬件成本，这就是虚拟网站技术。使用 IIS7.0 的虚拟主机技术，使用不同的端口、使用不同的 IP 地址和使用不同的主机头都可以在一台服务器上实现多个虚拟网站。它们的优点和缺点是相对的，使用不同端口只需要一个 IP 地址就可以搭建多个网站，却要求访问者在浏览器地址栏中输入端口，不利于网站的宣传和推广；使用不同 IP 地址只需要 80 端口就可以搭建多个网站，却浪费了宝贵的 IP 资源，提高了成本。这种虚拟技术将一个物理主机分割成多个逻辑上的虚拟主机使用，能够节约成本，对于访问量不大的网站来说比较经济实惠，但由于这些虚拟主机共享这台服务器的硬件资源和带宽，在访问量较大的时候容易出现组员不够用的情况。下面介绍如何让 Windows Server 2008 在同一台计算机上利用 IIS7.0 建立多个网站。

1. 使用不同的 IP 地址

比较正规的虚拟主机一般使用多个 IP 地址来实现，以每个域名对应于独立的 IP 地址，是比较传统的解决方案。同一台计算机分配不同的 IP 地址有两种方法。

- 安装多块网卡，为每块网卡分配一个 IP 地址，这样多个网卡就可以提供多个独立的 IP 地址。
- 对同一块网卡设置多个 IP 地址。

(1) 在【控制面板】中双击【网络和共享中心】，再单击【管理网络连接】，在弹出的对话框中右击【本地连接】，在弹出的快捷菜单中单击【属性】按钮，显示【本地连接属性】对话框，Windows Server 2008 中包含了 IPv4 和 IPv6 两个版本的 Internet 协议，默认都已经启用。在【此连接使用下列项目】列表框中选中【Internet 协议版本 4(TCP/IPv4)】复选框，单击【属性】按钮。

(2) 显示【Internet 协议版本 4(TCP/IPv4)属性】对话框，单击【高级】按钮，打开【高级 TCP/IP 设置】对话框，如图 5-29 所示。

图 5-29　【高级 TCP/IP 设置】对话框

(3) 单击【添加】按钮，出现如图 5-30 所示的【TCP/IP 地址】对话框，在该对话框中输入 IP 地址为 192.168.1.2，子网掩码为 255.255.255.0，单击【添加】按钮，完成设置。

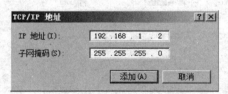

图 5-30　添加 TCP/IP 地址

(4) 打开第二个网站的【编辑网站绑定】对话框，在【IP 地址】文本框中输入 192.168.1.2，【端口】文本框中输入 80，【主机名】文本框中不输入任何内容，如图 5-31 所示，单击【确定】按钮。

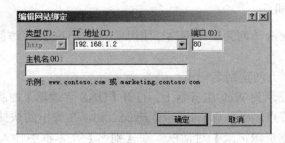

图 5-31　添加 TCP/IP 地址

这样在客户机上打开 IE 浏览器，分别输入 http://192.168.1.1 和 http://192.168.1.2，会发现打开的是两个不同的网站。

2. 使用相同 IP 地址、不同端口号

如今 IP 地址资源越来越紧张，有时候需要在 Web 服务器上架设多个网站，但计算机却只有一个 IP 地址，因此就需要利用这一个 IP 地址，使用不同的端口号来架设不同网站。在上网的时候，可能遇到通过在浏览器中输入格式为"http://IP 地址：端口号"的地址来访问网站的情况。IIS 的管理网站 Administrator 就是通过端口号来访问的。通过使用附加端口号，服务器只需要一个静态 IP 地址就可以建立多个网站，客户要访问网站时需要在静态 IP 地址后附加端口号，如 http://192.168.0.1 和 http://192.168.0.1：8080 表示两个不同的网站。

新建第二个 Web 网站，在【Internet 信息服务(IIS)管理器】控制台中，创建第二个网站，在如图 5-32 所示的【添加网站】对话框中，在【网站名称】文本框中输入第二个网站的名称 Web2，在【物理路径】文本框中设置其物理路径为 C:\Web2，在【IP 地址】文本框中输入 192.168.1.1，在【端口】文本框中输入 8080(默认情况下将 TCP 端口分配到 80)，建议使用大于 1023 的新端口号。

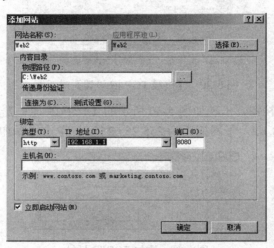

图 5-32　使用不同端口号

在客户机上打开 IE 浏览器，分别输入 http://192.168.1.1 和 http://192.168.1.1:8080，就会发现打开的是两个不同的网站 Web 和 Web2。

3. 使用不同的主机头

使用 www.zjvcc.com 访问第一个网站，使用 www2.zjvcc.com 访问第二个网站，实现步骤如下。

(1) 在 mydns.com 上创建别名记录。

以域管理员账户登录到 Web 服务器上，打开【DNS 管理器】控制台，依次展开服务器和【正向查找区域】节点，用鼠标右击区域 zjvcc.com，在弹出的快捷菜单中选择【新建别名】命令，出现【新建资源记录】对话框。在【别名】文本框中输入 www2，在【目标主机的完全合格的域名(FQDN)】文本框中输入 www.mydns.com，单击【确定】按钮，别名创建完成。

(2) 设置 Web 网站的主机名。

以域管理员账户登录到 Web 服务器上，打开第一个网站的【编辑网站绑定】对话框，在【主机名】文本框中输入 www.zjvcc.com，设置端口为 80，IP 地址为 192.168.1.1，如图 5-33 所示，单击【确定】按钮。

打开第二个网站的【编辑网站绑定】对话框，在【主机名】文本框中输入 www2.zjvcc.com，设置端口为 80，IP 地址为 192.168.1.1，如图 5-34 所示，单击【确定】按钮。

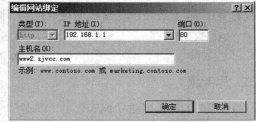

图 5-33　设置第一个网站的主机名　　　　图 5-34　设置第二个网站的主机名

实训　Web 服务器配置

1. 实训目的

(1) 掌握 Windows Server 2008 中 IIS 的安装配置方法。
(2) 掌握 Web 服务器的配置方法。

2. 实训设备

两台计算机，一台作为服务器，另一台作为客户机。

3. 背景知识

(1) Windows Server 2008 中 IIS 的安装和配置。
(2) Web 服务器的配置。

4. 实训内容和要求

(1) IIS 的安装。
(2) Web 服务器的配置方法。

5. 实训步骤

具体实训步骤参见教材。

6. 实训结果和讨论

习　题

1. 选择题

(1) Web 站点服务所使用的默认端口号为(　　)。

A. 20 B. 8080

C. 21 D. 80

(2) Web 服务器和浏览器之间通过(　　)协议进行信息传递。

A. HTTP B. SMTP

C. FTP D. POP3

2. 思考题

(1) IIS 7.0 具有哪些功能?

(2) 如何创建并设置一个 Web 站点? 添加多个 Web 网站的方法有哪些?

(3) 在新建的 Web 站点中如何新建一个别名为 "my" 的虚拟目录。

(4) 如何对 Web 站点设置访问控制, 禁止 IP 地址为 192.168.0.3 的计算机访问该网站。

第6章 办公局域网的组建

学习目的与要求：

随着计算机和局域网络应用的不断深入，特别是随着办公自动化的需要，各种计算机软件系统被相继使用在实际工作中，并且一些设备(如打印机、传真机等)也是用户所必须使用的。在公司内部，需要各部门相互间进行信息传递、分析和处理，实现内部的资源共享，从而降低企业经营成本，提高办公效率和管理水平。因此，组建办公室局域网络是非常必要的。

通过对本章的学习，要求学生了解办公局域网的规划和设计，能够使用 ICS 和 NAT 实现共享上网，重点掌握配置虚拟局域网 VPN 服务器，建立 VPN 连接。

6.1　办公局域网的规划和设计

根据不同的公司和企业的性质、规模大小等条件的差异，对网络组建的要求也不相同，因此，在组建网络时必须遵循一定的组网原则，并选择合适的网络结构形式。

6.1.1　办公局域网的应用需求分析和网络规划

1. 办公局域网的应用需求分析

局域网设计人员在设计过程中，首先要做的工作就是制定设计目标。根据具体情况，办公局域网中计算机网络的规划、设置和实施需遵循以下原则。

(1) 功能性：网络必须可以正常使用，具有实用性、灵活性、安全性、先进性。在考虑现有通信网络的基础上，计算机网络拓扑结构应尽量采用稳定、可靠的结构形式，冗余备份，保证整个网络的高可靠性。设备的选择应有最优的性价比，以最少的投资实现需要的功能。

(2) 可扩展性：网络必须能够扩展，设计过程中要充分考虑将来业务发展的需求，考虑网络的连续性，要保护现有投资，充分利用现有的计算机资源和通信资源，应保留在不改变网络整体设计的前提下进行升级的能力，操作简单，易于工程施工。

(3) 适应性：网络设计应考虑到未来的技术发展，尽量不包含限制新技术部署的因素。

(4) 开放性：网络应具有高度的开放性，即对设备的技术开放和对其他网络的接入开放。

(5) 可管理性：网络的设计应便于网络监控和管理，以确保网络运行的稳定性。

2. 确定办公局域网的组网方案

在组建办公局域网时，要考虑成本、可扩充性和安装维护的方便性等，现在局域网市场几乎已完全被性能优良、价格低廉、升级和维护方便的以太网所占领，因此可选择以太网并采用星型结构(小型办公网络)或者混合型结构(大型办公网络)。

目前在中、小型办公局域网中，应用较为广泛的有对等网和客户机/服务器两种网络结构，对等网适用于对网络要求不是很高的小型企业，对于网络要求较高的大、中型企业，建议采用客户机/服务器模式。在预算允许的情况下，可以配置多台服务器，这样可以在不同服务器上实现不同的服务，而当其中一台服务器出现故障时，其他服务器还可以正常工作，如图 6-1 所示。

对于采用 Windows Server 2003 作为服务器操作系统的企业，还可以采用域的模式来构建局域网，以便对网络进行集中管理，从而提高网络的使用效率，增强安全性。

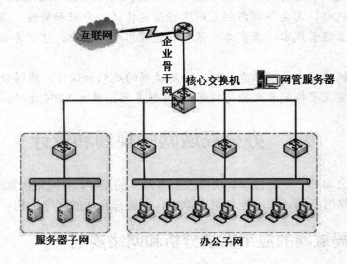

图 6-1　办公局域网组成

6.1.2　IP 地址规划和子网划分

1. IP 地址规划

目前大多数办公局域网都采用以太网，使用的网络协议为 TCP/IP，这就得为每一台计算机分配一个 IP 地址。因此，如何规划和分配 IP 地址是组建办公局域网的一个重要内容。

组建办公局域网要用到两种 IP 地址：合法 IP 地址和私有 IP 地址。

合法 IP 地址就是通常所说的公网 IP 地址。要获得公网 IP 地址，需要向 ISP(Internet 服务供应商)提出申请。由于合法 IP 地址有线并且租用费用较高，因此主要用于单位对外服务的服务器以及单位与 Internet 的接口上。

私有 IP 地址就是常说的内网 IP 地址，一般大型单位选用 A 类 IP 地址(10.0.0.0～10.255.255.255)，中型企业选择 B 类 IP 地址(172.16.0.0～172.31.255.255)，小型企业选择 C 类 IP 地址(192.168.0.0～192.168.255.255)。

2. 子网划分

当局域网内计算机数量较少时，可直接使用交换机将其连接起来构成一个局域网，网络中所有的计算机都在同一网段。如果计算机数量较多，仍将其设置在同一网段，由于网络风暴等因素的影响会导致网络性能急剧下降甚至无法工作。因此，需将其分割成若干个小的网络，这就是子网划分。

由于单位局域网规模较大，在设计办公局域网时，不能简单地使用普通交换机将计算机连接在一起，因为交换机不能隔离广播数据包，大量的数据包会占用网络带宽。通常需要使用路由器将网络中的计算机分割开来形成多个子网。另外，像财务等部门的计算机应该相对独立，不能轻易被访问，可以通过将不同部门和类型的计算机划分到不同的网段中将其隔离开来。

6.2 访问 Internet

6.2.1 使用 ICS 实现共享上网

配置 ICS 的过程很简单，具体步骤如下。

(1) 右击【网络】图标，在弹出的快捷菜单中选择【属性】命令，打开【网络和共享中心】页面，单击左侧的【更改适配器设置】超链接，打开【网络连接】对话框。

(2) 右击连接 Internet 的那块无线网卡，在弹出的快捷菜单中选择【属性】命令，弹出如图 6-2 所示的【无线网络连接 属性】对话框，切换到【共享】选项卡，选中【允许其他网络用户通过此计算机的 Internet 连接来连接】复选框，在【家庭网络连接】下拉列表框中选择【本地连接】选项，单击【确定】按钮。

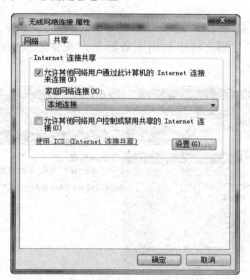

图 6-2 【网络连接 属性】对话框

(3) 系统弹出将连接内部网络的网卡地址更改为 192.168.137.1 的提示框，单击【是】按钮，如果网络不是使用和此地址相同的网段，当前计算机将和网络断开连接。建立完的网卡共享如图 6-3 所示。

图 6-3　共享后的网卡连接

6.2.2　使用 NAT 上网

NAT 的功能比 ICS 强大，但配置也相对比较复杂。NAT 服务只存在于服务器版的操作系统中，早先的 Windows 2000 Server 也支持这种技术。NAT 服务必须通过路由和远程访问服务启动，且必须停用 ICS 服务。下面介绍如何在 Windows Server 2008 中配置 NAT，步骤如下。

(1) 选择【开始】→【管理工具】→【路由和远程访问】命令，打开如图 6-4 所示【路由和远程访问】窗口，在左侧窗格中右击服务器名，在弹出的快捷菜单中选择【配置并启用路由和远程访问】命令。

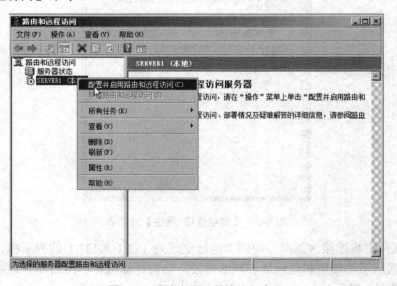

图 6-4　【路由和远程访问】窗口

(2) 打开【路由和远程访问服务器安装向导】对话框，单击【下一步】按钮，在如图 6-5 所示的【配置】界面中，选中【网络地址转换(NAT)】单选按钮，单击【下一步】按钮。

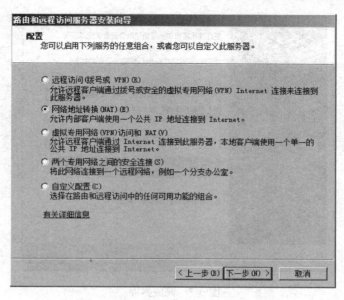

图 6-5 【配置】界面

(3) 打开如图 6-6 所示的【NAT Internet 连接】界面，这里要为 NAT 选择一个 Internet 接口，如果选中【使用此公共接口连接到 Internet】单选按钮，需在下面的列表中选择此连接；如果使用拨号连接到 Internet，则选中【创建一个新的到 Internet 的请求拨号接口】单选按钮，这里选择前者。

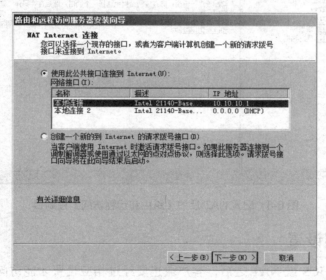

图 6-6 【NAT Internet 连接】界面

(4) 单击【下一步】按钮，在打开的如图 6-7 所示的对话框中单击【完成】按钮，向导开始配置并启动路由和远程访问服务。

(5) 配置好之后的控制台界面如图 6-8 所示，这时客户端就可以通过网络地址转换服务器访问 Internet 了。

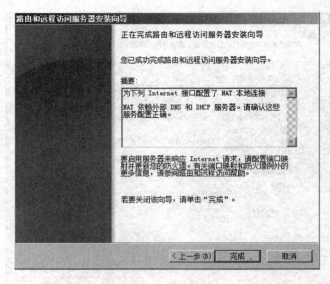

图 6-7　完成界面

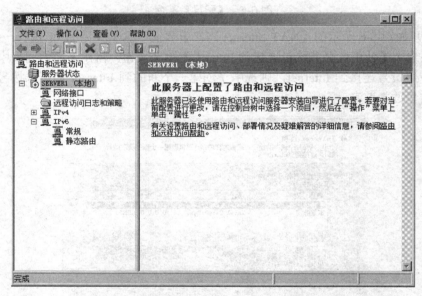

图 6-8　配置 NAT 后的【路由和远程访问】控制台

6.2.3　客户端设置

　　服务器设置好 ICS 或 NAT 之后，客户端也要经过相应设置才能访问 Internet。客户端的 IP 地址和服务器的 IP 地址必须在同一网段，网关指向服务器的内部地址，DNS 服务器指向服务器地址，如果服务器没有安装 DNS 服务则可指向 Internet 上的 DNS 服务器。

　　以管理员账户登录到 NAT 客户机，打开【Internet 协议版本 4(TCP/IPv4)属性】对话框，如图 6-9 所示，网关指向服务器 192.168.0.1，因为服务器安装了 DNS 服务，因此首选 DNS 指向服务器 192.168.0.1，备用 DNS 指向 Internet 上的 DNS 服务器 202.101.172.35。Internet 上的 DNS 服务器 IP 地址可以通过查看 ICS 或者 NAT 服务器上外部网卡的 IP 地址信息，也可以利用 ipconfig/all 命令查看。

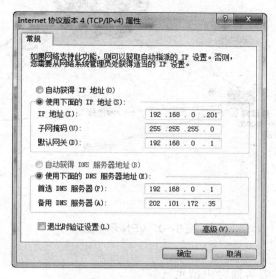

图 6-9　客户机的设置

　　如果局域网中计算机数量过多，也可以将所有客户机的 IP 地址设置为【自动获得 IP 地址】和【使用下面的 DNS 服务器地址】，这样 ICS 和 NAT 服务器就会自动向客户端分配 IP 地址，从而减少网络管理员的工作量。

6.3　虚拟专用网络

　　VPN(Virtual Private Network，虚拟专用网络)是一种新型的网络技术，被定义为通过一个公用网络(通常是 Internet)建立一个临时的、安全的连接，是一条穿过混乱的公用网络的安全、稳定的隧道。

6.3.1　VPN 简介

　　在 VPN 中，用与 ISP 的本地连接代替与远程用户和租用线路的拨号连接或帧中继连接。VPN 允许专用企业内部网安全地在 Internet 或其他网络服务上扩展，使电子商务以及外部网与商业伙伴、供应商和顾客的连接更加方便、可靠。VPN 的目的是以更低的成本，采用更灵活的与 ISP(服务供应商)的连接方式，提供在传统 WAN 环境下的可靠性、安全性和高性能，如图 6-10 所示。

　　要实现 VPN 连接，单位内部网络必须配置一台 VPN 服务器。VPN 服务器一方面连接单位内部专用网络，另一方面连接到 Internet 或其他专用网络，这就要求 VPN 服务器必须拥有一个合法 IP。当客户机通过 VPN 连接与专用网络中的计算机通信时，先由网络服务提供商 NSP 将所有的数据传输到 VPN 服务器，然后由 VPN 服务器将所有数据传输到目标计算机。因为在 VPN 隧道中通信能确保通信信道的专用性，并且传输的数据是经过压缩、加密的，所以 VPN 通信同样具有专用网络的安全性。

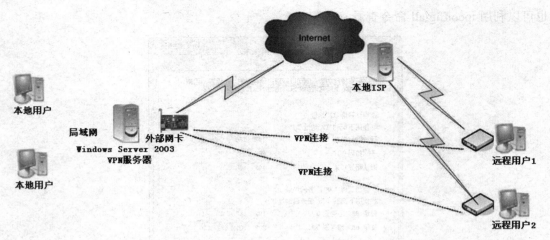

图 6-10　VPN 示意图

VPN 通信过程分 4 个步骤。

(1) 客户机向 VPN 服务器发出请求。

(2) VPN 服务器响应请求并向客户机发出身份质询，客户机将加密的用户身份验证响应信息发送到 VPN 服务器。

(3) VPN 服务器检测该响应，若账户有效，则检查是否具有远程访问权限，如果有远程访问权限，VPN 服务器将接受此连接。

(4) VPN 服务器将在身份验证过程中产生的客户机和服务器公有密钥对数据进行加密，然后通过 VPN 隧道技术进行封装、加密，传输到目的内部网络。

VPN 的特点如下。

(1) 节约成本。

(2) 统一的资源定位机制。

(3) 专用硬件平台，加密、验证和 IP 报转发分别采用专用芯片，以求达到最大的网络吞吐量和最小的网络延时。

(4) 基于 IPSec(IP Security，IP 安全协议)标准的网络数据加密和网管数据加密。

(5) 集成的防火墙功能。

(6) 冗余备份隧道。

(7) 先进的动态密钥管理和密钥交换机制。

(8) 网络地址转换(NAT)。

(9) 自动网络拓扑学习。

(10) 友好的管理界面简单、安全、易用。

6.3.2　创建 VPN 服务器

要配置 VPN 服务器，必须安装路由和远程访问服务。在 Windows Server 2008 中，路由和远程访问是包括在"路由策略和访问服务"角色中，默认状态为没有安装，用户可以根据自己的需要选择同时安装网络策略和访问服务中的所有服务组件或者只安装路由和远程访问服务。

路由和远程访问服务的安装步骤如下。

(1) 打开【服务器管理器】窗口，并展开【角色】选项，单击【添加角色】超链接，打开如同 6-11 所示的【添加角色向导】对话框，选择【网络策略和访问服务】角色，单击【下一步】按钮。

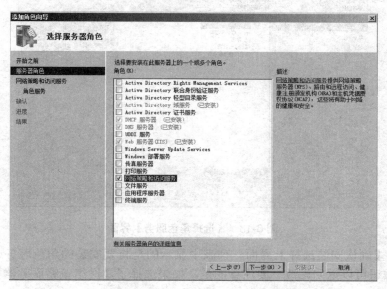

图 6-11　【添加角色向导】对话框

(2) 弹出如图 6-12 所示的【网络策略和访问服务】界面，提示该角色可以提供的网络功能，单击相关链接可以查看详细帮助文档，单击【下一步】按钮。

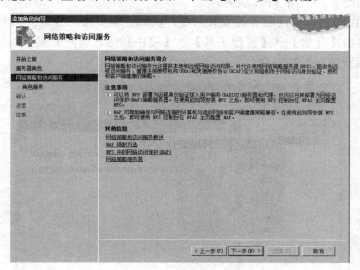

图 6-12　【网络策略和访问服务】界面

(3) 弹出如图 6-13 所示的【选择角色服务】界面，网络策略和访问服务中包括"网络策略服务器"、"路由和远程访问服务"、"健康注册机构"以及"主机凭据授权协议"角色服务，只需选择其中的【路由和远程访问服务】选项即可满足搭建 VPN 服务器的需求，然后单击【下一步】按钮。

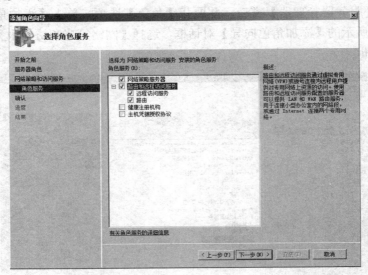

图 6-13　【选择角色服务】界面

(4) 打开【确认安装选择】界面，列表中显示的是将要安装的角色服务或功能，单击【上一步】按钮可以返回修改。要注意的是，如果选择了【网络策略服务器】和【健康注册机构】等角色，则同时还需要安装 IIS 服务和 Active Directory 证书服务。

(5) 单击【安装】按钮开始安装，安装完成显示【安装结果】界面，单击【关闭】按钮，退出安装向导。

接下来开始配置并启用 VPN 服务。

(1) 打开路由和远程访问服务器安装向导，以域管理员账户登录到需要配置 VPN 服务的计算机上，单击【开始】→【管理工具】→【路由和远程访问】菜单，打开如图 6-14 所示的【路由和远程访问】控制台。

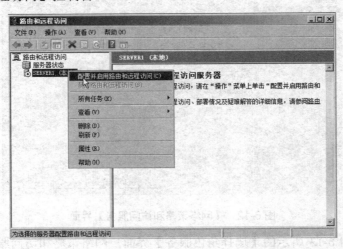

图 6-14　路由和远程访问服务器安装向导

(2) 在该控制台树上右击服务器【SERVER1(本地)】，在弹出的快捷菜单中选择【配置并启用路由和远程访问】命令，打开【路由和远程访问服务器安装向导】对话框。

(3) 单击【下一步】按钮，弹出如图 6-15 所示【配置】界面，如果服务器只有一块网卡，则选中【自定义配置】单选按钮，因为标准 VPN 需要两块网卡；如果服务器有两块网卡，则可有针对性地选中【远程访问(拨号或 VPN)】单选按钮，然后单击【下一步】按钮。

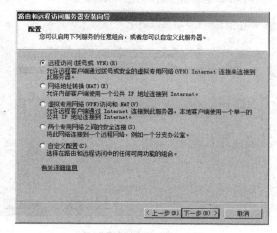

图 6-15 【配置】界面

各选项的意义如下。

- 【远程访问(拨号或 VPN)】：将计算机配置成拨号服务器或 VPN 服务器，允许远程客户机通过拨号或 VPN 和 Internet 连接到服务器。
- 【网络地址转换(NAT)】：将计算机配置成 VPN 服务器，所有局域网内的用户以同样的 IP 地址访问 Internet。
- 【虚拟专用网络(VPN)访问和 NAT】：将计算机配置成 VPN 服务器和 NAT 服务器。
- 【两个专用网络之间的安全连接】：配置成在两个网络之间通过 VPN 连接到服务器。
- 【自定义配置】：在路由和远程访问服务支持的服务器角色之间任意组合安装。

(4) 弹出如图 6-16 所示的【远程访问】界面，选中 VPN 复选框，单击【下一步】按钮。

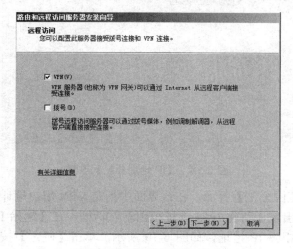

图 6-16 【远程访问】界面

(5) 弹出如图 6-17 所示【VPN 连接】界面，该界面中列出系统中所有的网络接口。选择与 Internet 相连的网络接口，单击【下一步】按钮。

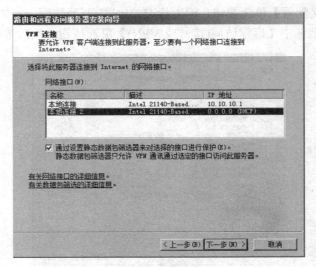

图 6-17　选择网络接口

(6) 弹出如图 6-18 所示的【IP 地址分配】界面，选择如何为远程客户端分配 IP 地址。如果局域网中配置了 DHCP 服务器，则可由 DHCP 服务器从地址池中为远程客户分配 IP 地址，否则需要手工设置一个 IP 地址范围，用于分配给远程客户端使用。这里选中【来自一个指定的地址范围】单选按钮，单击【下一步】按钮。

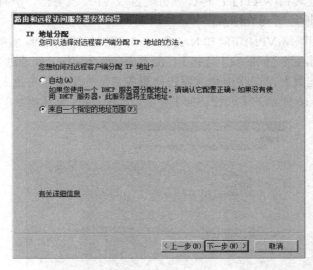

图 6-18　【IP 地址分配】界面

(7) 弹出【地址范围分配】界面，在该界面中指定 VPN 用户端计算机的 IP 地址范围。单击【新建】按钮，出现【新建 IPv4 地址范围】对话框，在【起始 IP 地址】和【结束 IP 地址】文本框中输入相应 IP 地址，如图 6-19 所示。单击【确定】按钮返回到【地址范围分配】界面，就可以看到已经指定了一段 IP 地址范围。

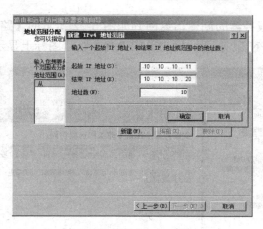

图 6-19　新建 IPv4 地址范围

(8) 单击【下一步】按钮，弹出如图 6-20 所示的【管理多个远程访问服务器】界面，在该界面中可以指定身份验证的方法是使用路由和远程访问服务器还是 RADIUS 服务器。选中【否，使用路由和远程访问来对连接请求进行身份验证】单选按钮，单击【下一步】按钮。

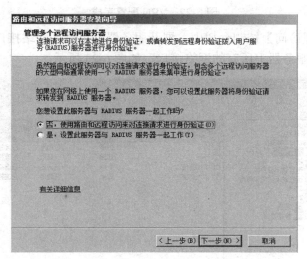

图 6-20　【管理多个远程访问服务器】界面

(9) 打开【摘要】界面，显示了之前步骤所设置的信息，单击【完成】按钮，系统开始配置 VPN 服务。配置完成后，打开如图 6-21 所示的对话框，表示需要配置 DHCP 中继代理程序，最后单击【确定】按钮完成设置。

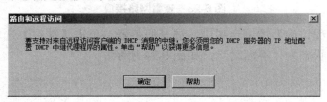

图 6-21　DHCP 中继代理信息

(10) 完成了 VPN 服务器的创建，返回到如图 6-22 所示的【路由和远程访问】窗口，由于目前已经启用了 VPN 服务，所以【SERVER1(本地)】图标上显示绿色向上的箭头标识。

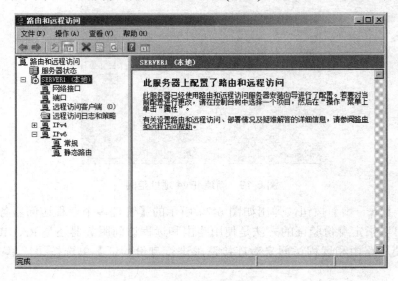

图 6-22　VPN 配置完成

在【路由和远程访问】控制台树中，展开服务器，单击【网络接口】选项，在控制台的右侧显示了 VPN 服务器上所有的网络接口，如图 6-23 所示。

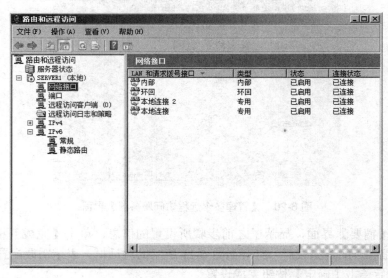

图 6-23　查看网络接口

在【路由和远程访问】控制台树中，展开服务器，单击【端口】选项，在控制台的右侧显示所有端口的状态为"不活动"，如图 6-24 所示。

图 6-24　查看端口状态

6.3.3　配置 VPN 客户端

如果想连接到 VPN 服务器，客户端必须先连接到 Internet 上，然后再连接到 VPN 服务器上。VPN 客户端配置相对简单，只需要建立一个到 VPN 服务端的专用连接即可。这里以 Windows 7 客户端为例进行介绍。

(1) 选择【开始】→【控制面板】→【网络和 Internet】→【网络和共享中心】命令，打开如图 6-25 所示的【网络和共享中心】窗口。

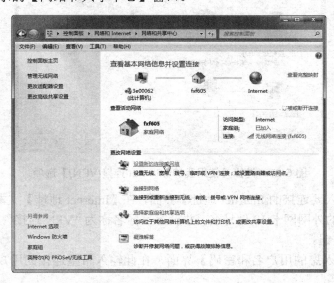

图 6-25　【网络和共享中心】窗口

(2) 单击【设置新的连接或网络】超链接，打开【设置连接或网络】窗口，通过该窗口可以建立连接以连接到 Internet 或专用网络。在此选择【连接到工作区】选项，如图 6-26 所示，然后单击【下一步】按钮。

图 6-26 【设置连接或网络】窗口

(3) 弹出如图 6-27 所示的【连接到工作区】窗口，在该对话框中指定是使用 Internet 还是拨号方式连接 VPN 服务器。在此选择【使用我的 Internet 连接(VPN)】选项。

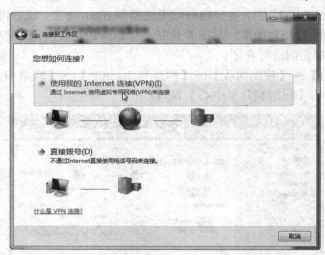

图 6-27 选择【使用我的 Internet 连接(VPN)】选项

(4) 出现【键入要连接的 Internet 地址】界面，在【Internet 地址】文本框中输入需要连接到 VPN 服务器的外网网卡 IP 地址名，并设置目标名称为"VPN 连接"，如图 6-28 所示，单击【下一步】按钮。

(5) 弹出【键入您的用户名和密码】界面，在此输入希望连接的用户名、密码及域，如图 6-29 所示。

(6) 单击【连接】按钮开始连接 VPN。也可以双击【网络连接】界面中的【VPN 连接】图标，打开如图 6-30 所示的【连接 VPN 连接】对话框，在该对话框中输入允许 VPN 连接的账号和密码，单击【连接】按钮，经过身份验证后即可连接到 VPN 服务器。

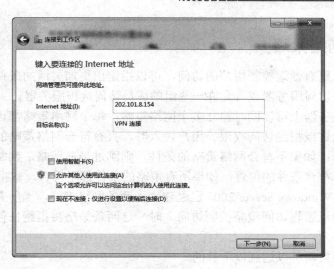

图 6-28　键入要连接的 Internet 地址

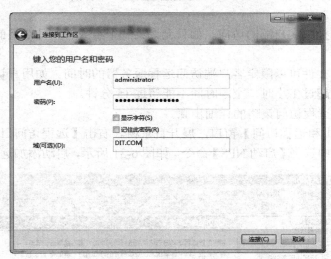

图 6-29　完成新建连接向导

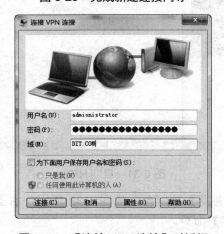

图 6-30　【连接 VPN 连接】对话框

6.3.4 设置网络策略

网络策略可以更有效地控制用户的访问，可以指定出更加灵活的条件。如只能在某一个时间段访问远程访问服务器或者允许一些组的成员访问远程服务器。

在一台远程服务器上可以同时建立多个网络策略，每个网络策略都可以设置一个或多个条件，并配置允许或拒绝访问权限。用户拨入时，只有符合网络策略的条件才可以连接到远程访问服务器；如果不符合网络策略的条件，则跳过当前策略，判断下一条策略的条件，直到遇到一个符合条件的位置；如果所有策略的条件都不符合，就拒绝访问。

默认情况下，Windows Server 2008 已经建立了两条网络策略，当所有用户的远程访问权限都设置为"通过远程访问策略控制访问"时，这两条策略将拒绝任何用户访问远程服务器。

通过远程访问策略可以达到以下目的。

- 通过时间来控制客户端访问。如只允许用户在每周一到周五的 8 点到 17 点之间访问服务器。
- 通过组来控制客户端的访问。如只允许某一个组或者某几个组的用户访问远程服务器。
- 通过配置文件可以限定客户端访问远程服务器的时间。如用户访问远程服务器的时间不能超过 1 小时，空闲时间不能超过 15 分钟。

下面介绍设置远程访问策略的详细步骤。

(1) 打开【路由和远程访问】窗口，展开目录树。右击【远程访问日志和策略】选项，在弹出的快捷菜单中选择【启动 NPS】命令，如图 6-31 所示，启动添加远程访问策略向导。

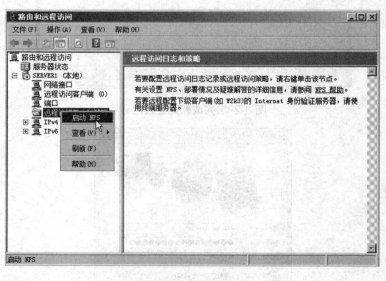

图 6-31 启动 NPS

(2) 打开【网络策略服务器】控制台，如图 6-32 所示，右击【网络策略】选项，在弹出的快捷菜单中选择【新建】命令。

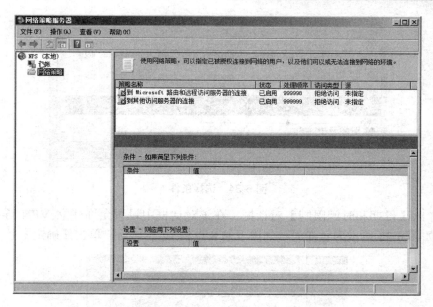

图 6-32 【网络策略服务器】控制台

(3) 弹出【新建网络策略】对话框，在【策略名称】文本框中输入相应的策略名称，指定网络访问服务器的类型为【远程访问服务器(VPN-Dial up)】，如图 6-33 所示，单击【下一步】按钮。

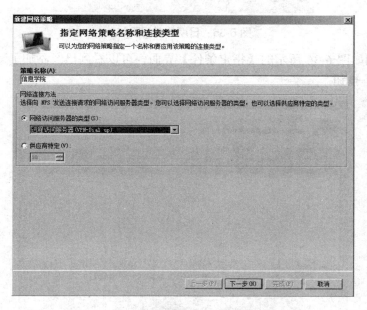

图 6-33 指定网络策略名称和连接类型

(4) 弹出【指定条件】界面，根据需要设置网络策略的条件，如日期和时间、用户组等。单击【添加】按钮，出现【选择条件】对话框。在该对话框中选择要配置的条件属性，选择【日期和时间限制】选项，如图 6-34 所示。该选项表示每周允许和不允许用户连接的日期和时间，然后单击【添加】按钮。

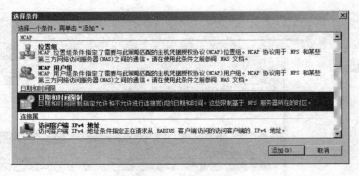

图 6-34　选择条件

(5) 弹出【日期和时间限制】对话框，在该对话框中设置允许建立 VPN 连接的日期和时间，如图 6-35 所示为允许周一到周五的 8 点到 17 点访问，单击【确定】按钮。

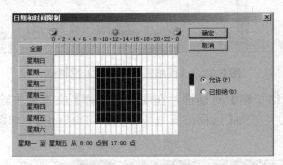

图 6-35　日期和时间限制

(6) 返回到如图 6-36 所示的【指定条件】界面，可以看到已经添加了一条网络条件，单击【下一步】按钮。

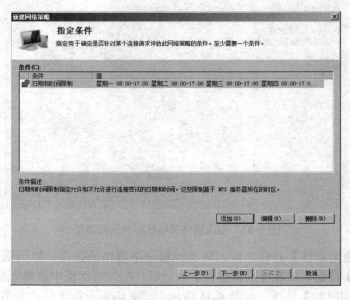

图 6-36　设置条件后的效果

(7) 弹出【指定访问权限】界面, 在该界面中指定连接访问权限是允许还是拒绝, 选中【已授予访问权限】单选按钮, 如图 6-37 所示, 然后单击【下一步】按钮。

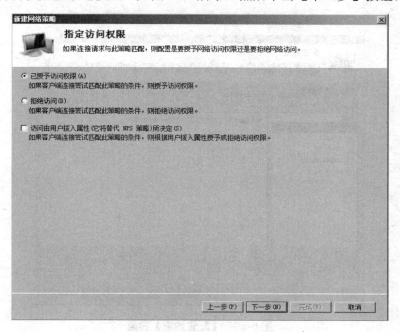

图 6-37 【指定访问权限】界面

(8) 弹出如图 6-38 所示的【配置身份验证方法】界面, 在该界面中指定身份验证的方法和 EAP 类型, 然后单击【下一步】按钮。

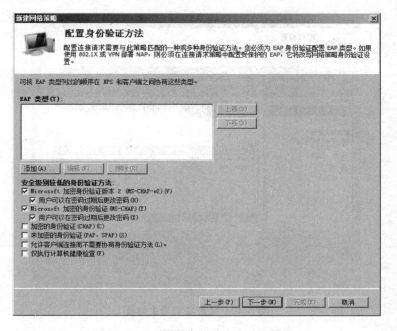

图 6-38 【配置身份验证方法】界面

(9) 弹出如图 6-39 所示的【配置约束】界面,在该界面中配置网络策略的约束,如空闲超时、会话超时、被叫站 ID、日期和时间限制、NAS 端口类型,然后单击【下一步】按钮。

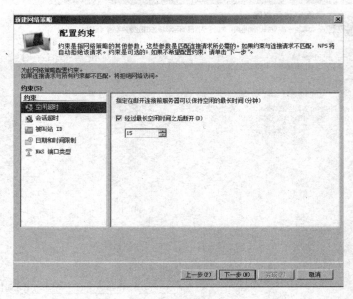

图 6-39 【配置约束】界面

(10) 弹出如图 6-40 所示的【配置设置】界面,在该界面中配置此网络策略的设置,如 RADIUS 属性、多链路和带宽分配协议(BAP)、IP 筛选器、加密、IP 设置,然后单击【下一步】按钮。

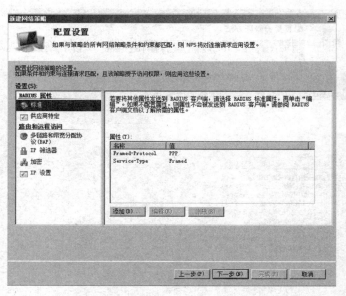

图 6-40 【配置设置】界面

(11) 弹出【正在完成新建网络策略】界面,单击【完成】按钮即可完成网络策略的创建。

(12) 以域管理员账户登录到域控制器上，打开【Active Directory 用户和计算机】控制台，右击用户 Administrator，在弹出的快捷菜单中选择【属性】命令，打开【Administrator 属性】对话框。切换到【拨入】选项卡，在【网络访问权限】选项区域选中【通过 NPS 网络策略控制访问】单选按钮，如图 6-41 所示，然后单击【确定】按钮。

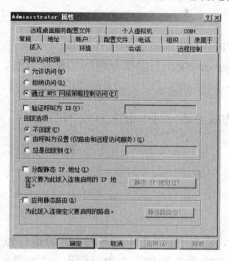

图 6-41 设置通过远程访问策略控制访问

6.3.5 访问 VPN 服务器

客户端建立好拨号访问连接或者 VPN 连接后，就可以连接到服务器了，下面以访问 VPN 服务器为例进行介绍。

客户端先连接到 Internet，再拨通学院的 VPN 连接，拨通后在屏幕右下角的任务栏上会有两个连接到图标，在【网络连接】窗口中也会显示其连接状态，如图 6-42 所示。

图 6-42 拨通后的 VPN 连接

客户端和 VPN 服务器连接后，客户端就可以通过以下两种方式访问 VPN 服务器中的资源。

(1) 搜索计算机。右击【网上邻居】图标，在弹出的快捷菜单中选择【搜索计算机】命令，打开【搜索结果-计算机】对话框，在【计算机名】文本框中输入 IP 地址即可找到要搜索的计算机。

(2) 利用 IP 地址。可以通过 IP 地址直接访问服务器，选择【开始】→【运行】命令，在打开的【运行】对话框中输入"\\IP 地址"即可找到要搜索的计算机。

实训 配置虚拟专用网

1．实训目的

(1) 了解虚拟专用网(VPN)的基本概念和工作原理。

(2) 掌握在 Windows Server 2008 上虚拟专用网的配置方法。

2．实训设备

两台计算机，一台作为服务器，另一台作为客户机。

3．背景知识

(1) VPN 服务器配置。

(2) VPN 客户端配置。

4．实训内容和要求

通过 VPN 服务器配置，建立一台 VPN 服务器，同时进行赋予远程用户 VPN 拨入权限的配置，使客户机能与此 VPN 服务器建立 VPN 连接，从而进行安全通信。

5．实训步骤

(1) 配置 VPN 服务器，赋予用户拨入权限。

(2) 配置 VPN 客户机。

(3) 验证连接是否成功。

6．实训结果和讨论

习 题

1．选择题

(1) 下列各项中不是 VPN 的优势的是(   )。

　　A．节约成本　　　　　　　　　　　B．增强安全性

　　C．容易扩展　　　　　　　　　　　D．管理不方便

(2) NAT 服务器需要(   )块网卡。

　　A．1　　　　　　　　　　　　　　B．2

　　C．3　　　　　　　　　　　　　　D．4

2．思考题

(1) 网络地址转换 NAT 的功能是什么？

(2) NAT 的工作过程是什么？

(3) VPN 服务器有何作用？

第 7 章　无线局域网的组建

学习目的与要求：

　　无线局域网从其标准 IEEE802.11 于 1997 年 6 月被制定以来，就一直在局域网领域不断发展。在互联网城域主干网络架设齐全的情况下，无线网以其灵活布设、高宽带和无线接入的优势，被认为是下一代 IT 产业发展的最大推动力之一，被赋予了极大的希望，有望改变人类的生活方式，达到"信息随身化、便利走天下"的理想境界。与此同时，无线宽带接入和基于 WAP 的无线接入也已在国内得到推广。

　　通过对本章的学习，要求学生了解无线局域网的基本知识、无线局域网协议、无线局域网设备和无线局域网的工作模式，要求掌握无线局域网的配置和管理及无线局域网的安全。

7.1　无线局域网概述

　　无线局域网(Wireless Local Area Network，WLAN)是计算机网络与无线通信技术相结合的产物，无线局域网在各工作站和设备之间，不再使用通信电缆，而采用无线介质的通信方式。一般来讲，凡是采用无线传输介质的计算机局域网都可称为无线局域网。

　　有线网络在某些场合会受到布线的限制，并且布线、改线工程量大，线路容易损坏，网络中各节点不可移动。管理局域网时，检查电缆是否断线非常耗时，不容易在短时间内找出断线所在，尤其是老旧房屋，配线工程费用很高。而无线局域网就可以很好地解决这些问题，因而得到了广泛应用和关注。但无线局域网并不是用来取代有线局域网的，而是弥补有线局域网的不足，作为有线局域网的补充和延伸。

7.1.1　认识无线局域网

　　说起无线互联，很多人可能首先想到的是现在常用于手机技术或者近距离连接的"蓝牙"技术。其实无线局域网技术近几年来已经得到了相当大的发展，现在世界上不少著名的计算机公司，如 Apple 公司所生产的部分计算机中就带有一个与网卡相连的内置天线，可以通过一个与宽带网相连的基站连接并交换信息。

　　与有线网络相比，无线网络具有下列优点。

　　(1) 建网容易。在网络建设中，施工周期最长、对周边环境影响最大的，就是网络布线施工工程。在施工过程中，往往需要破墙掘地、穿线架管。而无线局域网最大的优势就是免去或减少了网络布线的工作量，一般只要安装一个或多个接入点(Access Point，AP)设备，就可建立覆盖整个建筑或地区的局域网络，牵扯面小而工程简单。相对于有线网络，无线局域网的组建、配置和维护较为容易，一般计算机工作人员都可以胜任网络的管理工作。

　　(2) 使用灵活。在有线网络中，网络设备的安放位置受网络信息点位置的限制，某些信息点的利用率很低，而某些区域却存在信息点不够用的问题。无线局域网建成后，在无线网的信号覆盖区域内任何一个位置都可以接入网络。

(3) 经济节约。有线网络缺少灵活性，这就要求网络规划者尽可能地考虑未来发展的需要，这就往往导致预设大量利用率较低的信息点。而一旦网络的发展超出了设计规划，又要花费较多费用进行网络改造。无线局域网在人们的印象中是价格昂贵的，但实际上，在购买时不能只考虑设备的价格，因为无线局域网可以在其他方面降低成本，无线局域网不仅可以减少对布线的需求和与布线相关的一些开支，还可以为用户提供灵活性更高、移动性更强的信息获取方法。

(4) 易于扩展。无线局域网有多种配置方式，能够根据需要灵活选择。这样无线局域网就能胜任从只有几个用户的小型局域网到上千用户的大型网络，并且能够提供像"漫游(Roaming)"等有线网络无法提供的特性。

(5) 受自然环境、地形及灾害影响小。有线网络除电信部门外，其他单位的通信系统没有在城区挖沟铺设电缆的权力，而无线方式则可根据客户需求灵活定制专网。有线网络受地势影响，不能任意铺设，而无线网络覆盖范围大，几乎不受地理环境限制。

由于无线局域网具有多方面的优点，其发展十分迅速。但无线局域网也存在一些缺陷，主要体现在以下几个方面。

(1) 标准不统一，产品不兼容。按照不同技术标准生产出来的无线局域网产品在兼容性方面存在或多或少的问题，在实际应用中，特别是在无线网络的扩容和集成时，一方面用户要谨慎选择，防止不兼容的问题发生；另一方面还要对已经存在的不兼容问题进行解决。

(2) 无线网络通过无线电波在空中传输数据，由于无线电波不需要建立物理的连接通道，在数据发射机覆盖区域内任何一个局域网用户都能接触到这些数据，而数据的暴露和容易获取则意味着不安全。

(3) 无线网络与有线网络相比，更容易受到外界的干扰，其可靠性与所处环境的电磁干扰频率及强度有很大的关系。

(4) 无线网络的传输速率与有线网络相比要低得多。目前无线局域网的最大有效传输速率为 60 Mb/s，相对于 10 Gb/s 骨干网、1 Gb/s 到桌面的有线网络，其所能提供的带宽严重不足。

7.1.2　无线局域网协议

无线局域网是无线通信领域最具发展前途的重大技术之一，许多研究机构针对不同的应用场合制定了一系列协议标准。美国国际电子电机学会(IEEE)在 1990 年7月成立了 IEEE 802.11 工作委员会，着手制定无线局域网物理层(PHY)及介质访问控制层(MAC)协议的标准，并于 1997 年由大量的局域网以及计算机专家审定通过 IEEE 802.11 无线局域网协议，之后又陆续推出了 802.11a、802.11b、802.11g 等一系列协议，进一步完善了无线局域网的规范。国内目前使用最多的是 802.11g。

1. 802.11a 协议

802.11a 扩充了标准的物理层，频带为 5 GHz，采用 QFSK 调制方式，传输速率为 6～54 Mb/s。它采用正交频分复用(DFDM)的独特扩频技术，可提供 25 Mb/s 的无线 ATM 接口、

10 Mb/s 的以太网无线帧结构接口以及 TDD/TDMA 的空中接口，并支持语音、数据、图像业务。物理层速度可达 54 Mb/s，传输层可达 25 Mb/s，这样的速率完全能满足室内外各种应用场合的要求。

2. 802.11b

802.11b 也被称为 Wi-Fi(Wireless-Fidelity)技术，采用 2.4 GHz 频带和补偿编码键控(Complementary Code Keying, CCK)调制方式。802.11b 可提供 11Mb/s 的数据速率，大约是现有 IEEE 标准 WLAN 速度的 5 倍，还能够支持 5.5 Mb/s 和 11 Mb/s 两种新速率。802.11b 采用的多速率机制的介质访问控制可以根据情况的变化，在 1 Mb/s、5.5 Mb/s、2 Mb/s 的不同速率之间自动切换，从根本上改变无线局域网的设计和应用现状，扩大了应用领域。

3. 802.11g

2001 年 11 月，在 802.11 IEEE 会议上形成了 802.11g 标准草案，目的是在 2.4 GHz 的频段上达到 802.11a 的速率要求。该标准在 2003 年获得批准。802.11g 有两个最为主要的特征：高速率和兼容 802.11b。高速率是由于其采用 OFDM(正交频分复用)调制技术可得到高达 54 Mb/s 的数据通信带宽；兼容 802.11b 是由于其仍然工作在 2.4 GHz，并保留了 802.11b 所采用的 CCK(补码键控)技术，可与 802.11b 产品兼容。在相同的物理环境下，在同样达到 54 Mb/s 的数据速率时，802.11g 的设备能提供大约两倍于 802.11a 设备的距离覆盖。

4. WEP

WEP(Wired Equivalent Protocol，有线等效协议)是为了保证 802.11b 协议数据传输的安全性而推出的安全协议，该协议可以通过对传输的数据进行加密，来保证无线局域网中数据传输的安全性。目前，在市场上一般的无线网络产品支持 64～128 位甚至 256 位 WEP 加密。在无线局域网中，要使用 WEP 协议，需要在无线接入点和每个无线客户端启用 WEP，并输入相同的密钥，这样未经授权的无线用户就无法接入无线网络中，从而最大限度地保证连接的安全。

5. 蓝牙

蓝牙(IEEE 802.15)是一项新标准，对于 802.11 来说，它的出现不是为了竞争而是相互补充。“蓝牙”是一种大容量近距离无线数字通信的技术标准，其目标是实现最高数据传输速度 1 Mb/s(有效传输速率为 721 Kb/s)、最大传输距离为 10 m(通过增加发射功率可达到 100 m)。

蓝牙比 802.11 更具移动性，比如，802.11 限制在办公室和校园内，而蓝牙却能把一个设备连接到局域网和广域网，甚至支持全球漫游。此外，蓝牙成本低、体积小，可用于更多的设备。“蓝牙”最大的优势还在于，在更新网络骨干时，如果搭配“蓝牙”架构进行，使用整体网路的成本肯定比铺设线缆低。

7.1.3　无线局域网的硬件设备

无线网络的规模不同，组网方式也有一定的区别，但是再复杂的无线网络也主要由以下几部分组成。

1. 无线网卡

无线网卡与有线网络中的网卡一样,是接入无线局域网的重要硬件设备。对应于不同的无线接入技术,同样有不同的无线网卡,用户必须选定与之匹配的无线网卡。可以从不同的角度对无线网卡进行分类。从无线网卡采用的接口划分,无线网卡可分为 PCI 无线网卡(包括 ISA 接口)、USB 无线网卡和 PCMCIA 无线网卡(包括 CF 接口)。

(1) PCI 无线网卡:PCI 无线网卡采用 PCI 接口,主要用于台式机。PCI 无线网卡进一步细分为 PCI 无线网卡和 PCI 无线网卡转接卡。PCI 无线网卡是采用 PCI 接口提供无线接入功能的无线网卡;而 PCI 转接卡本身并不能提供无线接入功能,严格地说它不能算是无线网卡,它仅仅是提供一种转换的功能,在转接卡上有 PCMCIA 接口,这样就可以再插入 PCMCIA 无线网卡。

(2) USB 无线网卡:通用串行总线(Universal Serial Bus)标准,是现在最流行的短距离数字设备互联标准。随着 USB2.0 标准的出现,USB 接口的理论最大传输速率可以达到 480 Mb/s。如图 7-1 所示为 USB 无线网卡。

图 7-1 USB 无线网卡

(3) PCMCIA 无线网卡:PCMCIA 无线网卡对应 PCMCIA 接口,主要针对笔记本电脑。

从功能上划分,可以把无线网卡分为单模无线网卡和双模无线网卡,单模无线网卡只能提供无线局域网接入功能或者无线广域网接入功能;而双模无线网卡可以实现两种接入功能。大多数无线网卡是单模的。

从连接速度上主要有两种:54 Mb/s 和 108 Mb/s。这里所指的速率均为理论最大值,实际使用中有效传输速率可能与理论值相差较大。

2. 无线AP

无线 AP 也称为无线接入点,如图 7-2 所示。无线网卡与 AP 相连,通过 AP 与其他网卡交换信号,AP 通常还有 RJ-45 以太网接口与有线网相连。AP 在功能上相当于有线网络设备中的集线器,将远程局域网连接起来形成一个大的局域网段,也可与网桥或路由器等配合使用接入互联网。通常 AP 采用半双工通信方式,即接收和发送共用同一通信信道,既可用于点对点通信连接,也可建立点对多点通信网络。在有多个 AP 时,用户可以在 AP 之间漫游切换。按照协议标准来说,802.11b 和 802.11g 的覆盖范围室内为 100 m、室外为 300 m,但这个数值为理论值,实际使用时会由于各种障碍物的原因,实际使用范围室内为 30 m、室外为 100 m。

图 7-2 无线 AP

3. 无线路由器

无线路由器就是带有无线覆盖功能的路由器，它是单纯性无线 AP 和宽带路由器的结合体，主要应用于用户上网和无线覆盖，可以与所有以太网接的 ADSL Modem 或 Cable Modem 直接相连，实现家庭无线网络的 Internet 连接共享，实现 ADSL 和小区宽带的无线共享接入。它不仅具备单纯性无线 AP 的所有功能，如支持 DHCP 客户端、支持 VPN、防火墙、支持 WEP 加密等，而且还包括了网络地址转换(NAT)功能，如图 7-3 所示。

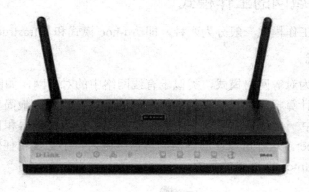

图 7-3 无线路由器

4. 天线

当计算机与无线 AP 或其他计算机相距较远或环境存在干扰时，信号会产生衰减，传输速率会随之明显下降，甚至根本无法实现与 AP 或者其他计算机之间的通信。而天线可以达到增强无线信号的目的，可以把它理解为无线信号的放大器，可以解决无线网络传输中因传输距离过远、环境影响等造成信号衰减的问题，达到延长传输距离的目的。

目前市场上很多无线网卡、无线 AP 和无线路由器都附带了天线，因此传输距离较近时无须安装额外的天线，只有当距离过远时，考虑增强信号、延伸网络覆盖范围需要才安装天线。

天线有多种类型，一般分室内天线和室外天线。要注意的是，室内天线因为没有做过防水和防雷处理，不能用于室外。此外，根据天线传输信号的方向不同，天线可分为定向天线和全向天线两种。定向天线适合较长距离使用，但传输的范围较窄，数据传输被限定在一个相对较小的范围内，如图 7-4 所示。全向天线将信号均匀分布在中心点周围 360°全方位区域，但传输距离相对较近，如图 7-5 所示。

图 7-4　定向天线　　　　　　　　　　　　图 7-5　全向天线

7.1.4　无线局域网的工作模式

无线局域网的工作模式一般分为两种，即 Ad-hoc 模式和 Infrastructure 模式。

1. Ad-hoc 模式

这种模式也称为对等网络模式，类似于有线网络中的对等网，如图 7-6 所示。它由一组含有无线网卡的计算机组成，实现计算机之间的连接，构建成最简单的无线网络，无须通过无线 AP。其中一台计算机可以兼作文件服务器、打印服务器和代理服务器，并通过 Modem 接入 Internet。这样可以在服务器的覆盖范围内，不必使用任何电缆即可达到计算机之间共享资源和 Internet 连接的目的。

图 7-6　Ad-hoc 模式

需要注意的是，该方案可以借助于 Internet 接入设备实现与 Internet 的连接，但无法实现与其他以太网的连接。

2. Infrastructure 模式

Infrastructure 模式也称基本结构模式，如图 7-7 所示。该模式类似传统有线星型拓扑方案，需要有一台无线 AP 或无线路由器存在，所有配备无线网卡的计算机通信都是通过 AP 或无线路由器作连接，就像有线网络中利用集线器或交换机来做连接一样。

该模式下的无线网可以通过 AP 或无线路由器的以太网口与有线网相连，组建多种复杂的无线局域网。

图 7-7　Infrastructure 模式

7.2　无线局域网的组建

7.2.1　组建无线网卡互联网络

如果没有无线 AP 或者无线路由器，而两台计算机都有无线网卡，就可以组建对等式无线局域网。操作步骤如下。

(1) 安装好无线网卡和驱动程序后，选择【控制面板】→【网络和 Internet】→【网络和共享中心】命令打开【网络和共享中心】窗口，单击【设置新的连接或网络】超链接，如图 7-8 所示。

(2) 弹出如图 7-9 所示的【设置连接或网络】窗口，选择【设置无线临时(计算机到计算机)网络】选项，单击【下一步】按钮。

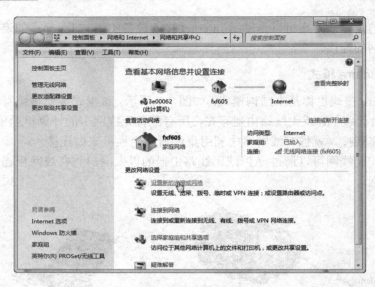

图 7-8　设置新的连接或网络

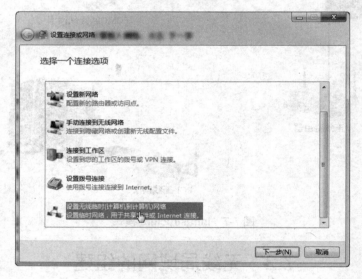

图 7-9　选择一个连接选项

(3) 弹出【设置无线临时网络】窗口,在此介绍了临时网络的相关信息,单击【下一步】按钮,弹出如图 7-10 所示的【设置临时网络】窗口。在【网络名】文本框中输入临时网络的名称,在【安全密钥】文本框中输入密码,单击【下一步】按钮。

(4) 弹出【临时共享网络 网络已经可以使用】界面,单击【启用 Internet 连接共享】按钮,开启共享网络,再单击【关闭】按钮完成设置。网络已经准备就绪,等待其他计算机的接入,如图 7-11 所示。

(5) 打开【网络连接】窗口,右击【无线网络连接】选项,在弹出的快捷菜单中选择【属性】命令,如图 7-12 所示。

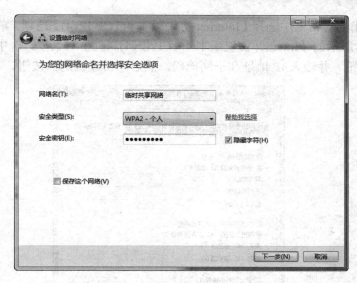

图 7-10　设置临时网络

图 7-11　等待用户

图 7-12　【网络连接】窗口

(6) 在弹出的对话框中选择【Internet 协议版本 4(TCP/IPv4)】选项，单击【属性】按钮，弹出如图 7-13 所示的【Internet 协议版本 4(TCP/IPv4)属性】对话框，选中【使用下面的 IP 地址】单选按钮，并输入 IP 地址和子网掩码，然后单击【确定】按钮。

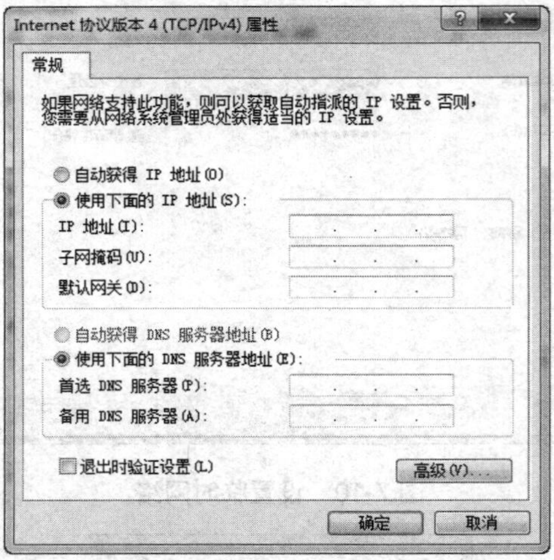

图 7-13　输入 IP 地址

(7) 在另一台计算机上以同样的步骤配置【Internet 协议版本 4(TCP/IPv4)】选项，但要设置不同的 IP 地址。

两台计算机都配置完成后，就会看到两台计算机右下方都会显示"无线网络连接 现在已连接"字样，此时无线网卡互联网络就创建完成了。

7.2.2　组建无线路由器局域网

无线宽带路由器的安装与有线宽带路由器的安装相同，在第一次配置前，要参考说明书给出的默认 LAN 口 IP 地址，一般是 192.168.0.1 或 192.168.1.1，子网掩码是 255.255.255.0。下面以 D-Link DI-624+A 无线路由器通过 ADSL 上网为例，讲解无线路由器的配制方法。其他厂家的无线路由器配置方法可能不完全相同，但大致的原理和配置过程都相似，详细步骤如下。

(1) 先将管理计算机通过双绞线与无线路由器的 LAN 接口相连，然后将其设置为与无线路由器同一网段上的地址。因为 D-Link DI-624+A 无线路由的默认 LAN 接口的 IP 地址为 192.168.0.2，因此需将管理计算机设为 192.168.0.xxx(xxx 可以从 2～254)，子网掩码为 255.255.255.0，默认网关设置为路由器地址，即 192.168.0.1，如图 7-14 所示。

(2) 双击桌面上的 Internet Explorer 浏览器，在地址栏中输入 http://192.168.0.1，打开进入路由器管理登录界面，输入默认的用户名和密码，如图 7-15 所示，然后单击【确定】按钮。

(3) 登录成功后，会打开如图 7-16 所示的管理界面，单击【联机设置精灵】按钮。

(4) 单击【下一步】按钮，设置系统管理员密码，依次输入旧密码、新密码和确认信密码，如图 7-17 所示，然后单击【下一步】按钮。

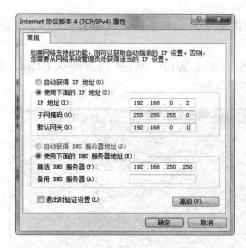

图 7-14　配置管理机 IP 地址

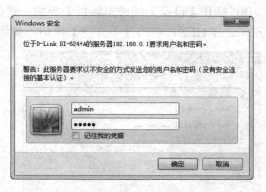

图 7-15　登录界面

图 7-16　路由器管理界面

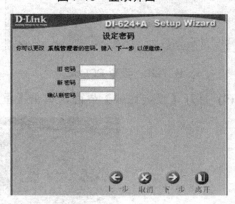

图 7-17　设置密码

（5）打开如图 7-18 所示的界面，选择合适的时区，单击【下一步】按钮。

（6）打开【选择 WAN 型态】界面，设置接入 Internet 的方式，这里选中 PPPoE 单选按钮，单击【下一步】按钮，如图 7-19 所示。

图 7-18　选择时区

图 7-19　选择 Internet 接入方式

(7) 打开【设定 PPPoE】界面，输入由 ISP 提供的用户名和密码，单击【下一步】按钮，如图 7-20 所示。

(8) 打开【设定无线通讯联机】界面，选择安全方式 WEP，WEP 加密选择 64Bit，加密方式选择 HEX，单击【下一步】按钮，如图 7-21 所示。

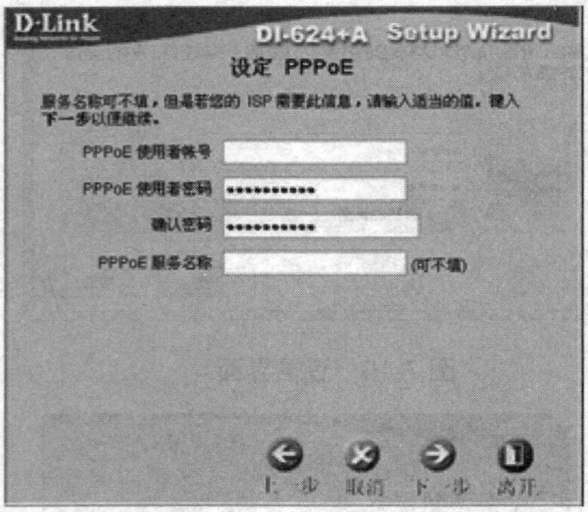

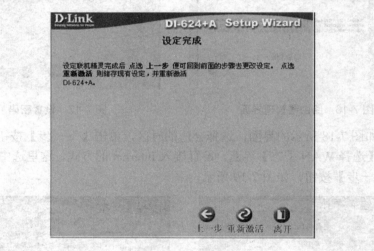

图 7-20　设置 PPPoE 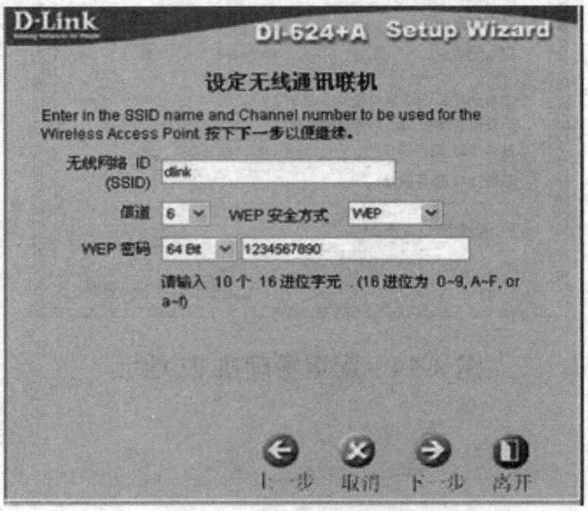　　　　　　　　图 7-21　设置无线通讯联机

(9) 打开【设定完成】界面，单击【重新激活】按钮完成安装，如图 7-22 所示。

图 7-22　设置完成

7.3　无线局域网安全

无线局域网中，因为传送的数据是利用无线电波在空中辐射传播，无线电波可以穿透天花板、墙壁等，发射的数据可能到达预期的、安装在不同楼层甚至是发射机所在的大楼之外的接收设备，数据安全也就成为最重要的问题。

对无线局域网的安全防护应考虑以下防范点和措施。

(1) 未经授权用户的接入。

(2) 网上邻居的攻击。

(3) 非法用户截取无线链路中的数据。

(4) 非法 AP 的接入。

(5) 内部未经授权的跨部门使用。

由此可见，无线局域网在将人们从有线的束缚中解脱出来的同时，也不可避免地带来了严重的安全问题，这也是无线网络招致攻击的主要因素。下面介绍相应的措施。

1. 使用先进的身份认证措施，防止未经授权用户的接入

由于无线信号是在空气中传播的，信号可能会传播到不希望到达的地方，在信号覆盖范围内，非法用户无须任何物理连接就可以获取无线网络的数据，因此，必须从多方面防止非法终端接入以及数据的泄漏问题。通过对多个无线接入点 AP 设置不同的 SSID，并要求无线工作站出示正确的 SSID 才能访问 AP，就可以允许不同群组的用户接入，并对资源访问的权限进行区别限制。因此可以认为 SSID 是一个简单的口令，从而提供一定的安全，但如果配置 AP 向外广播器 SSID，那么安全程度还将下降。由于一般情况下，用户自己配置客户端系统，所以很多人都知道该 SSID，很容易共享给非法用户。目前有的厂家支持"任何(ANY)" SSID 方式，只要无线工作站在任何 AP 范围内，客户端都会自动连接到 AP，这将跳过 SSID 安全功能。

2. 利用 MAC 地址阻止未经授权的接入

每块无线网卡都拥有唯一的物理地址 MAC，可以在 AP 中设置一组基于 MAC 地址的 Access Control(访问控制表)，确保只有经过注册的设备才能进入网络。但这种方案要求无线 AP 中的 MAC 地址的访问控制表必须随时更新，目前都是手工操作，可扩展性差，操作繁琐，并且 MAC 地址也可以伪造，因此这属于低级别的授权认证，只适合小型网络。

3. 使用先进的加密技术，使得非法用户无法破译

连线对等保密(WEP)是 IEEE 802.11b 无线局域网的标准网络安全协议，采用 RC4 加密技术。用户的加密密钥与 AP 的密钥相同时才能获准存取网络的资源。密钥的长度有 40 位和 128 位两种，密钥越长，黑客就需要更多的时间进行破解，因此尽管存在缺陷，还是能够提供更好的安全保护，防止非授权用户的监听以及非法用户的访问。

4. 验证 AP 的合法性、定期审查站点，防止非法 AP 的接入

无线局域网易于访问和配置简单的特性，使得任何人的计算机都可以通过主机购买的 AP，不经过授权而连入网络，非法安装的 AP 会危害无线网络的宝贵资源，因此必须对 AP 的合法性进行验证。

AP 支持的 IEEE 802.1x 技术提供了一个客户机和网络相互验证的方法，在此验证过程中 AP 需要确认无线用户的合法性，无线终端设备也必须验证 AP 是否为虚假的访问点，才能进行通信。通过双向认证，可以有效地防止非法 AP 的接入，对于那些不支持 IEEE 802.1x 的 AP，则需要通过定期的站点审查来防止非法 AP 的接入。通过物理站点的监测应当尽可能地频繁进行，频繁的监测可提高发现非法配置站点的存在概率。

5. WPA 安全加密方式

WPA(Wi-Fi Protected Access)的加密特性决定了它比 WEP 更难以入侵，所以如果对数据安全性有很高要求，那就必须选用 WPA 加密方式了。

WPA 作为 IEEE 802.11 通用的加密机制 WEP 的升级版，在安全的防护上比 WEP 更为周密，主要体现在身份认证、加密机制和数据包检查等方面，而且它还提升了无线网络的管理能力。

6. 虚拟专用网络

虚拟专用网(VPN)是指在一个公共 IP 网络平台上通过隧道以及加密技术保证专用数据的网络安全性，目前许多企业以及运营商都开始采用 VPN 技术。VPN 可以替代连线对等加密解决方案以及物理地址过滤解决方案。采用 VPN 技术的另外一个好处是可以提供基于 Radius 的用户认证及计费。VPN 技术不属于 802.11 标准定义，是一种增强型网络解决方案。

实训 构建无线局域网

1. 实训目的

(1) 了解无线局域网的基本概念和工作原理。
(2) 掌握无线局域网和有线局域网互访的方法。

2. 实训设备

两台计算机，一台作为服务器，另一台作为客户机，无线 AP，无线网卡。

3. 背景知识

(1) 无线局域网。
(2) 无线 AP。

4. 实训内容和要求

两台计算机分别安装无线网卡，通过无线 AP 将其连接起来，一台作为服务器，另一台作为客户机，进行互访和软硬件共享。

5. 实训步骤

(1) 安装无线网卡。
(2) 将 AP 连入有线局域网。
(3) 完成无线网络的共享。

6. 实训结果和讨论

习　题

1. 选择题

(1) 目前使用最多的无线局域网协议是(　　)。

    A. 802.11a   B. 802.11b

    C. 802.11g   D. 802.11n

(2) 下列(　　)不是无线局域网的优点。

    A. 传输速率高   B. 使用灵活

    C. 扩展方便   D. 安装便捷

(3) 无线 AP 的作用与(　　)设备相似。

    A. 网卡   B. 路由器

    C. 集线器   D. Modem

2. 思考题

(1) 无线局域网与传统的有线局域网相比具有哪些优势？

(2) 家庭无线局域网组建过程中应注意哪些问题？

(3) 常见的无线局域网组网方式有哪几种？

(4) 目前，制约无线局域网发展的因素主要有哪些？

第 8 章　使用 Windows Server 2008 组建局域网

学习目的与要求：

Windows Server 2008 是为服务器设计的多用途操作系统，可提供文件和打印共享、应用软件等各种服务，是中、小型企业最好的网络操作系统选择。

通过对本章的学习，要求为学生熟练掌握 Windows Server 2008 在网络中的应用服务，掌握 Windows Server 2008 的安装与卸载，掌握活动目录、DNS 服务器、DHCP 服务器、WINS 服务器、邮件服务器及流媒体服务器的配置和使用。

8.1　安装 Windows Server 2008

8.1.1　系统配置及硬件要求

Windows Server 2008 是微软公司开发的新一代网络服务器操作系统，它是基于 Windows Server 2003 发展而来的，与以前的同类操作系统相比，安全性更高、性能更加稳定，而操作和使用却更加轻松，可以充分发挥服务器的硬件性能，为单位网络提供高效的网络传输和可靠的安全保证。同时，它不仅能够安装到服务器上，设置成为主域控制服务器、文件服务器等各种服务器，也能安装在局域网的客户机上，作为客户端系统使用，当然也可以安装到个人计算机中，成为更加稳定、安全、更容易使用的个人操作系统。无论是服务器、客户机还是家庭用户，安装 Windows Server 2008 系统都是非常轻松的。

Windows Server 2008 服务器操作系统对计算机硬件配置有一定要求，其最低硬件配置需求如表 8-1 所示。

表 8-1　Windows Server 2008 系统的最低配置需求

硬　件	需　求
处理器	最低 1.0 GHz (x86 处理器)或 1.4 GHz (x64 处理器) Windows Server 2008 for Itanium-Based Systems 版本需要 Itanium 2 处理器
内存	最低：512 MB 最大：4 GB(32 位标准版)、64 GB(32 位企业版和数据中心版) 　　　32 GB(64 位标准版)、2 TB(其他)
硬盘	最少：10 GB 内存大于 16 GB 的系统需要更多空间用于页面、休眠和转存储文件
其他	DVD-ROM 支持 Super-VGA 800×600 或更高分辨率的显示器 键盘和 Microsoft 鼠标或兼容的指向装置

如果用户的计算机符合最低配置，即可将 Windows Server 2008 系统安装到计算机中。但是硬件的配置是根据实际需求和安装功能、应用负荷决定的，所以前期规划出服务器的使用环境是很有必要的。

8.1.2 磁盘分区和文件系统的选择

在安装 Windows Server 2008 之前，需要做好各项准备工作，包括确定磁盘分区、选择文件系统等。

1. 确定磁盘分区

磁盘分区是把物理磁盘划分为若干个可以独立运行的单元。在磁盘中创建分区时，可以将磁盘划分为一个或多个区域，每个区域可以被格式化以供一种文件系统使用。主分区(或称系统分区)是安装加载操作系统时所需文件的分区，主分区用特殊的文件系统格式化，分配的驱动器号为"C:"。

在安装 Windows Server 2008 时，只有在执行新的安装时，才可在安装过程中更改磁盘的分区，也可以在安装之后通过磁盘管理器修改磁盘分区。在执行全新安装时，安装程序会检查硬盘以确定现有的配置，并提供下列选项。

(1) 如果硬盘未分区，可以在硬盘上创建 Windows Server 2008 分区并指定大小和格式化。

(2) 如果硬盘已分区，但有足够的未分配空间，则可以通过未分区的空间创建 Windows Server 2008 分区。

(3) 如果硬盘现有的分区足够大，可将 Windows Server 2008 安装在该分区上。可以先重新格式化，也可以不重新格式化(重新格式化分区会删除该分区上的所有数据)。如果没有重新格式化该分区，并将 Windows Server 2008 安装到已存在的操作系统的分区上，就会覆盖原有操作系统文件，需要重新安装与 Windows Server 2008 一同使用的所有应用程序。

(4) 如果硬盘已有一个分区，可以先删除它(删除现有分区也会删除该分区上的所有数据)，以便为 Windows Server 2008 分区创建更大的未分区磁盘空间。

在 Windows Server 2008 安装过程中，可以根据实际需要选择磁盘分区选项。

2. 选择文件系统

在磁盘里存储文件的时候，文件都是按照某种格式存储到磁盘中的，这种格式就是文件系统。目前常见的文件系统格式有 FAT 32 和 NTFS，这两种文件系统的区别主要体现在与操作系统的兼容性、使用效率、文件系统安全性和支持磁盘的容量几个方面。Windows Server 2008 只支持 NTFS 文件系统。

1) NTFS 文件系统

NTFS(New Technology File System，新技术文件系统)最初是为 Windows NT 开发的，后来在 Windows 2000 和 Windows Server 2003 中得到支持和发展，Windows Server 2008 只支持该文件系统格式。NTFS 支持除了 Windows 98 和 Windows Me 之外的其他 Windows 操作系统。NTFS 最大容量为 2 TB，支持长文件名，安全性、容错性较好；支持磁盘配额功能，限制用户使用磁盘空间的容量；支持活动目录和域；支持文件和文件夹的权限设置；支持文件的加密和压缩功能。

2) FAT 16 文件系统

FAT 16 是早期的 DOS、Windows 95 等操作系统使用的文件系统，Windows 98/2000/XP 等系统都支持 FAT 16 文件系统。它最大可管理 2 GB 的分区，容错性较差，不支持长文件名，不支持本地文件和文件夹安全性，不支持磁盘配额功能，不支持文件访问权限设置和文件加密。

3) FAT 32 文件系统

FAT 32 是 FAT 16 的增强版，支持除 Windows 95、Windows NT 之外的所有 Windows 操作系统，最大容量为 2 TB，容错性较差，支持长文件名，不支持本地文件和文件夹安全性，不支持磁盘配额功能，不支持文件访问权限设置和文件加密。

8.1.3 Windows Server 2008 的安装

在做好安装前的各项准备工作后，就可以为服务器安装 Windows Server 2008 网络操作系统了。Windows Server 2008 操作系统有多种安装方式，和 Windows Server 2003 相比，安装步骤大大减少，提高了效率。

使用 Windows Server 2008 的引导光盘进行安装是最简单的安装方式，在安装的过程中，用户需要干预的地方不多，只需掌握几个关键点就可以顺利完成安装。需要注意的是，如果当前服务器没有安装 RAID 卡或者 SCSI 设备的话，可以略过相应的步骤。

(1) 首先在启动计算机的时候进入 CMOS 设置，把系统启动选项改为光盘启动，保存配置后将 Windows Server 2008 的引导光盘放入光驱中，重新启动计算机，让计算机用系统光盘启动。启动后，如果硬盘里没有操作系统，计算机将自动从光盘启动到安装界面；如果硬盘里安装了其他操作系统，计算机会显示 Press any key to boot form CD or DVD…的提示信息，此时在键盘上按任意键，才会从光驱启动。

(2) 启动安装过程之后，显示如图 8-1 所示的【安装 Windows】界面，选择需要安装的语言、时间和货币格式以及键盘和输入方法。

图 8-1 【安装 Windows】界面

（3）单击【下一步】按钮，出现是否立即安装 Windows Server 2008 的界面，如图 8-2 所示。

图 8-2 是否立即安装 Windows 界面

（4）单击【现在安装】按钮，显示如图 8-3 所示的【选择要安装的操作系统】界面。在操作系统列表框中，列出了可以安装的操作系统。这里选择【Windows Server 2008 Standard(完全安装)】选项，安装 Windows Server 2008 标准版，单击【下一步】按钮。

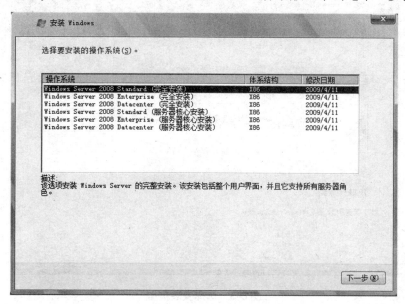

图 8-3 选择要安装的操作系统

（5）打开【请阅读许可条款】界面，选中【我接受许可条款】复选框，单击【下一步】按钮，如图 8-4 所示。

normal局域网组建与维护实用教程(第2版)

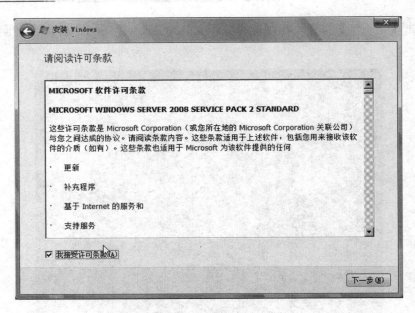

图 8-4　阅读许可协议

(6) 打开【您想进行何种类型的安装】界面，如图 8-5 所示。"升级"用于从 Windows Server 2003 升级到 Windows Server 2008，因为当前计算机没有安装任何操作系统，故该选项不可用；"自定义(高级)"则用于全新安装操作系统，选择【自定义(高级)】选项。

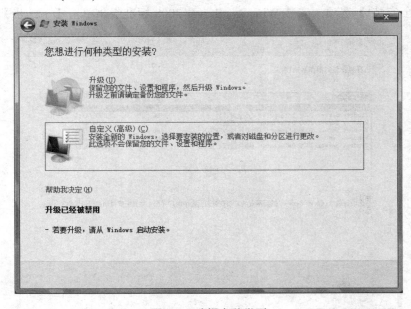

图 8-5　选择安装类型

(7) 打开【您想将 Windows 安装在何处】界面，显示当前计算机上硬盘的分区信息，如图 8-6 所示。如果服务器上安装了多块硬盘，则会依次显示为磁盘 0、磁盘 1、磁盘 2……

高职高专立体化教材　计算机系列

150

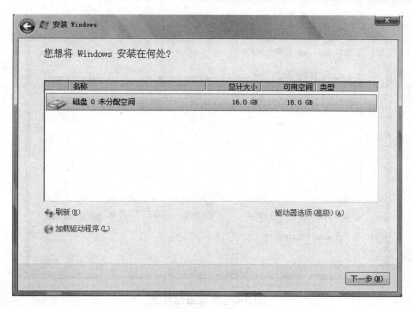

图 8-6 【您想将 Windows 安装在何处】界面

(8) 单击【驱动器选项(高级)】超链接，显示如图 8-7 所示的硬盘信息界面。在这里可以对硬盘进行分区、格式化和删除已有分区的操作。

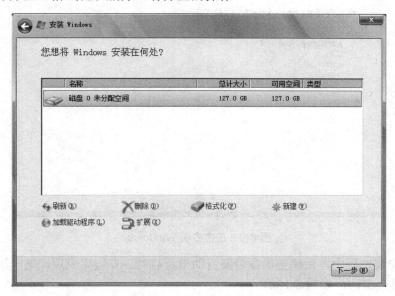

图 8-7 硬盘信息界面

(9) 对硬盘进行分区，单击【新建】超链接，在打开界面的【大小】微调框中输入分区大小，比如 60 000 MB，如图 8-8 所示，单击【应用】按钮。用同样的方法创建其他分区。

(10) 选择第一个分区来安装操作系统，单击【下一步】按钮，显示如图 8-9 所示的【正在安装 Windows】界面，开始复制文件并安装 Windows。

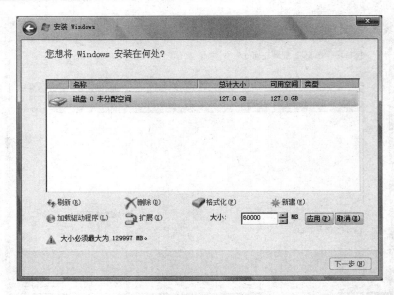

图 8-8　创建磁盘分区

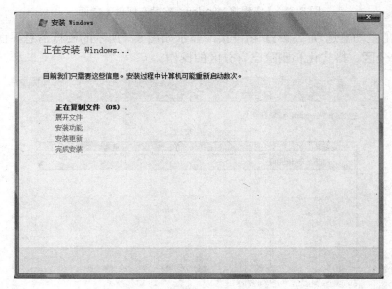

图 8-9　正在安装 Windows

(11) 在安装过程中，系统会根据需要自动重新启动。安装完成后，第一次登录操作系统，会要求更改密码，如图 8-10 所示。

Windows Server 2008 操作系统对账户密码要求非常严格，不管是管理员账户还是普通用户账户，都必须设置强密码。除了必须满足"至少 6 个字符"和"不包含 Administrator 或 admin"的要求之外，还需要满足至少以下两个条件。

- 包含大写字母(A、B、C 等)。
- 包含小写字母(a、b、c 等)。
- 包含数字(0、1、2 等)。
- 包含非字母数字字符(#、&、*等)。

图 8-10 提示更改密码

(12) 按要求输入密码，按 Enter 键后即可登录到 Windows Server 2008 系统，并默认自动启动【初始配置任务】窗口，如图 8-11 所示。

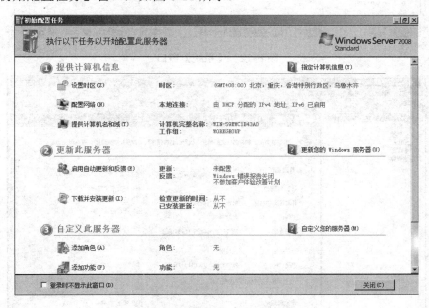

图 8-11 【初始配置任务】窗口

(13) 激活 Windows Server 2008。选择【开始】→【控制面板】命令，在打开的【控制面板】窗口单击【系统】图标，打开如图 8-12 所示的【系统】窗口。右下角显示 Windows 激活的状况，可以在此激活 Windows Server 2008 网络操作系统和更改产品密钥。激活有助于验证 Windows 的副本是否为正版，以及在多台计算机使用的 Windows 数量是否已经超过 Microsoft 软件许可条款所允许的数量。激活的目的有助于防止软件伪造。如果不激活，可以试用 60 天。

(14) 进入系统之后，将自动弹出一个【服务器管理器】窗口，如图 8-13 所示。在这里需要根据自己的需要进行详细配置。

Windows Server 2008 在安装过程中不会提示设置计算机名、网络连接信息等，所以安装的时间大大减少。系统安装完成之后，可以在【服务器管理器】窗口进行一些基本设置。

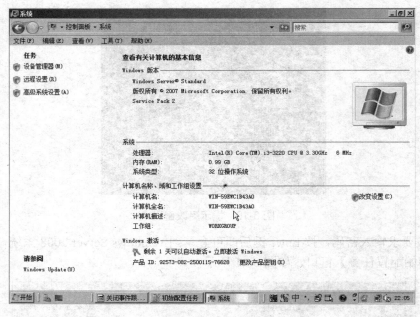

图 8-12 【系统】窗口

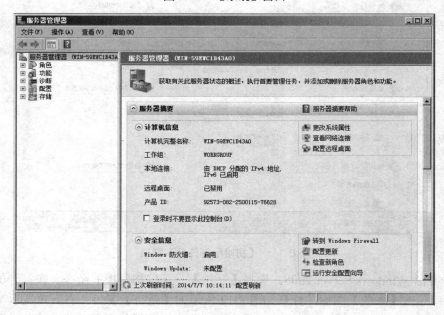

图 8-13 【服务器管理器】窗口

(15) 对于局域网内的计算机来说,需要配置的并不是服务器,而是如何将本机添加到网络中。在【计算机信息】选项区域单击【更改系统属性】超链接,出现如图 8-14 所示的【系统属性】对话框。单击【更改】按钮,显示如图 8-15 所示的【计算机名/域更改】对话框,在【计算机名】文本框中输入新的计算机名称,如 win2008。然后在下方选择计算机是隶属于域还是工作组,在【工作组】文本框中可以更改计算机所在的工作组;在加入域时,需要在域控制器中建立一个账号,然后在添加到域的过程中输入账号和密码即可。

单击【确定】按钮，显示提示框，提示必须重新启动计算机才能应用更改，如图 8-16 所示。单击【确定】按钮，回到【系统属性】对话框中，单击【关闭】按钮，关闭【系统属性】对话框。接着出现提示框，提示必须重新启动计算机以应用更改，如图 8-17 所示。单击【立即重新启动】按钮即可重新启动计算机并应用新的计算机名。若单击【稍后重新启动】按钮，则不会立即重新启动计算机。

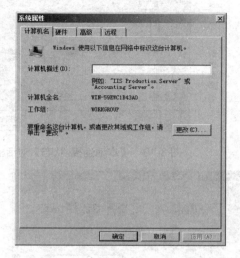

图 8-14 【系统属性】对话框

图 8-15 【计算机名/域更改】对话框

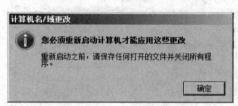

图 8-16 重新启动计算机提示框(1)

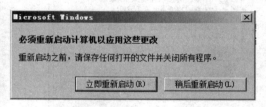

图 8-17 重新启动计算机提示框(2)

(16) Windows Server 2008 安装完成后，默认为自动获取 IP 地址，自动从网络中的 DHCP 服务器中获取 IP 地址。在局域网中，Windows Server 2008 需要提供网络服务，通常需要设置静态的 IP 地址，在 Windows Server 2008 系统中设置 IP 地址与之前的操作系统基本相同。右击桌面右下角任务托盘区域的【网络连接】图标，在弹出的快捷菜单中选择【网络和共享中心】命令，打开如图 8-18 所示的【网络和共享中心】窗口。单击【本地连接】超链接，打开【本地连接 状态】对话框，如图 8-19 所示。单击【属性】按钮，显示如图 8-20 所示的【本地连接 属性】对话框。Windows Server 2008 中包含 IPv4 和 IPv6 两个版本的 Internet 协议，并且默认都已经启用。在【此连接使用下列项目】列表框中选择【Internet 协议版本 4(TCP/IPv4)】选项，单击【属性】按钮打开如图 8-21 所示的【Internet 协议版本 4(TCP/IPv4) 属性】对话框，选中【使用下面的 IP 地址】单选按钮，分别输入该服务器的 IP 地址、子网掩码、默认网关和 DNS。如果需要通过 DHCP 服务器获取 IP 地址，则保留默认的【自动获得 IP 地址】单选按钮。单击【确定】按钮，保持所做的修改。

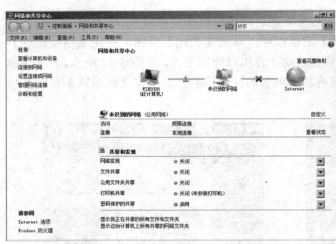

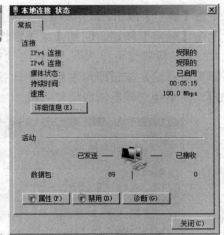

图 8-18　【网络和共享中心】窗口　　　　　　图 8-19　【本地连接 状态】对话框

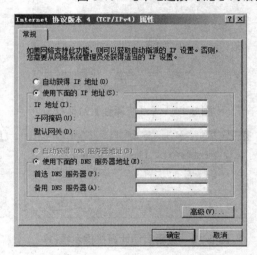

图 8-20　【本地连接 属性】对话框　　图 8-21　【Internet 协议版本 4(TCP/IP)属性】对话框

　　以上是针对局域网用户而言的必要设置，对于单机用户来说，无须设置这些网络属性，只要系统安装完毕，基本就安装完成了，而且绝大多数硬件设备的驱动程序也都安装了，用户所要做的只是对系统进行必要的调整而已，如调整显示分辨率、屏幕刷新频率、桌面背景等，然后安装必要的应用软件就可以开始工作了。

8.2　活　动　目　录

　　活动目录可以将网络中各管理对象组织起来进行管理，既有利于用户对网络的管理，又加强了网络的安全性。通过活动目录，用户可以对用户和计算机、域和信任关系、站点和服务进行管理。

8.2.1 活动目录简介

目录是一个数据库，存储了网络资源相关的信息，包括资源的位置、管理等信息。目录服务是一种网络服务，目录服务标记管理网络中的所有实体资源(如计算机、用户、打印机、文件、应用等)，并提供了命名、描述、查找、访问以及保护这些实体信息的一致的方法，使网络中的所有用户和应用都能访问到这些资源。

1. 活动目录的功能

活动目录(Active Directory)起源于 Windows NT 4.0，在 Windows Server 2008 中得到进一步的发展和应用。安装了活动目录的计算机称为域控制器，域是指网络服务器和其他计算机的一种逻辑分组，凡是在共享域逻辑范围内的用户都使用公共的安全机制和用户账户信息。对于用户而言，只要加入并接受域控制器的管理，就可以"一次登录，全网使用"(不必在访问每个成员服务器时都输入不同的账号和密码)，方便地访问活动目录提供的网络资源。对于管理员，通过对活动目录的集中管理就能够管理全网的资源。

如果把网络比喻为一本书，活动目录就好比是书的目录，用户查询活动目录就好比是查询书的目录，通过目录就可以访问相应的网络资源。这时的目录是活动的、动态的，当网络上的资源变化时，其对应的目录项就会动态更新。

2. 活动目录的优点

活动目录具有非常明显的优点，比如安全性、可扩展性、可调整性、可伸缩性以及与DNS 集成、与其他目录服务的互操作性及灵活的查询等。

1) 安全性

安装活动目录后信息的安全性与活动目录集成，用户授权管理和目录访问控制都整合在活动目录中。除此之外，活动目录还可以提供存储和应用程序作用域的安全策略，提供安全策略的存储和应用范围。安全策略可包含账户信息：如域范围内的密码限制或对特定域资源的访问权；通过组策略设置执行安全策略。目录访问控制可以在每个目录中的对象上定义，还可以在每个对象属性上定义。

2) 基于策略的管理

活动目录服务包括数据存储和逻辑分层结构。作为目录，它存储着分配给特定环境的策略，称为组策略对象；作为逻辑结构，它为策略应用程序提供分层的环境。组策略对象表示了一套商务规则，包括与应用环境有关的设置，是用户或计算机初始化时用到的配置设置。所有的组策略设置都包含在应用到活动目录、域或组织单元的组策略对象中，组策略对象设置决定目录对象和域的访问权限、用户可以使用哪些域资源以及这些资源是如何配置使用的。

3) 可扩展性

活动目录具有很强的可扩展性，管理员可将新的对象类添加到结构中，或者将新的属性添加到现有对象类中。计划包括可以存储在目录中的每一个对象类的定义和对象类的属性。例如，在电子商务上可以给每一个用户对象增加一个购物授权的属性，然后存储每一个用户购买权限作为用户账号的一部分。将对象和属性添加到目录可以通过两种方法：一是使用活动目录结构，二是通过活动目录服务接口(ADSI)或 LDIFDE/CSVDE 命令行使用程序创建脚本。

4) 可伸缩性

活动目录包含一个或多个域，每个域具有一个或多个域控制器，便于用户调整目录的规模以满足网络的需求。多个域可组成域树，多个域树又可以组成森林，活动目录也就随着域的伸缩而伸缩，能够较好地适应网络大小的变化。目录将其结构和配置信息发给目录中所有的域控制器，该信息存储在域的第一个控制器中，并且复制到域中的其他域控制器中。当该目录配置为单个域时，添加域控制器将改变目录的规模而不影响其他域的管理开销。将域添加到目录可以针对不同策略环境划分目录，并调整目录的规模以容纳大量的资源和对象。

5) 信息的复制

信息的复制为目录提供信息可用性、容错、负载平衡和性能优势。活动目录使用多主机复制，可以在任何域控制器上而不是单个主域控制器上同步更新目录。多主机模式具有更大容错的优点，因为使用多域控制器，即使任何单独的域控制器停止工作，也可以继续复制。

进行多主机复制时，可能会出现完全相同的目录更改发生在多个域控制器的情况。域控制器设计了用于跟踪和仲裁对目录的冲突更改，并自动解决几乎所有情况中的冲突，保证所有的目录信息都是最新的。

6) 与 DNS 集成

DNS 是将容易理解记忆的主机名(如 www.zjvcc.cn)转换成 IP 地址的 Internet 服务，活动目录使用 DNS 与 DNS 集成的方式有以下三种。

- 活动目录客户使用 DNS 定位域控制器。若要定位指定域的域控制器，则可使用活动目录客户查询为特定资源记录配置的 DNS 服务器。
- 活动目录和 DNS 具有相同的层次结构。虽然两者的用途不同，需要独立、不同的执行，但用于 DNS 的单元名称空间和活动目录具有相同的结构。如 Microsoft.com 既是 DNS 域也是活动目录域。
- DNS 域可以存储在活动目录中。用户如果要使用 DNS 服务，则主区域文件可存储在活动目录中，用于复制到其他域控制器中。

7) 与其他目录服务的互操作性

由于活动目录是基于标准的目录访问协议，许多应用程序接口(API)都允许开发者进入这些协议，如轻型目录访问协议(LDAP)第三版和名称服务提供程序接口(NSPI)等，它可与使用这些协议的其他目录服务相互操作。

8) 灵活查询

用户和管理员可以通过【开始】→【网上邻居】命令，或者【活动目录用户和计算机】上的【搜索】功能，通过对象属性快速查找网络上的对象，如可以通过名字、姓氏、电子邮件地址、办公室位置或用户账户的其他属性来查找用户。

8.2.2 活动目录的结构

活动目录的逻辑结构非常灵活，它为活动目录提供了完全的树状层次结构视图，如图 8-22 所示。逻辑结构为用户和管理员查找、定位对象提供了极大的方便。活动目录中的逻辑单元包括：域、组织单元(Organizational Unit，OU)、域树、域森林。

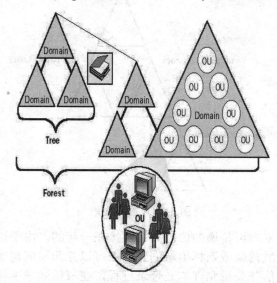

图 8-22 活动目录结构

1. 组织单元

组织单元(Organizational Unit，OU)是用户、组、计算机和其他对象(也可以包含其他的组织单元)在活动目录中的逻辑管理单位，OU 可以包含各种对象，比如用户账户、用户组、计算机、打印机，甚至可以包括其他的 OU。就好像文件夹下面可以包含子文件夹一样。这里的组织单元就是活动目录的一种文件夹。对于一个企业来讲，可以按部门把所有的用户和设备组成一个 OU 层次结构，也可以按地理位置形成层次结构，还可以按功能和权限分成多个 OU 层次结构。由于 OU 层次结构局限于域的内部，所以一个域中的 OU 层次结构与另一个域中的 OU 层次结构完全独立。

2. 域

域(Domain)是网络中对计算机和用户的一种逻辑分组。在活动目录中，域是一个或多个组织单元管理单位，是一个网络安全边界。域管理员只能管理域的内部，除非其他的域赋予他管理权限，他才能够访问或者管理其他的域。每个域都有自己的安全策略，以及它与其他域的安全信任关系。

3. 域树

当多个域通过信任关系连接起来之后，所有的域共享公共的表结构(Schema)、配置和全局目录(Global Catalog)，从而形成域树。域树由多个域组成，这些域共享同一个表结构和配置，形成一个连续的名字空间。树中的域通过双向信任关系连接起来，活动目录包含一个或多个域树。

域树中的域层次越深级别越低，一个"．"代表一个层次，如 uk.microsoft.com 就比 microsoft.com 这个域级别低，因为它有两个层次关系，而 microsoft.com 只有一个层次。层次低的称为子域，层次高的称为父域。如图 8-23 所示为域树层次。

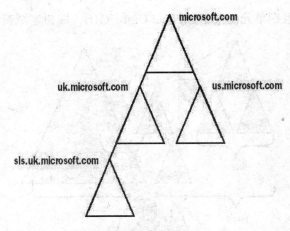

图 8-23 域树层次

　　域树中的域是通过双向可传递的信任关系连接在一起的。由于这些信任关系是双向而且是可传递的，因此在域树或域森林中新创建的域可以立即与域树或域森林中每个其他的域建立信任关系。这些信任关系允许单一登录过程，在域树或域森林中的所有域上对用户进行身份验证，但这不一定意味着经过身份验证的用户在域树的所有域中都拥有相同的权利和权限。因为域是安全边界，所以必须在每个域的基础上为用户指派相应的权利和权限。

　　什么是域之间的双向信任关系呢？

　　如果两个域之间有双向信任关系，对于这两个域的用户来讲好比是忽略了域的概念。uk.microsoft.com 域中的用户可以使用 us.microsoft.com 域中的账号登录 us.microsoft.com 域，访问 us.microsoft.com 域中的网络资源；反之亦然。设想一下，如果没有信任关系，域是逻辑上的安全边界，两个域之间的用户账号是不能互相登录的。

　　什么是可传递的双向信任关系呢？在 Windows Server 2008 的域树中建立的信任关系是可传递的。因为 uk.microsoft.com→microsoft.com；us.microsoft.com→microsoft.com，所以 uk.microsoft.com→us.microsoft.com。

4. 域森林

　　域森林是指一个或多个没有形成连续名字空间的域树，域森林中的所有域树共享同一个表结构、配置和全局目录。域森林中的所有域树通过 Kerberos 信任关系建立起来，所以每个域树都知道 Kerberos 信任关系，不同域树可以交叉引用其他域树中的对象，如图 8-24 所示。

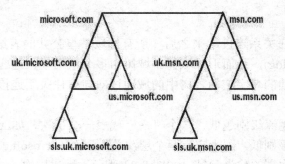

图 8-24 域森林

5. 域控制器

安装了活动目录的计算机称为"域控制器",它提供活动目录供客户机使用。域控制器存储着目录数据并管理用户域的交互关系,其中包括用户登录过程、身份验证和目录搜索等,一个域可以有多个域控制器。为了获得高可用性和容错能力,规模较小的域可以只需要两个域控制器,一个实际使用,另一个用于容错性检查,规模较大的域可以使用多个域控制器。

一个域中可以有多个域控制器,通过设置,各域控制器之间可以相互复制活动目录。一个域森林中的域控制器之间也可以相互复制活动目录。

8.2.3 安装活动目录

活动目录的功能非常强大,经过 Windows 2000 Server 和 Windows Server 2003 的不断完善,Windows Server 2008 中的活动目录服务功能更加强大,管理更加方便。在安装 Windows Server 2008 操作系统时并没有安装活动目录。用户如果要将服务器配置成域控制器,发挥活动目录的作用,则必须安装活动目录。

在 Windows Server 2008 系统中安装活动目录时,需要先安装 Active Directory 域服务,然后运行 Dcpromp.exe 命令启动安装向导。

在默认情况下,启动 Windows Server 2008 后会打开【初始任务配置】界面,它主要提供两个管理项目,一个是为服务器添加角色,另一个是管理服务器现有的角色。这里的角色是指服务器提供某一种服务或功能,如将 Windows Server 2008 服务器配制成文件服务器以提供文件共享,配置成打印服务器以共享整个网络中的打印机资源等。

下面介绍如何在 Windows Server 2008 上安装活动目录,将其配置成域控制器,具体操作步骤如下。

(1) 单击【开始】→【管理工具】→【服务器管理器】→【角色】选项,打开【服务器管理器】窗口,如图 8-25 所示。

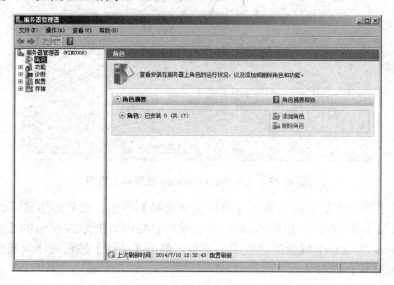

图 8-25 【服务器管理器】窗口

(2) 单击【添加角色】超链接，运行添加角色向导，当显示如图 8-26 所示的【选择服务器角色】界面时，选中【Active Directory 域服务】复选框。

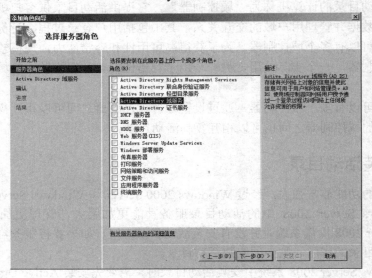

图 8-26　选择服务器角色

(3) 单击【下一步】按钮，显示【Active Directory 域服务】界面，界面中简要介绍了 Active Directory 域服务的主要功能以及安装过程中的注意事项，如图 8-27 所示。

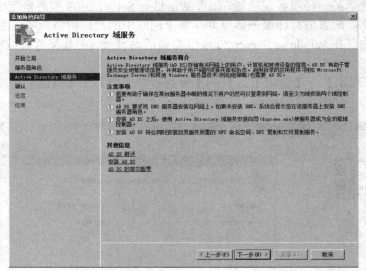

图 8-27　【Active Directory 域服务】界面

(4) 单击【下一步】按钮，显示【确认安装选择】界面，在界面中显示确认要安装的服务，单击【安装】按钮即可开始安装。安装成功后显示如图 8-28 所示的【安装结果】界面，提示 Active Directory 域服务已经成功安装。单击【关闭】按钮关闭安装向导，并返回到【服务器管理器】窗口。

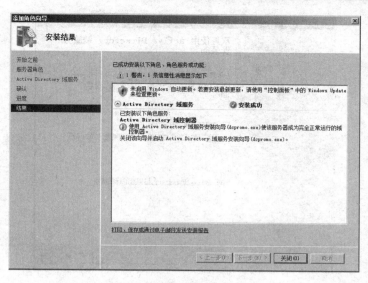

图 8-28 【安装结果】界面

(5) 在【服务器管理器】窗口中展开【角色】选项，就可以看到已经安装成功的 Active Directory 域服务，如图 8-29 所示。

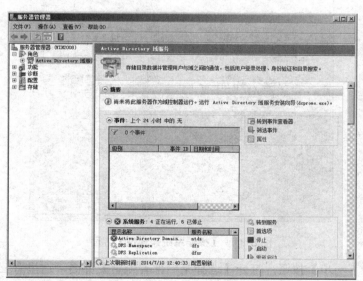

图 8-29 查看 Active Directory 域服务

(6) 单击【摘要】区域中的【运行 Active Directory 域服务安装向导(dcpromo.exe)】超链接或者打开【运行】对话框输入 dcpromo 命令，再按 Enter 键，可以启动 Active Directory 域服务安装向导，如图 8-30 所示。

(7) 单击【下一步】按钮，显示【操作系统兼容性】界面，如图 8-31 所示。界面中提示 Windows Server 2008 中改进的安全设置会影响旧版 Windows。

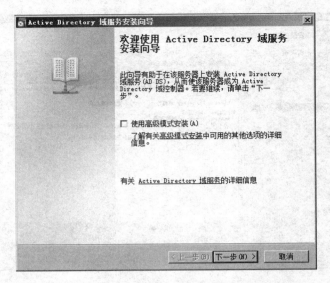

图 8-30 【Active Directory 域服务安装向导】对话框

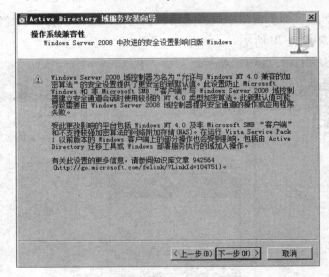

图 8-31 【操作系统兼容性】界面

（8）单击【下一步】按钮，打开【选择某一部署配置】界面，这里有三种类型供选择，如图 8-32 所示。

● 【向现有域添加域控制器】：新域将成为现在域的子域。
● 【在现有林中新建域】：在域林中创建域树。
● 【在新林中新建域】：创建一个新域，或者新的域林中的域。

选中【在新林中新建域】单选按钮，创建一台全新的域控制器。如果网络中已经存在其他域控制器或林，则可以选中【现有林】单选按钮，在现有林中安装。

（9）单击【下一步】按钮，打开【命名林根域】界面，在【目录林根级域的 FQDN】文本框中输入林根域的域名，如 dit.zjvcc.cn，如图 8-33 所示。林中的第一台域控制器是根域，在根域下可以继续创建从属于根域的子域控制器。

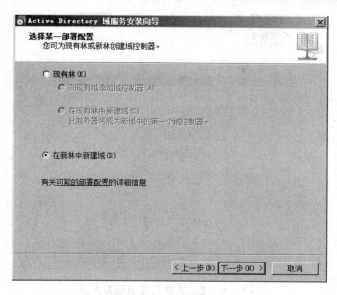

图 8-32 【选择某一部署配置】界面

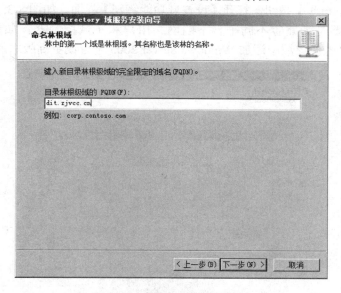

图 8-33 【命名林根域】界面

(10) 单击【下一步】按钮，系统会检查是否已经在使用新的林名称，随后打开【设置林功能级别】界面，如图 8-34 所示。不同的林功能级别都可以向下兼容不同平台的 Active Directory 服务功能。选择 Windows 2000 选项可以提供 Windows 2000 平台以上的所有 Active Directory 功能；选择 Windows Server 2003 选项则可以提供 Windows Server 2003 平台以上的所有 Active Directory 功能。用户可以根据自己实际的网络环境选择合适的功能级别。

注意：安装后若要设置林功能级别，可以登录域控制器，打开【Active Directory 域和信任关系】窗口，右击【Active Directory 域和信任关系】选项，在弹出的快捷菜单中选择【提升林功能级别】命令，选择相应的林功能级别即可。

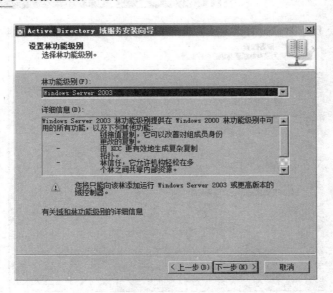

图 8-34 【设置林功能级别】界面

(11) 单击【下一步】按钮，打开【设置域功能级别】界面，如图 8-35 所示。设置不同的域功能级别主要是为兼容不同平台下的网络用户和子域控制器。如设置为 Windows Server 2003，则只能向该域中添加 Windows Server 2003 平台或更高版本的域控制器。

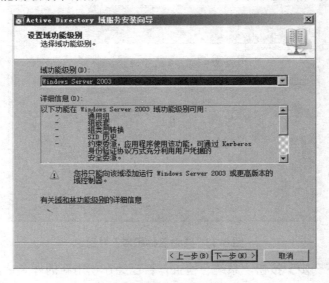

图 8-35 【设置域功能级别】界面

> **注意：** 安装后若要设置域功能级别，可以登录域控制器，打开【Active Directory 域和信任关系】窗口，右击域名 dit.zjvcc.cn，在弹出的快捷菜单中选择【提升域功能级别】命令，选择相应的域功能级别即可。

(12) 单击【下一步】按钮，打开【其他域控制器选项】界面，如图 8-36 所示。林中的第一个域控制器必须是全局编录服务器且不能是只读域控制器，所以【全局编录】和【只读域控制器(RODC)】两个选项都是不可选的。建议选中【DNS 服务器】复选框，在域控

· 制器上同时安装 DNS 服务。

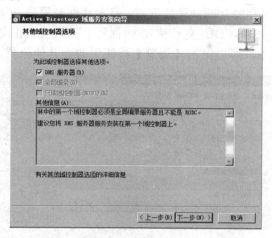

图 8-36 【其他域控制器选项】界面

注意：在运行 Active Directory 域服务安装向导时，建议安装 DNS。如果这样做，该向导会自动创建 DNS 区域委派。无论 DNS 服务是否与 ADDS 集成，都必须将其安装在部署的 ADDS 目录林根级域的第一个域控制器上。

(13) 单击【下一步】按钮，开始检查 DNS 配置，并显示如图 8-37 所示的提示框。该信息显示由于无法找到有权威的父区域或者它未运行 Windows DNS 服务器，所以无法创建该 DNS 的委派。

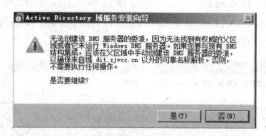

图 8-37 提示框

如果服务器没有设置静态 IP 地址，则会显示如图 8-38 所示的【静态 IP 分配】对话框，提示需要配置静态 IP 地址。可以返回重新设置，也可以跳过此步骤，只使用动态 IP 地址。

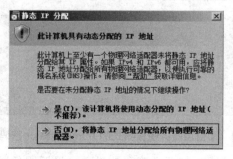

图 8-38 【静态 IP 分配】对话框

(14) 单击【是】按钮，打开如图 8-39 所示的【数据库、日志文件和 SYSVOL 的位置】界面，数据库文件夹用来存储互动目录数据库，日志文件夹用来存储活动目录的变化日志，以便日常管理和维护，SYSVOL 文件夹必须保存在 NTFS 格式的分区中。默认位于"C:/Windows"文件夹下，可以单击【浏览】按钮更改到其他位置。

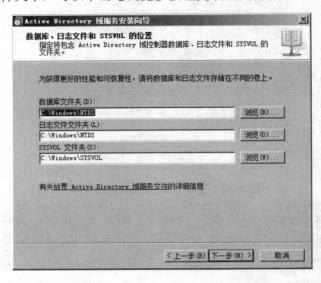

图 8-39 【数据库、日志文件和 SYSVOL 的位置】界面

(15) 单击【下一步】按钮，打开如图 8-40 所示的【目录服务还原模式的 Administrator 密码】界面，因为有时候需要对活动目录进行备份和还原，且还原时必须进入目录服务还原模式下，所以这里要求输入目录服务还原模式使用的密码。此处的密码和管理员密码可能不同，所以一定要记住该密码。

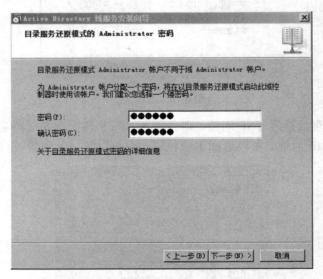

图 8-40 【目录服务还原模式的 Administrator 密码】界面

(16) 单击【下一步】按钮，打开【摘要】界面，显示服务器配置过程中设置的所有信

息，检查这些选项，若要修改则可单击【上一步】按钮，如图 8-41 所示。单击【导出设置】按钮可以将当前安装设置输出到记事本，以用于其他类似域控制器的无人值守安装。

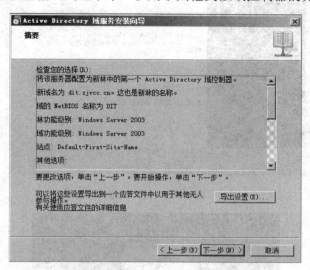

图 8-41　【摘要】界面

(17) 确认所有选择正确后，单击【下一步】按钮，向导开始配置活动目录，可以在打开的对话框中观察配置进行中的信息，如图 8-42 所示。这个过程相对较长，可能要花几分钟的时间，所以要耐心等待，也可以选中【完成后重新启动】复选框，则安装完成后计算机会自动重新启动。

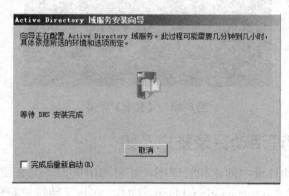

图 8-42　配置活动目录

(18) 服务配置完成后，将打开如图 8-43 所示的对话框，单击【完成】按钮，安装向导关闭，提示需要重新启动计算机。单击【立即重新启动】按钮，计算机重新启动后此服务器作为域控制器配置完成。

重新启动计算机后，升级为 Active Directory 域控制器之后，必须使用域用户账户登录，格式为"域名\用户账号"，如图 8-44 所示可以看到新的"Dit"域。

如果希望登录本地计算机，可以单击【切换用户】→【其他用户】按钮，在【用户名】文本框中输入"计算机名\登录账户名"，在【密码】文本框中输入该账号的密码，即可登录本机。

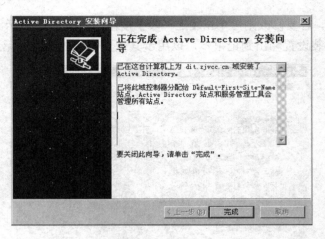

图 8-43　安装完成

图 8-44　【登录】界面

8.2.4　创建和管理活动目录账户及组

在介绍如何在活动目录中创建和管理用户账户和组之前，先介绍一个活动目录中非常有用的对象"组织单位"(Organizational Unit，OU)，它是某种特定对象类型的资源的集合，是基于资源的角度来考虑问题的，与目录服务的宗旨相吻合，是 Windows Server 2008 所提倡的，它以域为边界。

利用组织单位可以把对象组织到一个域中，使其最好地适应组织需求。通过指定权限可以把管理控制权委派给单位内的对象(一个或几个用户和组)，通过设置组织单位，可建立一个层次结构。

在实际使用中，可以参照管理机构的设置来建立组织单位。如管理员根据公司的行政部门划分来创建组织单位，如为"信息技术学院"创建一个名为"信息技术学院"的组织单位，再将信息技术学院所属员工的用户账户和他们所使用的计算机账户加入到该组织单位中进行集中单独的管理。

1. 创建组织单位

创建组织单位的具体步骤如下。

(1) 选择【开始】→【管理工具】→【Active Directory 用户和计算机】命令，打开【Active Directory 用户和计算机】窗口，在控制台目录树中，展开域根节点。右击要创建组织单位的节点，从弹出的快捷菜单中选择【新建】→【组织单位】命令，如图 8-45 所示。

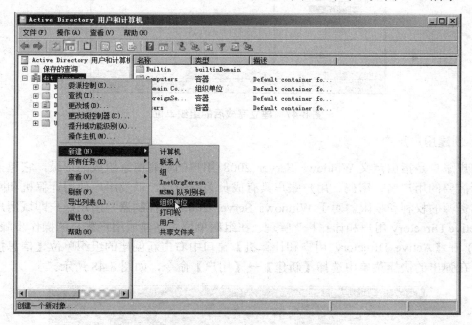

图 8-45 【Active Directory 用户和计算机】窗口

(2) 打开【新建对象-组织单位】对话框，输入组织单位的名称，如图 8-46 所示。

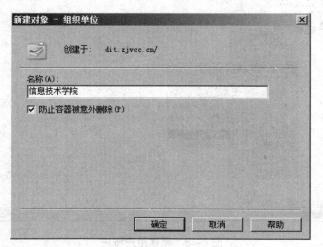

图 8-46 设置组织单位名称

(3) 单击【确定】按钮，即创建好了一个组织单位，如图 8-47 所示。

局域网组建与维护实用教程(第2版)

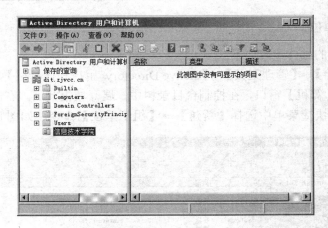

图 8-47 建立完成后的组织单位

2. 创建用户账户

用户账户是指由定义 Windows Server 2008 用户的所有信息组成的记录，它包括用户登录所需要的用户名、密码、用户账户具有成员关系的组，以及用户使用计算机和网络及访问其资源的权利和权限。对于 Windows Server 2008 域控制器，用户账户即域用户账户受"Active Directory 用户和计算机"管理。在组织单位中创建域用户账户的操作步骤如下。

(1) 在【Active Directory 用户和计算机】窗口中右击新创建的组织单位【信息技术学院】，在弹出的快捷菜单中选择【新建】→【用户】命令，如图 8-48 所示。

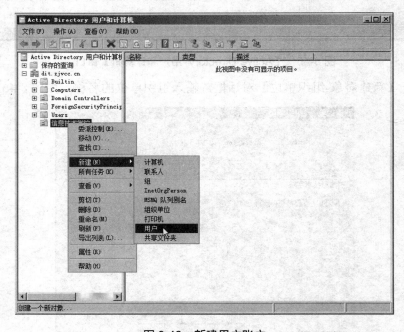

图 8-48 新建用户账户

(2) 弹出【新建对象-用户】对话框，分别输入用户的姓、名，设置向导将自动在【姓名】后面显示用户的姓名信息。在【用户登录名】下面的文本框中输入该用户对应的登录网络的账户名，如图 8-49 所示。

高职高专立体化教材 计算机系列

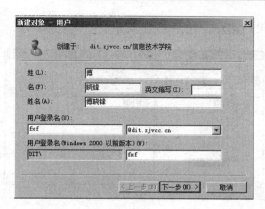

图 8-49 输入用户账户信息

(3) 单击【下一步】按钮，进入如图 8-50 所示的界面，在【密码】和【确认密码】文本框中输入相同的密码。

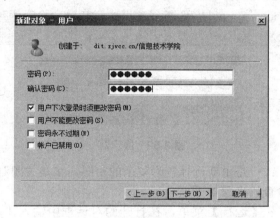

图 8-50 设置用户账户密码

图中所示界面中的 4 个复选框的作用分别如下。

● 【用户下次登录时须更改密码】选项。因为现在是系统管理员在新建用户，新建用户的密码系统管理员都知道，如果只想让用户自己知道密码，就要选中该项，这样用户在下次登录时就可对密码进行修改。注意，该选项不能与第 2、3 选项共同使用。

● 【用户不能更改密码】选项。一些公用的用户账户(如 guest)，用户只能使用此处设置的密码，无法对其进行修改。

● 【密码永不过期】选项。默认设置下，用户密码使用一段时间(如 42 天)后，系统会要求修改密码，以提高安全性，如果用户想永久使用当前的密码，可选中该项。

● 【账户已禁用】选项。表明该账户还存在，但是被冻结不能使用，在需要时，取消该选项，即可恢复该用户的使用。如用户休假，为了保证网络的信息安全，管理员可以临时将该账户禁用，等该员工上班时再重新启用。

(4) 单击【下一步】按钮，设置程序将回显用户的一些信息。若要修改，可单击【上一步】按钮进行修改，否则单击【完成】按钮，完成新建用户的工作。此时可在【信息技术学院】中看到新建的用户账户，如图 8-51 所示。

图 8-51　创建好的用户

> 注意：在为用户设置密码时，很可能出现如图 8-52 所示的提示框，出现该提示框的原因是
> Windows Server 2008 为了加强系统的安全性，默认启用了要求用户密码必须是强密
> 码的策略。Windows Server 2008 在创建用户账户时会检查密码，如果不满足强密码
> 的要求将拒绝创建。

图 8-52　提示框

解决的方法有两种：一是重新选择较为复杂的密码，二是关闭对密码复杂性的检查。
关闭密码复杂性检查的步骤如下。

(1) 选择【开始】→【运行】菜单，在打开的对话框中输入"gpedit.msc"，打开如
图 8-53 所示的【本地组策略编辑器】窗口。

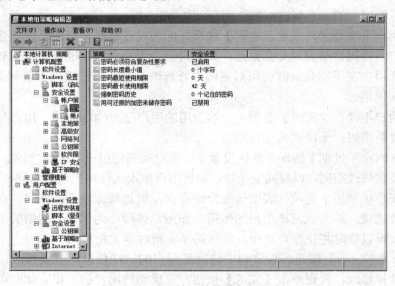

图 8-53　【本地组策略编辑器】窗口

(2) 在左窗格中，依次展开【Windows 设置】→【安全设置】→【账户策略】选项，选择【密码策略】选项，双击右窗格中的【密码必须符合复杂性要求】选项，弹出如图 8-54 所示的【密码必须符合复杂性要求 属性】对话框。

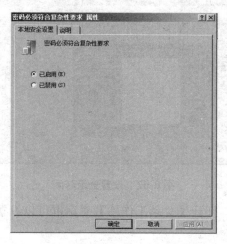

图 8-54　禁用复杂密码策略

(3) 选中【已禁用】单选按钮，单击【确定】按钮重新启动计算机即可。

3. 用户账户属性设置

用户账户创建完成后，在如图 8-51 所示的界面中双击新建的用户，打开如图 8-55 所示的用户属性对话框。在【常规】选项卡中可设置有关用户的描述、办公室、电话号码、电子邮件等信息，在【地址】和【电话】选项卡中可以设置用户的其他信息，便于其他用户通过活动目录查找该用户的信息。

选择【账户】选项卡，可以更改用户账户的登录名、设置用户账户的密码策略及账户过期策略等，如图 8-56 所示。

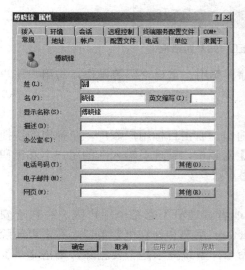
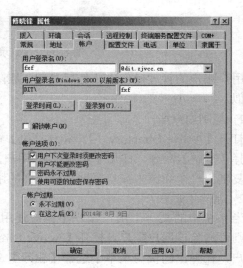

图 8-55　用户属性对话框　　　　图 8-56　【账户】选项卡

单击【登录时间】按钮，可以在打开的界面中设置允许用户登录的时间，如图 8-57 所示。

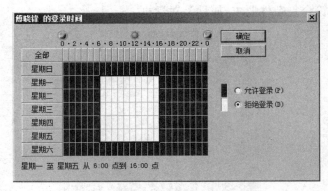

图 8-57　设置登录时间

单击【登录到】按钮，打开【登录工作站】对话框可以设置该用户在网络中能够访问的计算机，如图 8-58 所示。

图 8-58　【登录工作站】对话框

用户账户的管理操作主要包括复制、删除、禁用、重设密码等操作，与用户账户的创建类似。

1) 复制用户账户

打开【Active Directory 用户和计算机】窗口，右击目标用户账户，在弹出的快捷菜单中选择【复制】命令，打开【复制对象-用户】对话框，管理员输入新的用户名和密码，就可以复制出一个和原来账户属性完全一样的用户账户。

2) 删除用户账户

当系统中的某一个用户账户不再被使用或者管理员不想某个用户账户存在于安全域中，则可删除该用户账户。打开【Active Directory 用户和计算机】窗口，右击要删除的用户账户，在弹出的快捷菜单中选择【删除】命令，系统提示是否要删除，单击【是】按钮即可删除该用户账户。

3) 禁用用户账户

管理员可以禁用暂时不用的用户账户，步骤如下：打开【Active Directory 用户和计算机】窗口，右击要禁用的用户账户，在弹出的快捷菜单中选择【禁用账户】命令，出现提示信息后该账户就被禁用。禁用后的用户账户会显示一个红色的"×"。

如果要重新启用已禁用的账户，可右击该账户，在弹出的快捷菜单中选择【启用账户】命令即可。

4) 重设密码

密码是用户在网络登录时采用的最重要的安全措施，因此当密码泄露时，要更改用户密码。步骤如下：打开【Active Directory 用户和计算机】窗口，右击要重设密码的用户账户，从弹出的快捷菜单中选择【重设密码】命令，打开【重设密码】对话框，输入新密码，保存即可完成设置。

4. 创建组

通常情况下，为了提高工作效率，管理员不会为每个用户配置权限，而是将权限分配给组，当用户被添加到某个组时，这个用户将拥有分配给该组的所有权限。这样，管理员就可以将用户进行分类管理。

创建组的步骤如下。

(1) 选择【开始】→【管理工具】→【Active Directory 用户和计算机】命令，打开【Active Directory 用户和计算机】窗口，右击某组织单位，在弹出的快捷菜单中选择【新建】→【组】命令，如图 8-59 所示。

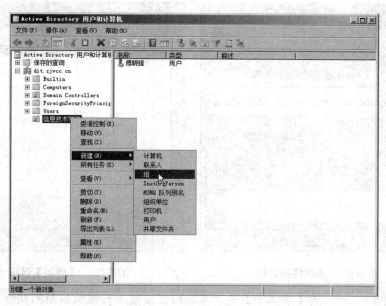

图 8-59　新建组账户

(2) 弹出如图 8-60 所示的【新建对象-组】对话框，在该对话框中输入组名，在【组作用域】选项组中选中【全局】单选按钮，在【组类型】选项组中选中【安全组】单选按钮，单击【确定】按钮，一个全局安全组即创建完成。

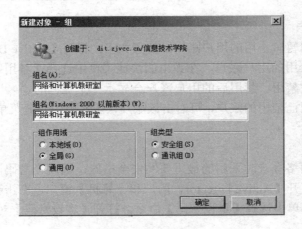

图 8-60　设置组名

5. 设置组属性

在【Active Directory 用户和计算机】窗口中右击本地安全组名，在弹出的快捷菜单中选择【属性】命令，打开其属性对话框，如图 8-61 所示。

为了便于管理，在【描述】和【注释】文本框中输入有关该组的注释信息，为了方便组管理员和组成员的交流，在【电子邮件】文本框中输入组管理员的电子邮件地址。

选择【成员】选项卡，可以通过【添加】或者【删除】按钮设置该组的成员用户，如图 8-62 所示将刚才创建的用户"傅晓锋"加入该组中。

图 8-61　组属性对话框

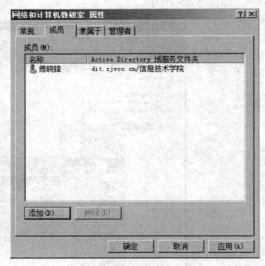

图 8-62　【成员】选项卡

选择如图 8-63 所示的【隶属于】选项卡，可以设置所有该组成员的共性。如可以将本组的所有成员加入到其他组。

选择如图 8-64 所示的【管理者】选项卡，可以设置该组的管理员，将本组委托给某个用户或联系人管理。

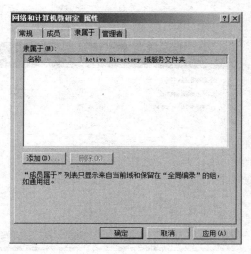

图 8-63　【隶属于】选项卡

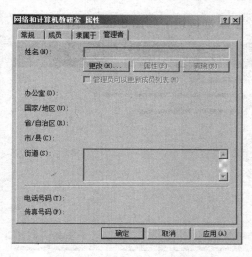

图 8-64　【管理者】选项卡

8.2.5　将计算机加入或脱离域

1. 将客户机加入到域

域是集中管理的，方便用户对各种资源进行管理。下面讲述如何将 Windows 7 客户机添加到域，接受域控制器的集中管理，其他类型操作系统的客户机可以参照完成。

(1) 在客户机桌面上右击【计算机】图标，在弹出的快捷菜单中选择【属性】命令，打开【系统】窗口，如图 8-65 所示。

(2) 单击右侧【计算机名称、域和工作组设置】区域的【更改设置】超链接，打开【系统属性】对话框，如图 8-66 所示。

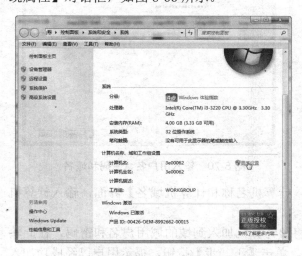

图 8-65　【系统】窗口

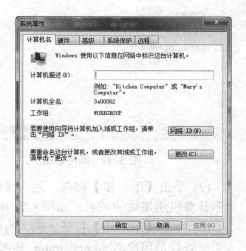

图 8-66　【系统属性】对话框

(3) 单击【网络 ID】按钮，弹出【加入域或工作组】对话框，选中【这台计算机是商业网络的一部分，用它连接到其他工作中的计算机】单选按钮，如图 8-67 所示。

(4) 单击【下一步】按钮，打开【公司网络在域中吗】界面，选中【公司使用带域的网络】单选按钮,如图 8-68 所示。

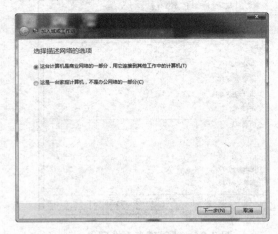

图 8-67　选择网络

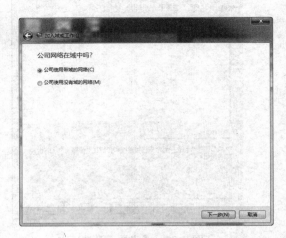

图 8-68　网络域选项

(5) 单击【下一步】按钮,进入【您将需要下列信息】界面,向导将提示用户在连接到网络前需要收集的信息,包括用户名、密码、用户属于的域、分配给此计算机的计算机名和计算机将要加入的域的域名。这些信息在接下来的步骤中会用到,如图 8-69 所示。

(6) 单击【下一步】按钮,进入【键入您的域账户的用户名、密码和域名】界面,输入用户名、密码以及域名,如图 8-70 所示。

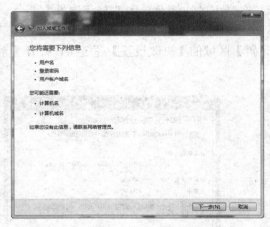

图 8-69　网络信息

图 8-70　输入用户名、密码和域名

(7) 单击【下一步】按钮,进入【键入计算机名称和计算机域名】界面,输入计算机名和计算机所属域的域名,如图 8-71 所示。

(8) 单击【下一步】按钮,输入有权将该计算机加入到域的域用户名和密码,在此输入系统管理员用户名 administrator 和密码。单击【下一步】按钮,提示用户已经成功加入到域中但需要重启计算机,所做的设置才会生效,单击【完成】按钮重新启动计算机。

重新启动计算机后,会发现登录界面和加入域之前有所不同,要求用户同时按 Ctrl+Alt+Del 组合键,出现【登录到 Windows】对话框,单击【选项】按钮,可以看到列表中有了新加入的域的域名。选择新的域名,再输入相应的用户名和密码,单击【确定】

按钮即可登录到域中。

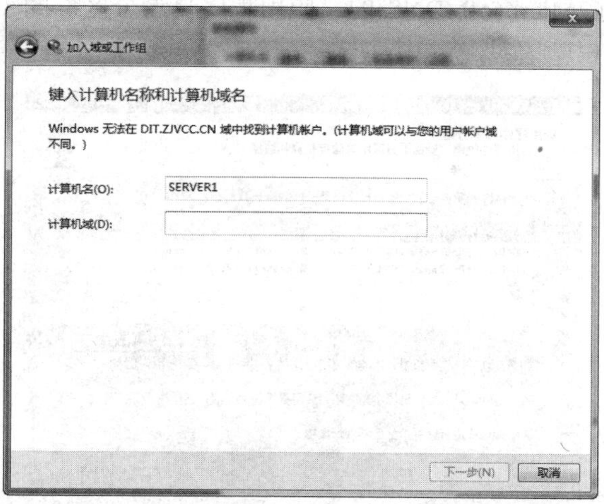

图 8-71　输入计算机名和计算机域名

2. 将客户机从域中删除

将客户机从域中删除的方法很简单，只需在如图 8-66 所示的对话框中，单击【更改】按钮，在【工作组】文本框中输入希望加入的工作组名，再按提示操作即可。

3. 降级域控制器

当域控制器不再作为域控制器使用时，可以将其降级为普通的成员服务器或者独立服务器。降级的具体步骤如下。

(1) 选择【开始】→【运行】命令，在弹出的【运行】对话框中输入"dcpromo"命令，按 Enter 键打开安装向导。

(2) 单击【下一步】按钮，打开【删除域】界面，如图 8-72 所示，选中【删除该域，因为此服务器是该域中的最后一个域控制器】复选框，这样在降级后这台计算机将变为工作组 WORKGROUP 中的一台独立服务器，否则将变为本域中的一台成员服务器。

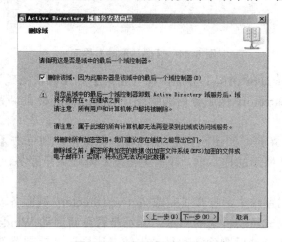

图 8-72　【删除域】界面

(3) 单击【下一步】按钮，如果出现如图 8-73 所示的【应用程序目录分区】界面，则表明该域控制器包含了 Microsoft DNS 的"应用程序目录分区"的一个副本，单击【下一步】按钮将其删除。

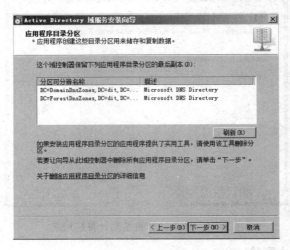

图 8-73　【应用程序目录分区】界面

(4) 弹出如图 8-74 所示的【确认删除】界面，选中【删除这个域控制器上的所有应用程序目录分区】复选框，单击【下一步】按钮。

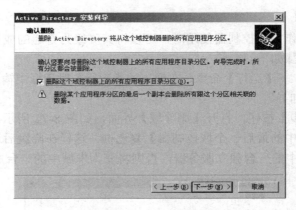

图 8-74　【确认删除】界面

(5) 打开【Administrator 密码】界面，在【密码】和【确认密码】文本框中输入密码，此密码为删除 Active Directory 域服务后的管理员 Administrator 的新密码，如图 8-75 所示，单击【下一步】按钮。

(6) 打开【摘要】界面，如图 8-76 所示，若一切正常，则单击【下一步】按钮。

(7) 弹出如图 8-77 所示的提示框，提示正在准备降级目录服务，系统将根据你的选择，删除活动目录。

经过几分钟后，配置结束，打开【完成 Active Directory 域服务安装向导】对话框，单击【完成】按钮，即完成活动目录的删除。提示是否重新启动 Windows，单击【立即重新启动】按钮，系统重新启动后删除活动目录生效，这样该域控制器就成为成员服务器或独立服务器。

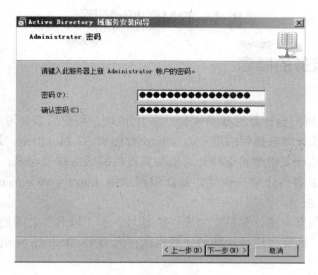

图 8-75　设置管理员密码

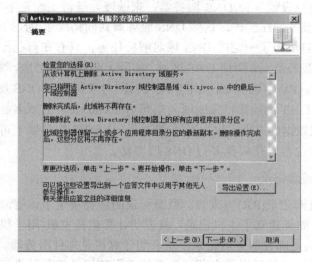

图 8-76　【摘要】界面

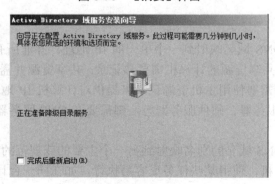

图 8-77　提示框

8.3 DNS 服务器

8.3.1 DNS 服务的概念

1. DNS 服务

Internet 上的任何一台计算机都必须有一个 IP 地址，用户只要知道这些计算机的 IP 地址，就可以使用这些计算机提供的服务，如 http://210.92.33.24。但是，这种通过 IP 地址访问计算机的方法既枯燥又很难将这些计算机与其提供的服务联系起来。而通过域名来代替枯燥的 IP 地址就很容易让用户接受，如新浪网站用 http://www.sina.com，NBA 网站用 http://www.nba.com 表示。

在网络上，专门有一些计算机来完成"IP 地址"和"域名"之间的转换工作，这种工作就称为域名解析，而完成这种功能的计算机就称为 DNS(Domain Name Service)服务器。

2. DNS 区域

在全世界范围内只设置一台 DNS 服务器，来做域名解析工作是不现实的。Internet 上有成千上万台 DNS 服务器在工作，这些 DNS 服务器共同构成了 DNS 域名空间。很显然，这些 DNS 服务器各自承担了一定的 DNS 域名解析任务，只有在自己无法解析的情况下，才转发到别的 DNS 服务器上。所谓 DNS 区域，实际上就是一台 DNS 服务器上完成的那部分域名解析工作。如在浙江商业职业技术学院校园网内设置一个 DNS 服务器，校园网站为 zjbc.edu.cn，则这个 DNS 服务器将完成域名空间 zjbc.edu.cn 下的域名解析工作，就称这是一个区域。存储区域数据的文件，称为区域文件，一台 DNS 服务器上可以存放多个区域文件，同一个区域文件也可以存放在多台 DNS 服务器上。

3. DNS 区域的资源记录

区域是由各种资源记录(RR)构成的。资源记录的种类决定了该资源记录对应的计算机的功能。也就是说，如果建立了主机记录，就表明计算机是主机(用于提供 Web 服务、FTP 服务等)；如果建立的是邮件服务器记录，就表明计算机是邮件服务器。

因此，在对区域进行管理操作之前，先要熟悉资源记录的各种类型，常见的类型包括以下几种。

1) 主机记录

主机记录用于将 DNS 域名映射到一个单一的 IP 地址。并非所有计算机都需要主机资源记录，但是在网络上共享资源的计算机需要该记录。共享资源并需要用其 DNS 域名进行识别的任何计算机，都需要使用主机资源记录来提供对计算机 IP 地址的 DNS 域名解析。如服务器、其他 DNS 服务器、邮件服务器等，都需要在 DNS 服务器上建立主机记录。

2) 别名记录

别名记录用于将 DNS 域名的别名映射到另一个主要的或规范的名称。这些记录允许使用多个名称指向单个主机，使得某些任务更容易执行，如在同一台计算机上同时运行 FTP 服务器和 Web 服务器。同一台物理计算机需要通过 ftp.mydns.com 和 www.mydns.com 提供服务，就需要建立别名资源记录。

3) 邮件交换器记录

邮件交换器记录用于将 DNS 域名映射为交换或转发邮件的计算机的名称。邮件交换器资料记录由电子邮件服务器程序使用，用来根据在目标地址中使用的 DNS 域名，为电子邮件客户机定位邮件服务器。例如，对名称 www.mydns.com 的 DNS 查询可能会用于寻找 MX 资料记录，允许电子邮件客户机程序将邮件转发或发送到用户名为@www.mydns.com 的用户那里。

4) 指针记录

指针记录用于映射计算机的 IP 地址指向 DNS 域名。

5) 服务位置记录

服务位置记录用于将 DNS 域名映射到指定的 DNS 主机列表，该 DNS 主机提供如 Active Directory 域控制器之类的特定服务。

除了上述资源记录类型之外，Windows Server 2008 的 DNS 服务器还提供了其他很多类型的资源记录，用来适应目前网络上流行的各种服务的域名解析需要。

4. DNS 转发服务器

DNS 转发服务器是一种特殊类型的 DNS 服务器。在一个 DNS 网络中，如果客户机向指定的 DNS 服务器解析的域名不成功，DNS 服务器就可以将客户机的解析请求发送给一台 DNS 转发服务器。顾名思义，DNS 转发服务器就是将域名请求转发给其他 DNS 服务器。

8.3.2　DNS 的工作原理

DNS 域名采用客户机/服务器模式进行解析。在 Windows 操作系统中都集成了 DNS 客户机软件，下面以 WEB 访问为例介绍 DNS 的域名解析过程。

(1) 在 WEB 浏览器中输入地址 http://www.mydns.com(为了说明原理而虚构的域名)，WEB 浏览器将域名解析请求提交给自己计算机上集成的 DNS 客户机软件。

(2) DNS 客户机软件向指定 IP 地址的 DNS 服务器发出域名解析请求："请问 www.mydns.com 代表的 WEB 服务器地址是什么"。

(3) DNS 服务器在自己建立的域名数据库中查找是否有与 www.mydns.com 相匹配的记录。域名数据库存储的是 DNS 服务器自身能够解析的数据。

(4) 域名数据库将查询结果反馈给 DNS 服务器。如果在域名数据库中存在匹配的记录 www.mydns.com 对应的 IP 地址为 192.168.0.2 的 WEB 服务器，则转入第(9)步。

(5) 如果在域名数据库中不存在匹配的记录，DNS 服务器将成为访问域名缓存。域名缓存存储的是从其他 DNS 服务器转发的域名解析结果。

(6) 域名缓存将查询结果反馈给 DNS 服务器，若域名缓存中查询到指定的记录，则转入第(9)步。

(7) 若在域名缓存中也没有查询到指定的记录，则按照 DNS 服务器的设置转发域名解析请求到其他 DNS 服务器进行查找。

(8) 其他 DNS 服务器将查询结果反馈到 DNS 服务器。

(9) DNS 服务器将查询结果反馈到 DNS 客户机。

(10) DNS 客户机将域名解析结果反馈给浏览器。若反馈成功，WEB 浏览器就按照指定的 IP 地址访问 WEB 服务器，否则将提示网站无法解析或不可访问的信息。

通过上面详细的 DNS 域名解析过程的介绍，明白了域名是怎样解析的，这对于构造自己的 DNS 服务器是很必要的。

8.3.3　安装 DNS 服务器

在安装 Active Directory 域服务角色时，可以选择一起安装 DNS 服务角色。默认情况下 Windows Server 2008 系统中没有安装 DNS 服务器，所做的第一件工作就是安装 DNS 服务器。具体操作步骤如下。

(1) 依次选择【开始】→【管理工具】→【服务器管理器】命令，出现【服务器管理器】窗口，单击【添加角色】超链接，启动添加角色向导。单击【下一步】按钮出现如图 8-78 所示的【选择服务器角色】界面，在其中选中【DNS 服务器】复选框，单击【下一步】按钮。

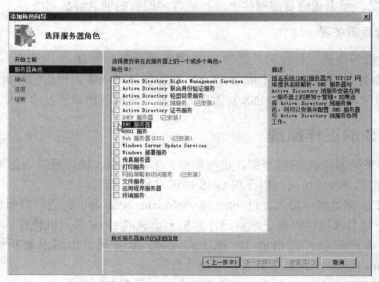

图 8-78　【选择服务器角色】界面

(2) 打开 DNS 对话框，简要介绍其功能和注意事项。单击【下一步】按钮，出现【确认安装选择】界面，在域控制器上安装 DNS 角色。

(3) 单击【安装】按钮开始安装 DNS 服务器，安装完毕后单击【关闭】按钮，完成 DNS 服务器角色的安装。

8.3.4　创建区域

DNS 服务器安装完成后，只有对其进行设置，才能为客户机提供服务。下面介绍如何在 DNS 服务器中实现对该主机名称的解析，步骤如下。

(1) 选择【开始】→【管理工具】→DNS 命令，打开【DNS 管理器】窗口，如图 8-79 所示。用鼠标右击控制台目录树中的 SERVER 服务器，在弹出的快捷菜单中选择【配置

DNS 服务器】命令，打开【配置 DNS 服务器配置向导】对话框，用户可以在该向导的指引下创建区域。

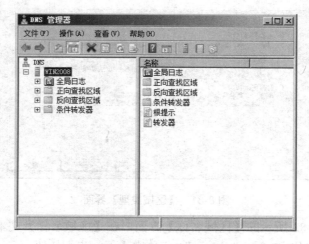

图 8-79 DNS 控制台

(2) 在【配置 DNS 服务器向导】的欢迎界面中单击【下一步】按钮，出现如图 8-80 所示的【选择配置操作】界面。默认情况下适合小型网络使用的【创建正向查找区域(适合小型网络使用)】单选按钮处于选中状态，为了讲解 DNS 服务器的配置，这里选中【创建正向和反向查找区域(适合大型网络使用)】单选按钮并单击【下一步】按钮。

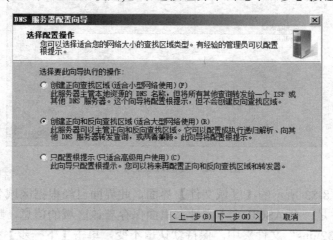

图 8-80 【选择配置操作】界面

> **注意**：正向查找区域用户进行 DNS 正向查询，即允许客户端通过已知的主机名，查找其所对应的 IP 地址。

(3) 出现如图 8-81 所示的【区域类型】界面，因为所部署的 DNS 服务器是网络中的第一台 DNS 服务器，所以选中【主要区域】单选按钮，将该 DNS 服务器作为主 DNS 服务器使用，并单击【下一步】按钮。

...

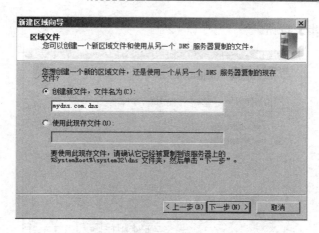

图 8-83 【区域文件】界面

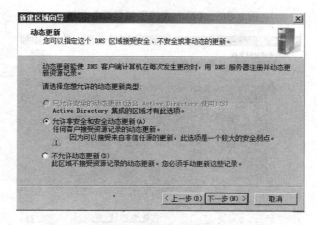

图 8-84 【动态更新】界面

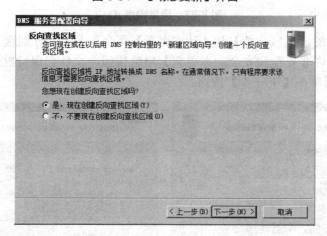

图 8-85 【反向查找区域】界面

(8) 在【反向查找区域名称】界面中选中【IPv4 反向查找区域】单选按钮,如图 8-86 所示,单击【下一步】按钮。

(9) 在如图 8-87 所示的对话框中选中【网络 ID】单选按钮,并在下面输入本网络的网络 ID，单击【下一步】按钮。

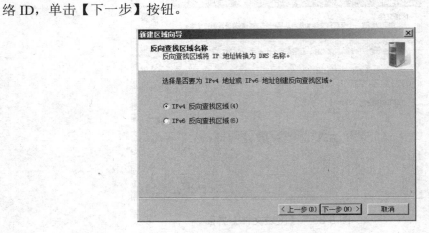

图 8-86 　【反向查找区域名称】界面

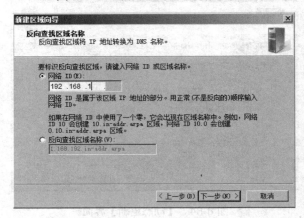

图 8-87 　设置网络 ID

(10) 在接下来的【区域文件】和【动态更新】两个界面中，分别选中【创建新文件，文件名为】和【允许非安全和安全动态更新】单选按钮，文件名保持默认，如图 8-88 和图 8-89 所示，然后单击【下一步】按钮。

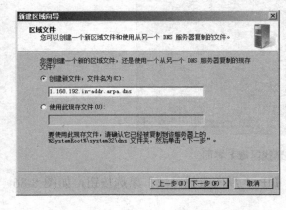
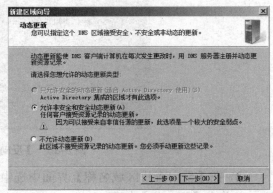

图 8-88 　【区域文件】界面　　　　　　　图 8-89 　【动态更新】界面

(11) 出现如图 8-90 所示的【转发器】界面，暂时选中【否，不应转发查询】单选按钮，单击【下一步】按钮。

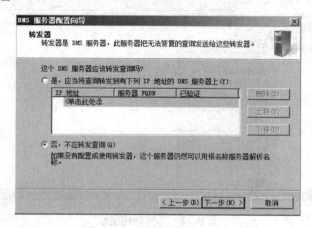

图 8-90　【转发器】界面

(12) 依次单击【完成】按钮结束 "mydns.com" 区域的创建过程和 DNS 服务器的安装配置过程就大功告成了。完成后在 DNS 控制台可以看到一个新增的名为 "mydns.com" 的区域，如图 8-91 所示。

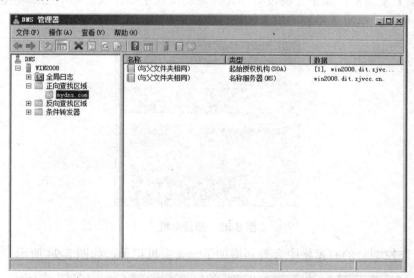

图 8-91　创建完成

8.3.5　添加主机记录

在多数情况下，DNS 客户机要查询的是主机信息，主机信息记录并使用 IP 地址与域名对应。建立主机的具体操作步骤如下。

(1) 打开 DNS 管理器，在左侧控制台树中选择要创建资源记录的正向主要区域 mydns.com，并右击，在弹出的快捷菜单中选择【新建主机(A 或 AAAA)】命令，如图 8-92 所示。

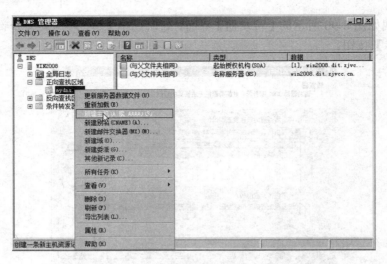

图 8-92　选择新建主机

(2) 弹出如图 8-93 所示的【新建主机】对话框,在【名称】文本框中输入主机名称(注意不能输入全称域名),在【IP 地址】文本框中输入域主机对应的 IP 地址。如果 IP 地址与 DNS 服务器位于同一子网内,并且已经建立了反向搜索区域,则可以选中【创建相关的指针(PTR)记录】复选框;如果之前没有创建对应的反向主要区域,则不能成功创建 PTR 记录,本例不选中。单击【添加主机】按钮,完成主机的添加。

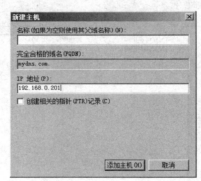

图 8-93　新建主机

此时,在控制台的右窗格中会看到增加了一条主机记录,如图 8-94 所示。

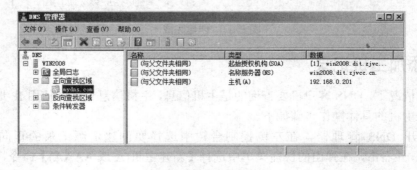

图 8-94　成功创建主机

8.3.6 设置 DNS 转发器

转发器的作用是当该 DNS 服务器无法正确解析域名时,将查询信息转发到指定的外部 DNS 服务器。对于中小型局域网来说,设置转发器后可以实现内网外网的同时解析,不需要再为客户机指定其他 DNS 服务器。DNS 转发器的设置步骤如下。

(1) 打开 DNS 管理器,右击 DNS 服务器名称,在弹出的快捷菜单中选择【属性】命令,弹出服务器属性对话框,如图 8-95 所示,可以编辑 IP 地址。

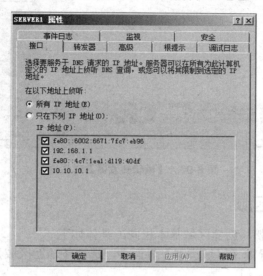

图 8-95 编辑 IP 地址

(2) 切换到【转发器】选项卡,如图 8-96 所示,单击【编辑】按钮。

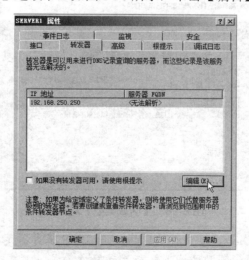

图 8-96 【转发器】选项卡

(3) 打开【编辑转发器】对话框,在【转发服务器的 IP 地址】选项区域输入服务器的 IP 地址,对应这个 IP 地址的服务器将作为转发 DNS 查询的服务器。如要设置多个 DNS 服务器，可通过同样的方法一并添加，服务器将按添加的先后顺序存放在列表中。也可以选定列表中的 IP 地址，单击【上移】或者【下移】按钮来适当调整列表顺序，单击【确定】按钮完成设置，如图 8-97 所示。

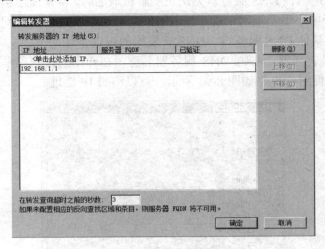

图 8-97　【编辑转发器】对话框

8.3.7　创建辅助区域

创建辅助区域的步骤与创建区域基本相同，具体如下。

(1) 在新建区域向导的【区域类型】界面中，选中【辅助区域】单选按钮，如图 8-98 所示，单击【下一步】按钮。

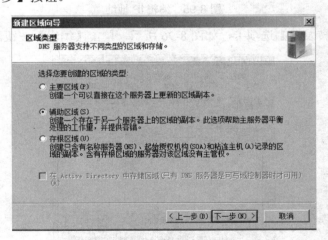

图 8-98　【区域类型】对话框

注意：此时，【在 Active Directory 中存储区域(只有 DNS 服务器是可写域控制器时才可用)】复选框不可选，因为辅助区域不能与活动目录集成。

(2) 打开如图 8-99 所示的【区域名称】界面，在此界面中输入区域名称，该名称应与该 DNS 区域的主 DNS 的主要区域名称完全相同，单击【下一步】按钮。

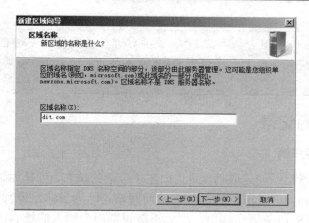

图 8-99　【区域名称】界面

(3) 打开【主 DNS 服务器】界面，在此界面中输入获得区域数据的源 DNS 服务器(主服务器)的 IP 地址，主服务器可以由管理此主要区域的主 DNS 服务器或者其他管理相同辅助区域的辅助 DNS 服务器来担任，也可以输入多个服务器，然后单击【下一步】按钮，如图 8-100 所示。

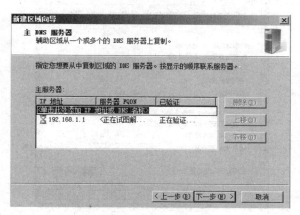

图 8-100　【主 DNS 服务器】界面

(4) 弹出【正在完成新建区域向导】界面，单击【完成】按钮，辅助区域创建完成，将返回到 DNS 管理器，此时能够看到从主 DNS 复制而来的区域数据，如图 8-101 所示。

图 8-101　DNS 管理器

> **注意**：此时本地 DNS 服务器会联系主 DNS 服务器进行区域复制获取 DNS 区域数据，用户必须在主 DNS 服务器上允许到此 DNS 服务器的区域复制，否则此 DNS 区域无法正常工作。

8.3.8 管理资源记录

1. 设置 DNS 客户端

尽管 DNS 服务器已经创建成功，并且创建了合适的域名，可是如果在客户机的浏览器中却无法使用 www.mydns.com 这样的域名访问网站。因为虽然已经有了 DNS 服务器，但客户机并不知道 DNS 服务器在哪里，因此不能识别用户输入的域名，用户必须手动设置 DNS 服务器的 IP 地址才行。在客户机【Internet 协议版本 4(TCP/IPv4)属性】对话框中的【首选 DNS 服务器】文本框中设置刚刚部署的 DNS 服务器的 IP 地址(本例为 192.168.0.2)，如图 8-102 所示。

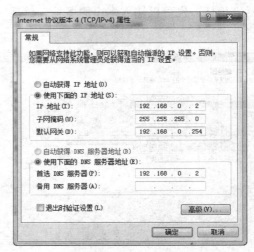

图 8-102 【Internet 协议(TCP/IP)属性】对话框

然后再次使用域名访问网站，就会发现已经可以正常访问了。

2. 动态更新 DNS 资源记录

Windows Server 2008 DNS 服务支持 DNS 动态更新功能，DNS 客户端计算机能够注册到 DNS 服务器并在每次发生更改时动态更新其资源记录。使用此功能可以减少对区域记录进行手动管理的需要，尤其是对于经常移动并使用"动态主机配置协议"(DHCP) 获取 "Internet 协议版本 4(TCP/IPv4)" 地址的客户端，启用动态更新 DNS 需要在服务器端和客户端分别作相应的设置。

1) 服务器端

右击相应的 DNS 区域，在弹出的快捷菜单中选择【属性】命令，打开 DNS 属性对话框，将动态更新设置为【非安全】，如图 8-103 所示。

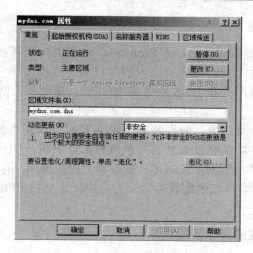

图 8-103 DNS 属性对话框

2) 客户机端

右击【计算机】图标，在弹出的快捷菜单中选择【属性】命令，在【系统】窗口右窗格单击【更改设置】超链接，弹出【系统属性】对话框，切换到【计算机名】选项卡，单击【更改】按钮。在弹出的对话框中单击【其他】按钮，输入此计算机所属的 DNS 域名，如图 8-104 所示。

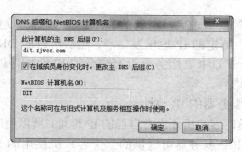

图 8-104 输入 DNS 域名

如果客户机端是活动目录域中的成员，会自动更新域中的 DNS 记录。

8.4 DHCP 服务器

8.4.1 DHCP 概述

在 Internet 上运行的每一台计算机都拥有唯一的 IP 地址，如果在配置 IP 地址时不小心将同一 IP 地址分配给网络中不同的计算机，系统会自动检测出该错误并提出警告。为了避免这种错误的产生，管理员在手工配置 IP 地址时必须记录每台计算机所对应的 IP 地址。这在小型网络中还可以接受，但对于拥有成百上千甚至更多计算机的网络，管理员的工作会变得非常繁重，且容易出错。此外，计算机从一个网络移到另一个网络，会因为两个网络的地址配置方案的不同需要重新配置该主机的 IP 地址。

1. DHCP 的基本原理

DHCP(Dynamic Host Configuration Protocol，动态主机配置协议)是 Windows Server 2008 系统内置的服务组件之一，能为网络内的客户端计算机自动分配 TCP/IP 配置信息(如 IP 地址、子网掩码、默认网关和 DNS 服务器地址等)，从而省去网络管理员手动配置相关选项的工作。

在 DHCP 网络中有 3 类对象，分别是 DHCP 客户机、DHCP 服务器和 DHCP 数据库。DHCP 客户机是用来安装并启用 DHCP 客户机软件的计算机；DHCP 服务器是安装 DHCP 服务软件的计算机；DHCP 数据库是 DHCP 服务器上的数据库，存储了 DHCP 服务配置的各种信息，如网络上所有客户机的配置参数、为客户机定义的 IP 地址和保留地址、租约设置信息等。

2. DHCP 客户机配置的 4 个阶段

1) 租约的发现阶段

在这个阶段可形象地认为是 DHCP 客户机向服务器租借 IP 的一个条约。客户机启动时，会对所有的 DHCP 服务器进行广播，可认为像广播电台一样对外发信息，而不管对方是什么，请求租用一个 IP 地址。由于现在客户机还没有自己的 IP 地址，所以客户机使用 0.0.0.0 作为源地址，而客户机也不知道服务器的 IP 地址，所以它用 255.255.255.255 作为目标地址。这个租约请求中包含了客户机的硬件地址和自己的计算机名。

2) IP 租约的提供阶段

当客户机发送要求租约的请求后，所有的 DHCP 服务器都收到了该请求，而不是像正常的使用情况下，只向某一特定的 IP 地址发信息，然后所有的 DHCP 服务器都会广播一个愿意提供租约的消息(除非该 DHCP 服务器没有空余的 IP 地址可以提供了)。在 DHCP 服务器广播的消息中包含以下内容。

- 源地址：DHCP 服务器的 IP 地址。
- 目标地址：因为这时客户机还没有自己的 IP 地址，所以用广播地址 255.255.255.255。
- 客户机地址：DHCP 服务器可提供的一个客户机使用的 IP 地址。

另外，还有客户机的硬件地址、子网掩码、租约的时间长度和该 DHCP 服务器的标识符等。

在这两个阶段中，如果客户机找不到 DHCP 服务器或者服务器不响应，那么客户机会使用 Microsoft 预留的 B 类的网络 169.254.0.0，子网掩码为 255.255.0.0 而自动配置 IP 地址和子网掩码，这就被称为 APIPA(Automatic Private IP Addressing，自动专用 IP 编址)。因此，如果当用 ipconfig 命令发现一个客户机的 IP 地址以 169.254 为开始的时候，则说明很可能是 DHCP 服务器没有设置好。

3) IP 租约请求阶段

这时客户机会从刚才众多的 DHCP 服务器的回应中选择一个租约，然后向提供该租约的 DHCP 服务器发送接收租约的请求，同时也向其他服务器发送已经接受了一个租约的广播，其他的 DHCP 服务器会撤销它们的租约提供。

4) IP 租约确认阶段

被接受租约提供的 DHCP 服务器，收到消息后向客户机发送一个成功的确认，该消息包含有效的租约和其他配置信息。当客户机接收确认后，则 TCP/IP 初始化完毕，该客户机就可以在局域网中通信了。

简单来说,当 DHCP 客户机启动时,它会寻找 DHCP 服务器,向 DHCP 服务器请求 IP 编址信息,这包括 IP 地址、子网掩码、默认网关、DNS 地址等。当 DHCP 服务器接受请求时,它会从事先设定好的地址池中选一个 IP 地址提供给该客户机,如果客户机接受这一 IP 地址,那么该 IP 地址将在特定的时间内租借给该客户机,过程如图 8-105 所示。

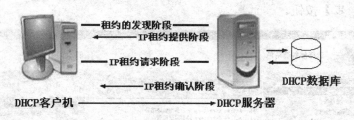

图 8-105 DHCP 网络的结构

3. DHCP 服务器的两种配置方式

1) 自动分配

DHCP 客户机从服务器租借到 IP 地址后,该地址就永远归该客户机使用。这种方式也称为永久租用,适合于 IP 地址资源丰富的网络。

2) 动态地址分配

DHCP 客户机从服务器租借到 IP 地址后,在租约有效期内归该客户机使用,一旦租约到期,IP 地址将被收回,可以供其他客户机使用。该客户机要想得到 IP 地址,就必须重新向服务器申请地址。该方式适合 IP 地址资源紧张的网络。

4. DHCP 中继代理

在大型的网络中,可能会存在多个子网,按前面讲过的 DHCP 原理,DHCP 客户机通过网络广播消息获得 DHCP 服务器的响应后得到 IP 地址,但是这样的广播方式不能跨越子网进行。所以,如果 DHCP 客户机和服务器在不同的子网内,客户机不能直接向服务器申请 IP,如果想要实现跨越子网进行 IP 申请,就要用到 DHCP 中继代理。DHCP 中继代理实际上是一种软件技术,安装了 DHCP 中继代理的计算机称为 DHCP 中继代理服务器,它承担了在不同子网间的 DHCP 客户机与服务器的通信,其原理如图 8-106 所示。

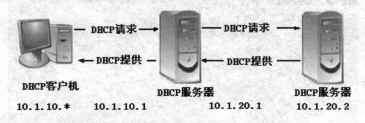

图 8-106 DHCP 中继代理

8.4.2 DHCP 服务器的安装

首先选择一台安装有 Windows Server 2008 的服务器用以部署 DHCP 服务,并且指定这台服务器的计算机名为 SERVER1,指定这台服务器的 IP 地址为 192.168.1.1。根据网络中同一子网内所拥有的客户端计算机的数量,确定一段 IP 地址范围作为 DHCP 的作用域,这里假设 IP 地址的作用域为 192.168.1.1～192.168.1.100。

(1) 选择【开始】→【管理工具】→【服务器管理器】命令,打开【服务器管理器】窗口,在【角色摘要】选项区域中单击【添加角色】超链接,启动添加角色向导,单击【下一步】按钮,打开如图 8-107 所示的【选择服务器角色】界面,选择【DHCP 服务器】选项,单击【下一步】按钮。

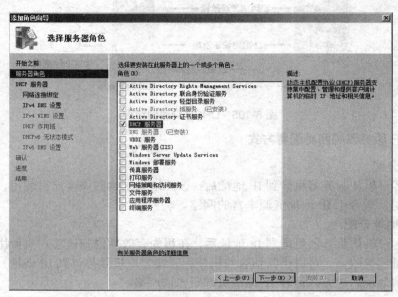

图 8-107 【选择服务器角色】界面

(2) 显示如图 8-108 所示的【DHCP 服务器】界面,可以查看 DHCP 服务器概述以及安装时相关的注意事项,单击【下一步】按钮。

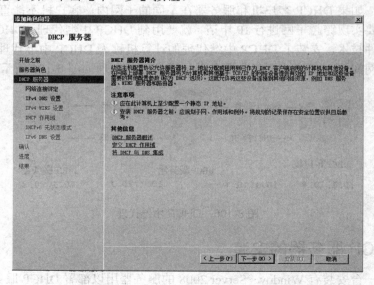

图 8-108 【DHCP 服务器】界面

(3) 弹出如图 8-109 所示的【选择网络连接绑定】界面，选择向客户机提供服务的网络连接，单击【下一步】按钮。

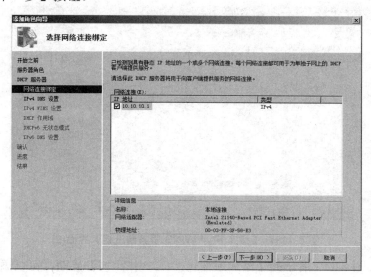

图 8-109 【选择网络连接绑定】界面

(4) 显示如图 8-110 所示的【指定 IPv4 DNS 服务器设置】界面，在【父域】和【首选 DNS 服务器 IPv4 地址】文本框中输入父域名和本地网络中所使用的 DNS 的 IPv4 地址，单击【下一步】按钮。

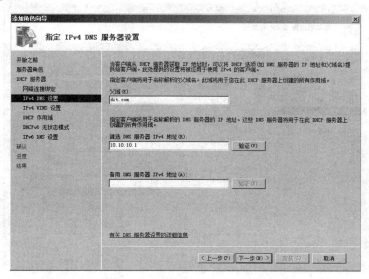

图 8-110 【指定 IPv4 DNS 服务器设置】界面(1)

(5) 显示如图 8-111 所示的【指定 IPv4 WINS 服务器设置】界面，选择是否要使用 WINS 服务，按默认值，选中【此网络上的应用程序不需要 WINS】单选按钮，单击【下一步】按钮。

局域网组建与维护实用教程(第2版)

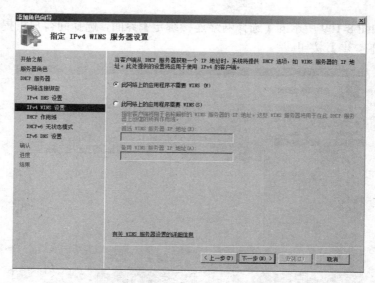

图 8-111　【指定 IPv4 WINS 服务器设置】界面(2)

(6) 显示如图 8-112 所示的【添加或编辑 DHCP 作用域】界面，可以添加 DHCP 作用域，用来向客户机分配 IP 地址。单击【添加】按钮，在【作用域名称】文本框中输入作用域的名称，在【起始 IP 地址】文本框中输入作用域的起始 IP 地址，在【结束 IP 地址】文本框中输入结束的 IP 地址，在【子网掩码】文本框中输入子网掩码，其他一般按照默认设置就可以，选中【激活此作用域】复选框，完成设置后单击【下一步】按钮。

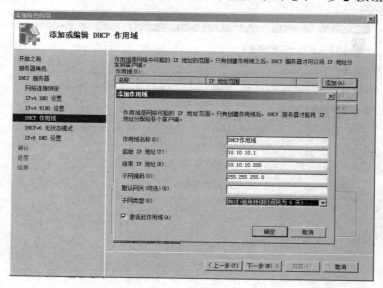

图 8-112　【添加或编辑 DHCP 作用域】界面

(7) 显示如图 8-113 所示的【配置 DHCPv6 无状态模式】界面，选中【对此服务器禁用 DHCPv6 无状态模式】单选按钮(本书暂不涉及 DHCPv6 协议)，设置完毕后单击【下一步】按钮。

高职高专立体化教材 计算机系列

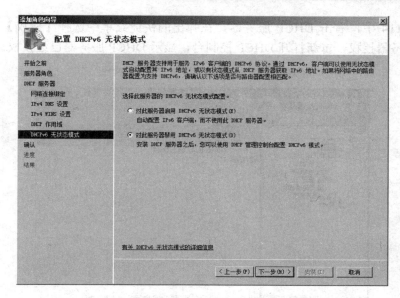

图 8-113 【配置 DHCPv6 无状态模式】界面

(8) 显示【确认安装选择】界面，列出了上述已作的设置，如果需要修改，则单击【上一步】按钮返回；如果不需要修改，则单击【安装】按钮开始安装 DHCP 服务器。安装完成后，显示【安装结果】界面，提示 DHCP 服务器已经安装成功。

单击【关闭】按钮关闭向导，DHCP 服务器安装完成。选择【开始】→【管理工具】→DHCP 命令，打开 DHCP 控制台，如图 8-114 所示，可以在此配置和管理 DHCP 服务器。

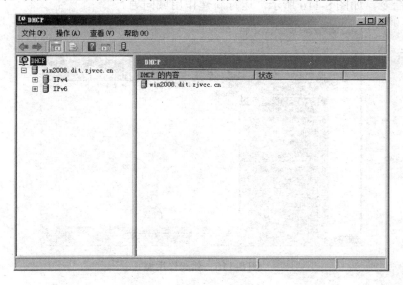

图 8-114 DHCP 控制台

Windows Server 2008 为使用活动目录的网络提供了集成的安全性支持。针对 DHCP 服务器，它提供了授权的功能，通过这一功能可以对网络中配置正确的合法 DHCP 服务器进行授权，允许它们对用户端自动分配 IP 地址。同时还能检测未授权的非法 DHCP 服务器以及防止这些服务器在网络中启动或运行，提高了网络的安全性。

在图 8-114 中，右击 DHCP 服务器，在弹出的快捷菜单中选择【授权】命令，即可为 DHCP 服务器授权，重新打开 DHCP 控制台，显示 DHCP 服务器已经授权，如图 8-115 所示。

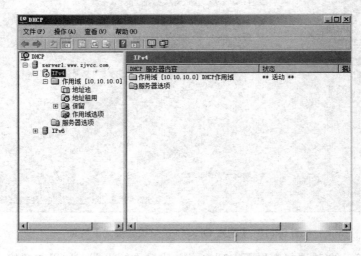

图 8-115　DHCP 服务器已授权

在 Windows Server 2008 中，作用域可以在安装 DHCP 服务的过程中创建，也可以安装完成后在 DHCP 控制台中创建，具体步骤如下。

(1) 打开 DHCP 控制台，展开服务器名，右击 IPv4 选项，在弹出的快捷菜单中选择【新建作用域】命令，如图 8-116 所示，运行新建作用域向导。

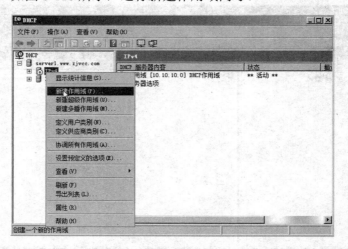

图 8-116　新建作用域

(2) 弹出【新建作用域向导】对话框，单击【下一步】按钮，显示如图 8-117 所示的【作用域名称】界面，在【名称】文本框中输入新作用域的名称，用来和其他作用域进行区分，单击【下一步】按钮。

(3) 弹出如图 8-118 所示的【IP 地址范围】界面，在【起始 IP 地址】和【结束 IP 地址】文本框中输入要分配的 IP 地址范围，单击【下一步】按钮。

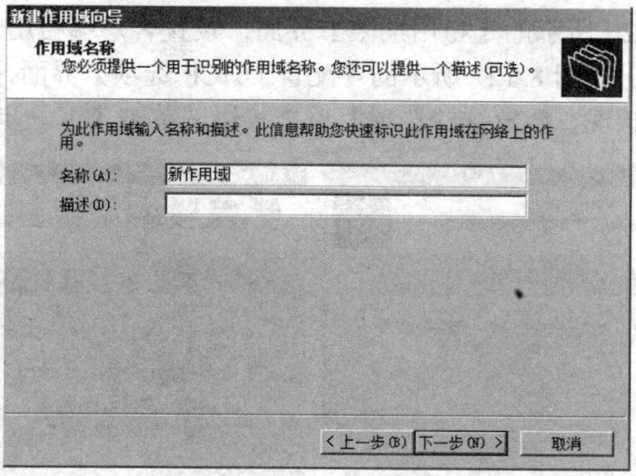

图 8-117 【作用域名称】界面

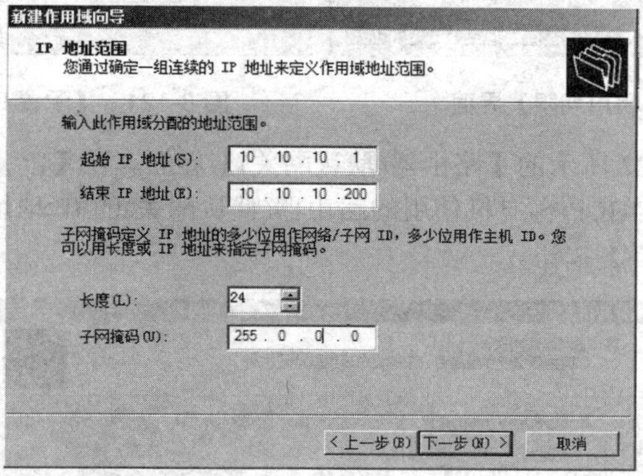

图 8-118 【IP 地址范围】界面

(4) 弹出如图 8-119 所示的【添加排除】界面，设置客户端的排除地址。在【起始 IP 地址】和【结束 IP 地址】文本框中输入要排除的 IP 地址或者 IP 地址范围，单击【添加】按钮，添加到【排除的地址范围】列表框中，单击【下一步】按钮。

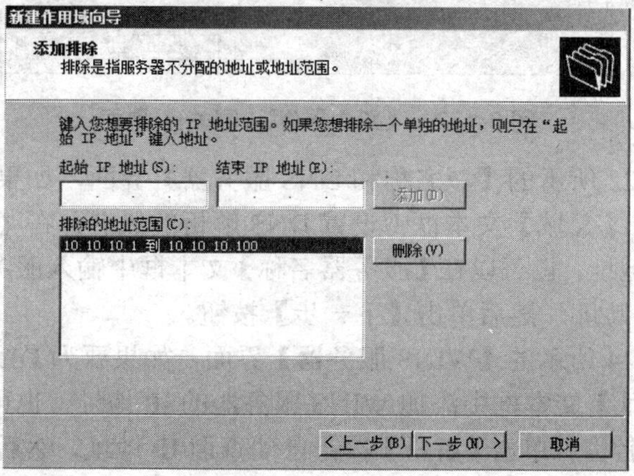

图 8-119 【添加排除】界面

(5) 弹出如图 8-120 所示的【租用期限】界面，设置客户端租用 IP 地址的时间，单击【下一步】按钮。弹出如图 8-121 所示的【配置 DHCP 选项】界面，提示是否配置 DHCP 选项，选中【是，我想现在配置这些选项】单选按钮，单击【下一步】按钮。

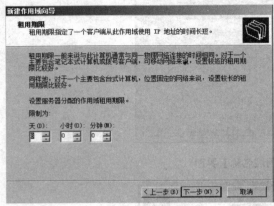
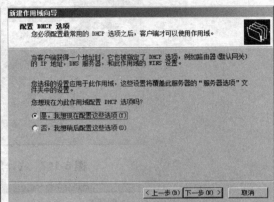

图 8-120　【租用期限】界面　　　　　　图 8-121　【配置 DHCP 选项】界面

(6) 弹出如图 8-122 所示的【路由器(默认网关)】界面。在【IP 地址】文本框中，设置 DHCP 服务器发送给 DHCP 客户机使用的路由器(默认网关)的 IP 地址，根据网络的规划进行设置，单击【下一步】按钮。

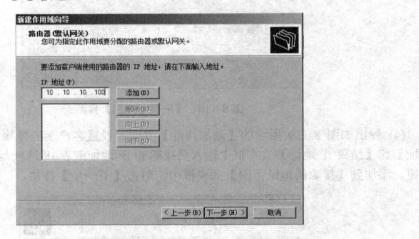

图 8-122　【路由器(默认网关)】界面

(7) 弹出如图 8-123 所示的【域名称和 DNS 服务器】界面，如果要为 DHCP 客户机设置 DNS 服务器，可在【父域】文本框中设置 DNS 解析的域名，在【IP 地址】文本框中添加 DNS 服务器的 IP 地址，也可以在【服务器名称】文本框中输入服务器的名称后单击【解析】按钮自动查询 IP 地址，然后单击【下一步】按钮。

(8) 弹出如图 8-124 所示的【WINS 服务器】界面，如果要为 DHCP 客户机设置 WINS 服务器，可在【IP 地址】文本框中添加 WINS 服务器的 IP 地址，也可以在【服务器名】文本框中输入服务器的名称后单击【解析】按钮自动查询 IP 地址，然后单击【下一步】按钮。

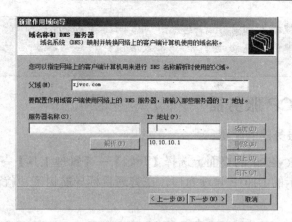

图 8-123　【域名称和 DNS 服务器】界面

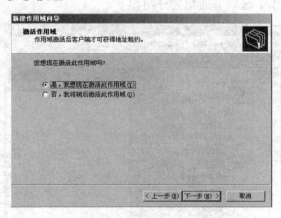

图 8-124　【WINS 服务器】界面

(9) 弹出如图 8-125 所示的【激活作用域】界面，选中【是，我想现在激活此作用域】单选按钮，单击【下一步】按钮。

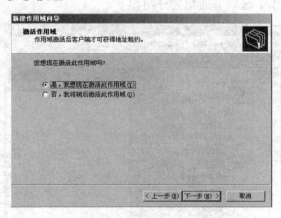

图 8-125　【激活作用域】界面

(10) 弹出【正在完成新建作用域向导】界面，单击【完成】按钮，作用域创建完成并自动激活。

提示：当作用域没有被激活时，其右边会出现带向下箭头的图标，此时右击该图标，在弹出的快捷菜单中选择【激活】命令来激活该作用域，被激活的作用域的图标是不带向下箭头的。

8.4.3 设置 DHCP 服务器

1. 修改 DHCP 服务器的配置

(1) 在计算机 SERVER1 的桌面上选择【开始】→【管理工具】→DHCP 菜单命令，就会弹出如图 8-126 所示的 DHCP 管理窗口，在管理目标导航树下，就可以对 DHCP 服务器和作用域进行管理了。

图 8-126　DHCP 管理窗口

(2) 在图 8-126 的管理目标导航树下，右击 IPv4 选项，在弹出的快捷菜单中选择【属性】命令，如图 8-127 所示，弹出相应的属性对话框，使用对话框中的选项卡就可以修改 DHCP 服务器的配置。3 个选项卡的相关介绍如下。

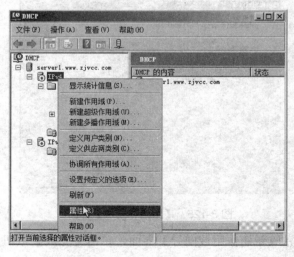

图 8-127　DHCP 管理快捷菜单

① 【常规】选项卡主要用于设置统计数据的收集和审核，如图 8-128 所示，其配置说明如下。

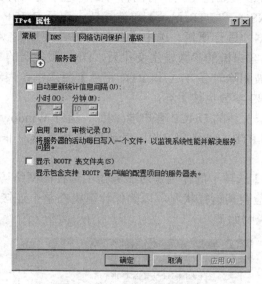

图 8-128 【常规】选项卡

● 若选中【自动更新统计信息间隔】复选框，服务器按照设置的小时、分钟，自动更新统计信息。

● 选中【启用 DHCP 审核记录】复选框，DHCP 日志将记录服务器的活动供管理员参考。

● 选中【显示 BOOTP 表文件夹】复选框，可以查看 Windows Server 2008 下建立的 DHCP 服务器的列表。

② DNS 选项卡用于设置动态 DNS 更新属性，如图 8-129 所示，其配置说明如下。

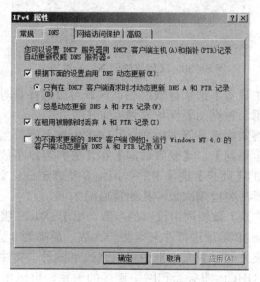

图 8-129 DNS 选项卡

- 选中【根据下面的设置启用 DNS 动态更新】复选框，表示 DNS 服务器上该客户机的 DNS 设置参数如何变化。有两种方式。选中【只有在 DHCP 客户端请求时才动态更新 DNS A 和 PTR 记录】单选按钮，表示 DHCP 客户机主动请求，DNS 服务器上的数据才进行更新。选中【总是动态更新 DNS A 和 PTR 记录】单选按钮，表示 DNS 客户机的参数发生变化后，DNS 服务器的参数就发生变化。
- 选中【在租用被删除时丢弃 A 和 PTR 记录】复选框，表示 DHCP 客户机的租约失效后，其 DNS 参数也被丢弃。
- 选中【为不请求更新的 DHCP 客户端(例如，运行 Windows NT 4.0 的客户端)动态更新 DNS A 和 PTR 记录】复选框，表示 DNS 服务器对非动态的 DHCP 客户机也能够执行更新。

③ 【网络访问保护】选项卡的作用是对服务器上运行的网络访问进行保护，在计算机连接到网络时前瞻性地检查其运行状况，以确保计算机在整个连接期间始终运转正常，如图 8-130 所示，其配置说明如下。

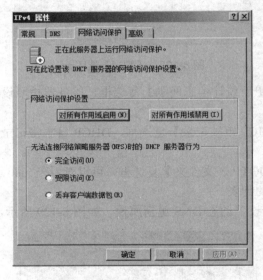

图 8-130 【网络访问保护】选项卡

- 【网络访问保护设置】选项区域：在该区域可以选择是对所有作用域启用还是对所有作用域禁用，根据需要保护的强度来选择。
- 【无法连接网络策略服务器(NPS)时的 DHCP 服务器行为】选项区域：在该区域可以选择【完全访问】、【受限访问】和【丢弃客户端数据包】3 个选项。

④ 如图 8-131 所示的【高级】选项卡的作用主要是确定日志文件、DHCP 数据库和备份的文件夹位置以及设置冲突检测次数，其配置说明如下。

- 在【冲突检测次数】微调框中设置的参数，用于 DHCP 服务器在给客户机分配 IP 地址之前，对该 IP 地址进行冲突检测的次数，最高为 5 次。
- 在【审核日志文件路径】文本框中可以修改审核日志文件的存储路径。
- 如果需要更改 DHCP 服务器和网络连接的关系，可以单击【绑定】按钮，弹出如图 8-132 所示的【绑定】对话框，在【连接和服务器绑定】列表框中选中绑定关系后，单击【确定】按钮。

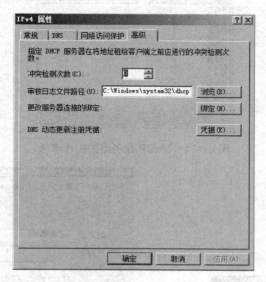

图 8-131　【高级】选项卡

● 由于 DHCP 服务器给客户机分配 IP 地址，因此 DNS 服务器可以及时从 DHCP 服务器上获得客户机的信息。为了安全起见，可以设置 DHCP 服务器访问 DNS 服务器时的用户名和密码，单击图 8-131 中的【凭据】按钮弹出如图 8-133 所示的【DNS 动态更新凭据】对话框，设置 DHCP 服务器访问 DNS 服务器的参数。

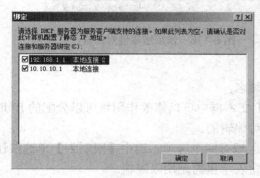

图 8-132　【绑定】对话框　　　　　　　　图 8-133　【DNS 动态更新凭据】对话框

2. 显示 DHCP 服务器的统计信息

如果在图 8-127 所示的快捷菜单中选择【显示统计信息】命令，可弹出如图 8-134 所示的统计信息界面，显示了 DHCP 服务器的开始时间、使用时间和发现的 DHCP 客户机数量等信息。

3. 作用域的配置

对于已经建立好的作用域，可以修改其配置参数。在 DHCP 的管理目标导航树下选择【作用域[10.10.10.0]DHCP 作用域】选项，右击，弹出快捷菜单，如图 8-135 所示。在快捷菜单中选择【属性】命令，弹出作用域属性对话框，如图 8-136 所示。

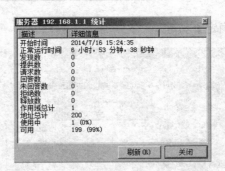

图 8-134　DHCP 服务器的统计信息

图 8-135　快捷菜单

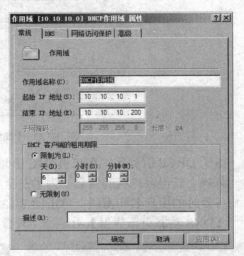

图 8-136　作用域属性对话框

(1) 【常规】选项卡的配置说明如下。

- 在【作用域名称】文本框中可以修改域名。
- 在【起始IP地址】和【结束IP地址】文本框中可以修改作用域可以分配的IP地址范围，但【子网掩码】文本框是不可编辑的。
- 在【DHCP 客户端的租用期限】选项区域有两个选项。选中【限制为】单选按钮可设置期限。选中【无限制】单选按钮表示租约无期限限制。
- 在【描述】文本框中可以修改作用域的描述。

(2) DNS 选项卡可以用来设置 DHCP 服务器用 IMCP 客户端主机和指针记录自动更新 DNS 服务器，如图 8-137 所示。

(3) 【网络访问保护】选项卡可以用来设定该作用域的网络访问保护设置，如图 8-138 所示。

(4) 如图 8-139 所示的【高级】选项卡的配置说明如下。

- 在【动态为以下客户端分配IP地址】选项区域有 3 个选项。选中【仅 DHCP】单选按钮表示只为 DHCP 客户机分配 IP 地址。选中【仅 BOOTP】单选按钮表示只为 Windows NT 以前的一些支持 BOOTP 的客户机分配 IP 地址。选中【两者】单选按钮表示支持多种类型的客户机。

图 8-137 DNS 选项卡

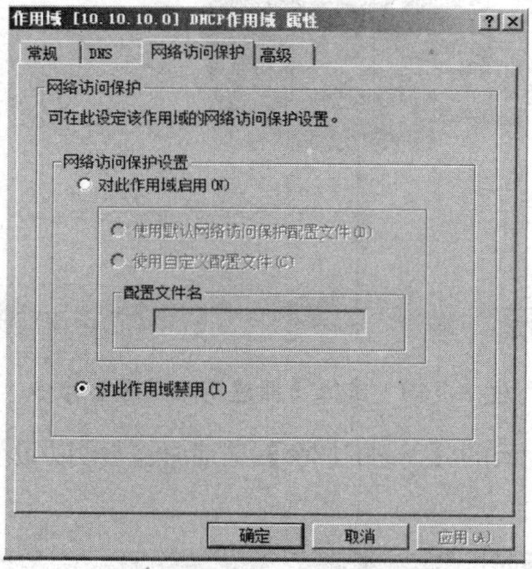

图 8-138 【网络访问保护】选项卡

图 8-139 【高级】选项卡

- 在【BOOTP 客户端的租用期限】选项区域设置 BOOTP 客户机的租约期限。BOOTP 又称为自举协议,最初被设计为无盘工作站可以使用服务器的操作系统启动,现在已经很少使用。

4. 修改作用域地址池

对于已经设立作用域的地址池可以修改其配置。

(1) 在 DHCP 的管理目标导航树下选择【作用域[10.10.10.0]DHCP 作用域】→【地址池】选项,右击,在弹出的快捷菜单中选择【新建排除范围】命令,如图 8-140 所示。

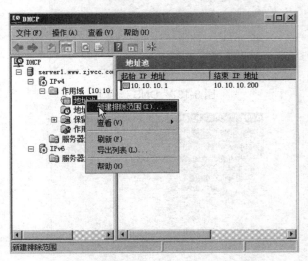

图 8-140　选择【新建排除范围】命令

(2) 弹出如图 8-141 所示的【添加排除】对话框,可以设置地址池中排除的 IP 地址范围。

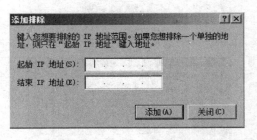

图 8-141　【添加排除】对话框

5. 查看租用信息

在 DHCP 的管理目标导航树下选择【作用域[10.10.10.0]DHCP 作用域】→【地址租用】选项,可以查看已经分配给客户机的租用情况,如图 8-142 所示。如果服务器为客户机成功地分配了 IP 地址,在【地址租用】列表框中,就会显示客户机的 IP 地址、客户机名、租约截止日期和类型等信息。

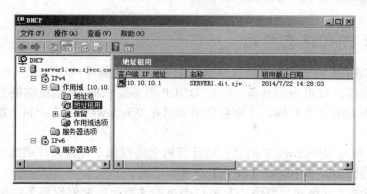

图 8-142　查看地址租用

6. 建立保留

对于某些特殊的客户机，需要一直使用相同的 IP 地址，可以通过建立保留来为其分配固定的 IP 地址。

(1) 在 DHCP 的管理目标导航树下选择【作用域[10.10.10.0]DHCP 作用域】→【保留】选项，右击，在弹出的快捷菜单中选择【新建保留】命令，如图 8-143 所示。

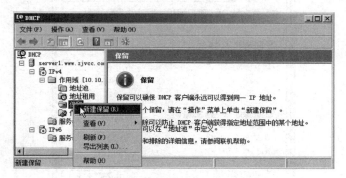

图 8-143　新建保留

(2) 弹出如图 8-144 所示的【新建保留】对话框，在【保留名称】文本框中输入名称，在【IP 地址】文本框中输入保留的 IP 地址，在【MAC 地址】文本框中输入客户机的网卡的 MAC 地址，然后单击【添加】按钮即可。

图 8-144　【新建保留】对话框

8.4.4 配置 DHCP 客户端

要想使用 DHCP 方式为客户端计算机分配 IP 地址，除了网络中有一台 DHCP 服务器外，还要求客户端计算机应该具备自动向 DHCP 服务器获取 IP 地址的能力，这些客户端计算机就被称作 DHCP 客户端。下面将介绍如何在 Windows 7 的客户机上配置使用 DHCP 服务。

(1) 在一台装有 Windows 7 的客户端计算机上进行如下设置。在桌面上右击【网络】图标，在弹出的快捷菜单中选择【属性】命令。

(2) 在打开的【网络和共享中心】窗口中单击【更改适配器设置】超链接，在弹出的【网络连接】窗口中右击【本地连接】图标，在弹出的快捷菜单中选择【属性】命令。

(3) 弹出【本地连接 属性】对话框，然后双击【Internet 协议版本 4(TCP/IPv4)】选项，弹出如图 8-145 所示的【Internet 协议版本 4(TCP/IP)属性】对话框，选中【自动获得 IP 地址】单选按钮，并依次单击【确定】按钮退出。

图 8-145　自动获 IP 地址

设置完毕后，重新启动计算机，在 DOS 命令行方式下执行 ipconfig/all 命令分页显示 IP 配置情况，从所显示的内容中可以发现 DHCP 服务器是否启用、本机从 DHCP 服务器上所获得的 IP 地址、租约获得时间和租约失效时间等信息，表明 DHCP 客户机已经从 DHCP 服务器获得了 IP 地址。

8.4.5 DHCP 数据库的备份与恢复

由于某种原因导致 DHCP 服务器不能正常工作或者损坏时，DHCP 服务器中存放的 IP 地址池信息、客户机的租用信息、选项配置信息和保留地址信息就可能会丢失。Windows Server 2008 DHCP 服务提供了一个基本的备份和恢复功能，可以利用此功能对 DHCP 服务器的数据库进行备份和恢复，可以在系统恢复后迅速提供网络服务，并减少重新配置 DHCP 服务的难度。

1．备份 DHCP 数据库

备份的过程很简单，步骤如下。

(1) 选择【开始】→【管理工具】→DHCP 命令打开 DHCP 窗口，右击 DHCP 服务器，在弹出的快捷菜单中选择【备份】命令，如图 8-146 所示。

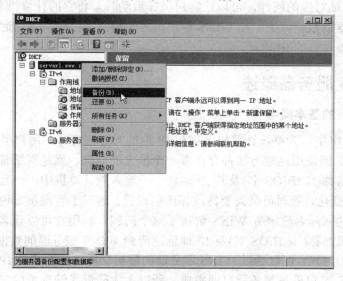

图 8-146　选择【备份】命令

(2) 在弹出的对话框中选择 DHCP 数据库备份文件的存放地点，单击【确认】按钮即可完成备份。

备份的数据中有一个 DhcpCfg 文件和 new 子目录，子目录中包括 dhcp.mdb、dhcp.pat 和一个没问题的日志文件。出于安全的考虑，建议用户将 c:\windows\System32\dhcp\backup\new 文件夹内的所有内容进行备份，可以备份到其他磁盘、磁带机上，以备系统出现故障时还原，或者直接将 c:\windows\System32\dhcp 文件中的 dhcp.mdb 数据库文件备份出来。这些信息最好不要放在同一台计算机或同一块物理硬盘上，以防备份文件服务器数据同时丢失，可以将备份信息保存在移动存储介质上。

2．恢复 DHCP 数据库

DHCP 服务器在启动时，会自动检查 DHCP 数据库是否损坏，如果发现损坏，将自动用 c:\windows\System32\dhcp\backup 文件夹内的数据进行还原。但如果 backup 文件夹的数据也被损坏时，系统将无法自动完成还原工作，无法提供相关的服务。

DHCP 服务器数据损坏后，可对其进行还原。打开 DHCP 窗口，用鼠标右击【服务器】，从弹出的快捷菜单中选择【还原】命令，然后选择备份数据库的存放地点，单击【确定】按钮。然后 Windows Server 2008 会重启 DHCP 服务，就完成了 DHCP 数据库信息的恢复。

注意：为了保证所备份/还原数据的完整性和备份/还原过程的安全性，在对 DHCP 服务器进行备份/还原时，必须先停止 DHCP 服务器。

8.5　WINS 服务器

WINS 服务是 Windows Server 2008 系统内置的服务组件之一，WINS 服务可以解决计算机名称与 IP 地址对应的问题，可以让客户机在启动时，将它的计算机名称及 IP 地址注册到 WINS 服务器的数据库中。在 WINS 客户机之间相互通信时，可以通过 WINS 服务器的解析功能来获得对方的 IP 地址。

8.5.1　WINS 服务器概述

1. WINS 服务的基本概念

在 TCP/IP 网络中，为解决计算机名称与 IP 地址的对应问题，用户可以利用 HOST 文件、DNS 等方式。但使用这些方法都存在着一个最大的问题，就是网络管理员需要以手动方式，将计算机名称(NetBIOS 名)及其 IP 地址一一输入到计算机中，一旦某台计算机的名称或 IP 地址发生变化，管理员又需要修改相应的设置，这对于管理员来说是一项繁重的工作。而微软提供的网际名称服务 WINS 解决了这个问题，利用它可以让客户机在启动时，主动将它的计算机名称(NetBIOS 名)及 IP 地址注册到 WINS 服务器的数据库中，在 WINS 客户机之间通信的时候，可以通过 WINS 服务器的解析功能获得对方的 IP 地址。由于以上工作全部由 WINS 客户机与服务器自动完成，所以大大降低了管理员的工作负担，同时也减少了网络中的广播。

WINS 服务由 WINS 服务器、WINS 客户机、WINS 代理和 WINS 数据库组成。WINS 服务器处理来自 WINS 客户机的名称注册请求，即产生计算机名称和 IP 地址的对照，还要响应 WINS 客户机的 IP 地址查询请求。WINS 客户机就是能够配置并直接使用 WINS 服务器的计算机。WINS 数据库就是 WINS 服务器上存储 WINS 客户机注册信息的数据库。WINS 代理就是将某台 WINS 客户机设置成 WINS 代理后，由 WINS 代理替代其他客户机向 WINS 服务器发出请求，再将返回的结果"翻译"给其他客户机。

WINS 客户机之间的通信方式有 4 种：B 节点、P 节点、M 节点及 H 节点。B 节点是直接使用广播的方式来查找对方的 IP 地址以进行通信；P 节点是直接向 WINS 服务器查询对方的 IP 地址以进行通信；M 节点是先采用 B 节点方式，若 B 节点方式失败则采用 P 节点方式；H 节点是先采用 P 节点方式，若 P 节点方式失败则采用 B 节点方式。

2. WINS 服务的工作原理

WINS 客户机向 WINS 服务器注册后，在 WINS 服务器的数据库中就存储了该客户机的计算机名称和 IP 地址的对照，WINS 客户机就可通过查询 WINS 服务器获得各自需要的 IP 地址进行通信。

为了提高效率，在 WINS 客户机本地一般还会存储远程 NetBIOS 客户机解析结果的缓存。每次要通信时，先检查本地缓存中是否有匹配的数据，若有则按缓存中的 IP 地址进行远程访问，若访问不成功，则再向 WINS 服务器提出解析请求。

8.5.2 构建 WINS 服务器

首先选择一台安装有 Windows Server 2008 的服务器用以部署 WINS 服务，并且指定这台服务器的计算机名为 SERVER1，指定这台服务器的 IP 地址 192.168.1.1，指定 DNS 服务器域名为 www.mydns.com。

(1) 在计算机 SERVER1 的桌面上选择【开始】→【服务器管理器】命令，弹出【服务器管理器】控制台，单击【功能】节点，单击【添加功能】超链接，如图 8-147 所示。

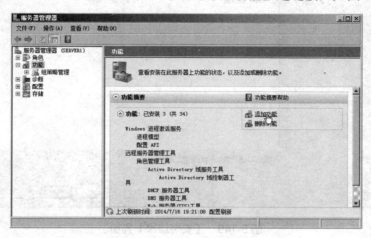

图 8-147 【服务器管理器】控制台

(2) 打开如图 8-148 所示的【添加功能向导】对话框，选中【WINS 服务器】复选框，单击【下一步】按钮，弹出【确认安装选择】界面，单击【安装】按钮开始安装 WINS 服务器。

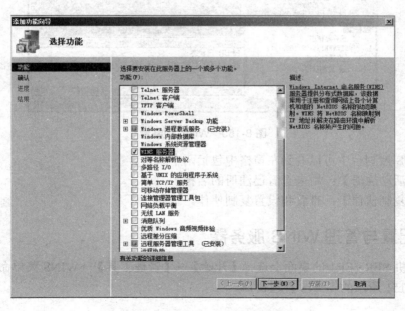

图 8-148 【添加功能向导】对话框

(3) 安装完毕后弹出如图 8-149 所示的【安装结果】界面，单击【关闭】按钮即可。

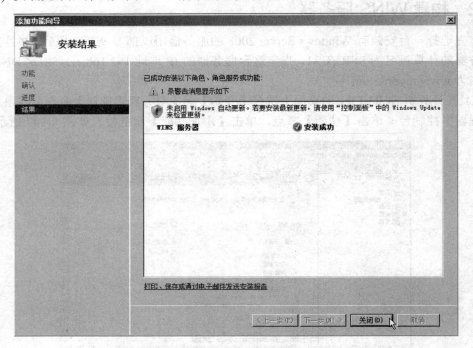

图 8-149 【安装结果】界面

(4) 安装完成后，执行【开始】→【管理工具】→WINS 命令，可以打开 WINS 窗口对话框，如图 8-150 所示。

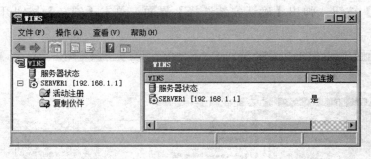

图 8-150 WINS 控制台

在 WINS 控制台中可以看到左窗格中包括两个项目。

- 【活动注册】：用来查看已注册的名称。
- 【复制伙伴】：查看和设置复制伙伴。

8.5.3 配置与管理 WINS 服务器

在计算机 SERVER1 的桌面上选择【开始】→【管理工具】→WINS 菜单命令，就可以进入如图 8-151 所示的 WINS 管理窗口。

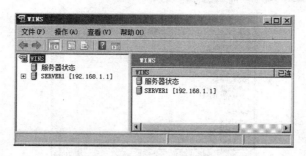

图 8-151 WINS 管理窗口

1. WINS 服务器的启动与关闭

弹出如图 8-152 所示的 WINS 服务器管理窗口，选择左窗格中的 WINS→SERVER1 [192.168.1.1]选项并右击，在弹出的快捷菜单中选择【所有任务】命令，弹出如下命令。

- 启动：可以启动已经关闭的 WINS 服务器。
- 停止：可以关闭正在运行的 WINS 服务器。
- 暂停：可以暂停 WINS 服务器，已经连接的 WINS 客户机不受影响，但不接受新的 WINS 客户机的请求。
- 恢复：可以将 WINS 服务器从暂停状态转入运行状态。
- 重启动：先关闭 WINS 服务器，再启动 WINS 服务器。

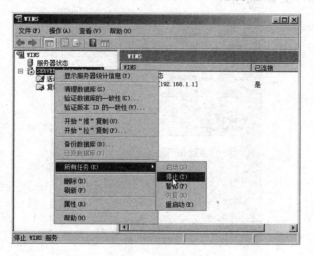

图 8-152 选择【所有任务】命令

2. 显示 WINS 服务器的统计信息

在如图 8-152 所示的快捷菜单中选择【显示服务器统计信息】命令，弹出如图 8-153 所示的【WINS 服务器'SERVER1'统计】对话框，显示了 WINS 服务器的有关信息，包括服务器开始时间、WINS 客户机请求的数量、请求成功的数量、请求失败的数量、注册的数量等。管理员通过查看服务器的统计信息，可以了解 WINS 服务器的运行情况。单击【复位】按钮可以把服务器的数据清零；单击【刷新】按钮可以刷新显示最新的 WINS 服务器数据。

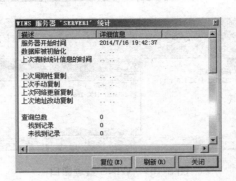

图 8-153　【WINS 服务器'SERVER1'统计】对话框

3. WINS 服务器的配置

(1) 在图 8-152 所示的快捷菜单中选择【属性】命令，弹出如图 8-154 所示的 WINS 服务器属性对话框，打开【常规】选项卡。

- 选中【自动更新统计信息间隔】复选框，在文本框中设置自动更新服务器统计信息的时间间隔。
- 在【数据库备份】选项区域中可以设置 WINS 数据库备份的路径。
- 选中【服务器关闭期间备份数据库】复选框，表示如果关闭服务器，将自动执行 WINS 数据库的备份操作。

图 8-154　WINS 服务器属性对话框

(2) 在如图 8-154 所示的属性对话框中，单击【间隔】标签打开如图 8-155 所示的 【间隔】选项卡。

- 【更新间隔】用于设置客户机更新其注册信息的频率。在间隔时间内，WINS 客户机必须向服务器重新注册，默认值为 6 天。若时间间隔内客户机没有重新登记，其注册的 NetBIOS 的状态被标记为"已释放"。
- 【消失间隔】用于设置某项注册信息从被标记为"释放"到"无效"之间的时间间隔，默认值为 4 天。到达消失间隔后，注册信息的状态被标记为"废弃不用"。
- 【消失超时】用于设置某项注册信息从被标记为"无效"到最终从数据库中彻底

删除的时间间隔。

- 【验证间隔】用于设置 WINS 服务器之间的注册信息的验证间隔，验证的目的是确保互相复制数据库的 WINS 服务器之间信息的有效和同步。

(3) 在如图 8-154 所示的属性对话框中，单击【数据库验证】标签打开如图 8-156 所示的【数据库验证】选项卡。

- 【数据库验证间隔】用于设置验证的时间间隔。
- 【开始时间】用于设置验证开始的时间。
- 【每一周期验证的最大记录数】用于设置每次验证的注册信息的最大数量。
- 选中【所有者服务器】单选按钮将与主 WINS 服务器的数据进行验证。
- 选中【随机选择的伙伴】单选按钮将从有副本数据库的 WINS 服务器中随机选择进行验证。

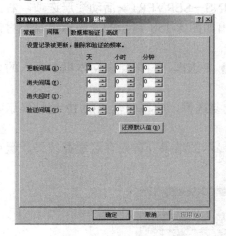

图 8-155　【间隔】选项卡

图 8-156　【数据库验证】选项卡

(4) 在如图 8-154 所示的属性对话框中，单击【高级】标签打开如图 8-157 所示的 WINS 服务器【高级】选项卡。

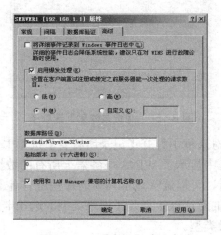

图 8-157　【高级】选项卡

- 若选中【将详细事件记录到 Windows 事件日志中】复选框，将利用 Windows 的事件日志记录 WINS 服务器的各种操作。

● 若选中【启用爆发处理】复选框，将允许 WINS 服务器能够处理同时的、大规模的 WINS 客户机的注册请求。WINS 服务器现在可以支持大量(爆发)服务器负载的处理。当许多 WINS 客户端同时在 WINS 中注册其本地名时，就会出现"爆发"。

● 【数据库路径】文本框显示了默认的 WINS 数据库的路径。

● 【起始版本 ID(十六进制)】文本框中输入的数值越大，表明数据越新。别的 WINS 服务器将从"起始版本 ID"值最大的服务器复制数据。

● 选中【使用和 LAN Manager 兼容的计算机名称】复选框，可以让网络内计算机的 NetBIOS 名称符合 LAN Manager 的命名规则。

4. WINS 数据库的管理

(1) 在 WINS 服务器管理界面下，选择 WINS→SERVER1→活动注册选项，右击，在弹出的快捷菜单中选择【显示记录】命令，弹出如图 8-158 所示的【显示记录】对话框，打开【记录映射】选项卡。

● 选中【筛选与此名称样式匹配的记录】复选框，将按照在文本框中输入的名称进行显示。

● 选中【筛选与此 IP 地址匹配的记录】复选框，将按照输入的 IP 地址显示匹配的记录。

● 选中【启用结果缓存】复选框，将为显示的结果开辟内存区缓存结果。缓存可以提高查询的速率。

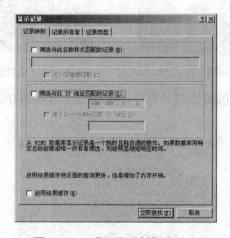

图 8-158　【记录映射】选项卡

(2) 在图 8-158 所示的对话框中打开【记录所有者】选项卡，如图 8-159 所示。【为这些所有者显示记录】列表框中显示了 WINS 服务器上所有的数据库所有者。若有多个服务器，这里将显示多个所有者，可以选择显示具体的那些所有者上的记录。

(3) 在如图 8-158 所示的对话框中打开【记录类型】选项卡，如图 8-160 所示，在此可以选择显示数据库中的记录类型。

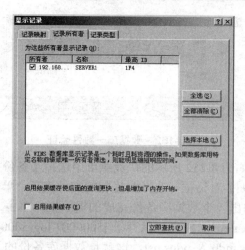

图 8-159 【记录所有者】选项卡

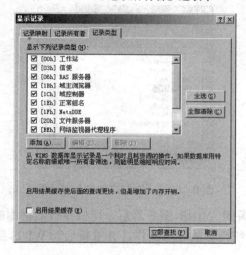

图 8-160 【记录类型】选项卡

(4) 数据库的清理。在如图 8-152 所示的快捷菜单中选择【清理数据库】命令,弹出如图 8-161 所示的清理数据库的提示框,单击【确定】按钮即可由操作系统进行调度,自动完成数据库的清理操作。

图 8-161 清理数据库的提示信息

(5) 验证数据库的一致性。在如图 8-152 所示的快捷菜单中选择【验证数据库的一致性】命令,弹出如图 8-162 所示的提示信息,提示验证数据库一致性操作将对网络有较大影响,单击【是】按钮,提示验证操作已经被排在服务器的队列上,将由操作系统进行调度完成。

图 8-162　数据库一致性验证

(6) 备份数据库。在如图 8-152 所示的快捷菜单中选择【备份数据库】命令，弹出如图 8-163 所示的【浏览文件夹】对话框，选择要复制的文件夹后，单击【确定】按钮。成功完成数据库的复制后，将弹出一个数据库备份完成的提示框，单击【确定】按钮。在选定的文件夹下会创建\wins_bak\new 文件夹，保存了 j5000001.log(5000001 是自动累加的序号，每次备份都不一样)、wins.mdb 及 wins.pat，这就是数据库备份的 3 个文件。

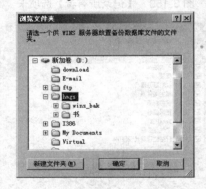

图 8-163　【浏览文件夹】对话框

(7) 还原数据库。在关闭 WINS 服务器后，可以执行数据库的还原操作。其操作与备份数据库相似，操作后系统将完成还原操作，并重新启动 WINS 服务器。

5. 创建静态映射

所映射的名称到地址项可以用以下两种方法之一添加到 WINS。

(1) 动态：由启用 WINS 的客户端直接联系 WINS 服务器来注册、释放或更新服务器数据库中的 NetBIOS 名称。

(2) 静态：由管理员使用 WINS 控制台或命令行工具来添加或删除服务器数据库中的静态映射项。

静态项只有在需要向服务器数据库添加不直接使用 WINS 的计算机的名称到地址映射时才有用。例如，某些网络中，运行其他操作系统的服务器不能直接由 WINS 服务器注册 NetBIOS 名称。虽然这些名称可能从 Lmhosts 文件或通过查询 DNS 服务器来添加和解析，但是可以考虑使用静态 WINS 映射来代替。

与动态映射会老化并可自动从 WINS 删除不同，静态映射能在 WINS 中无限期保存，除非采取管理措施。

默认情况下，如果更新过程中 WINS 对同一名称存在动态和静态项，将保留静态项。但是，可以使用 WINS 提供的"改写服务器上的唯一静态映射(启用迁移)"功能来更改此行为。添加静态映射项的步骤如下。

在 WINS 服务器管理界面，选择 WINS→SERVER1→【活动注册】选项，右击，在弹出的快捷菜单中选择【新建静态映射】命令，弹出如图 8-164 所示的【新建静态映射】对话框，用于向 WINS 数据库中手动添加记录。在【计算机名】文本框中输入计算机的 NetBIOS 名称；在【NetBIOS 作用域(可选)】文本框中输入所属域；在【类型】下拉列表框中选择计算机名称的类型；在【IP 地址】文本框中输入 IP 地址，完成设置后单击【确定】按钮即向数据库中手动添加记录。

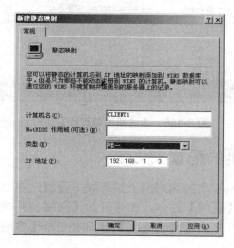

图 8-164 【新建静态映射】对话框

6. WINS 数据库的复制

(1) 推复制：这是一种被动式的数据库复制，在图 8-152 所示的快捷菜单中选择【开始"推"复制】命令执行推复制。

(2) 拉复制：这是一种主动式的数据库复制，在图 8-152 所示的快捷菜单中选择【开始"拉"复制】命令执行拉复制。

(3) 建立复制伙伴：在 WINS 服务器管理界面，选择 WINS→SERVER1→【复制伙伴】选项，右击，在弹出的快捷菜单中选择【新建复制伙伴】命令，在弹出的对话框中输入添加复制伙伴的 IP 地址或者名称，单击【确定】按钮完成设置复制伙伴后，就可以在 WINS 服务器之间完成数据库的复制操作了。

7. WINS 代理的设置

在桌面上选择【开始】→【运行】菜单命令，在弹出的【运行】对话框中输入 regedit，单击【确定】按钮，弹出如图 8-165 所示的【注册表编辑器】窗口，打开 HKEY_LOCAL_MACHINE\SYSTEM\CurrentControlSet\Services\NetBT\Parameters 选项，双击右窗格中名称为 EnableProxy 的选项，在弹出的对话框中将【数值数据】数字更改为"1"，单击【确定】按钮重启计算机，即可完成 WINS 代理的设置。

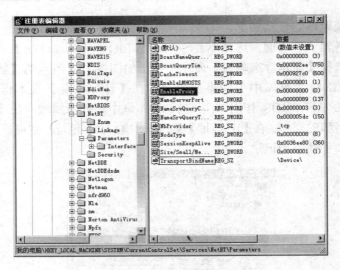

图 8-165　【注册表编辑器】窗口

8.5.4　WINS 客户机的配置

(1) 在一台装有 Windows 7 的客户机上进行如下设置：在桌面上右击【网络】图标，在弹出的快捷菜单中选择【属性】命令，在打开的【网络和共享中心】窗口中单击【更改适配器设置】超链接，在打开的【网络连接】窗口中右击【本地连接】图标，在弹出的菜单中选择【属性】命令。

(2) 弹出如图 8-166 所示的【本地连接 属性】对话框，双击【Internet 协议版本 4(TCP/IPv4)】选项。

图 8-166　【本地连接 属性】对话框

(3) 弹出如图 8-167 所示的【Internet 协议版本 4(TCP/IPv4)属性】对话框，单击【高级】按钮。

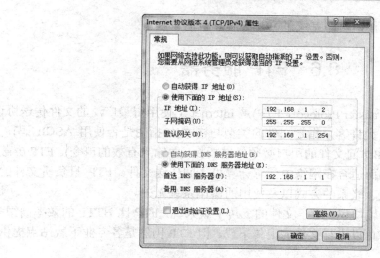

图 8-167　【Internet 协议版本 4(TCP/IPv4)属性】对话框

(4) 在弹出的【高级 TCP/IP 设置】对话框中打开 WINS 选项卡，如图 8-168 所示，单击【添加】按钮，在对话框中输入"192.168.1.1"，单击【添加】按钮。

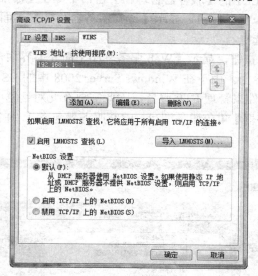

图 8-168　WINS 选项卡

要启用 LMHOSTS 文件来解析远程 NetBIOS 名称，请选中【启用 LMHOSTS 查找】复选框。默认情况下该选项处于选中状态。

指定要导入到 LMHOSTS 文件中的文件位置，请单击【导入 LMHOSTS】按钮，然后选择【打开】对话框中的文件。

要启用或禁用 TCP/IP 上的 NetBIOS，请执行下列操作。

● 要启用 TCP/IP 上的 NetBIOS，请选中【启用 TCP/IP 上的 NetBIOS】单选按钮。

● 要禁用 TCP/IP 上的 NetBIOS，请选中【禁用 TCP/IP 上的 NetBIOS】单选按钮。

● 要让 DHCP 服务器决定是启用还是禁用 TCP/IP 上的 NetBIOS，请选中【默认】单选按钮。

再依次单击【确定】按钮，即完成了 WINS 客户机的设置。

8.6 FTP 服务器

文件传送协议(File Transfer Protocol，FTP)是 Internet 上使用得最广泛的文件传送协议。FTP 提供交互式的访问，允许客户指定文件的类型与格式(如指明是否使用 ASCII 码)，并允许文件具有存取权限(如访问文件的用户必须经过授权，并输入有效的口令)。FTP 屏蔽了各计算机系统的细节，因而适合在网络中任意计算机之间传送文件。FTP 只负责文件的传输，与计算机所处的位置、联系的方式以及使用的操作系统无关。

FTP 是专门的文件传输协议，对于文件的上传下载来说，FTP 比 HTTP 的效率高很多。所以虽然目前有很多协议可以进行文件的上传下载，但 FTP 仍然是各专业下载站点提供服务的最主要方式。

8.6.1 安装 FTP 服务器

(1) 在计算机 SERVER1 的【服务器管理器】窗口中单击【添加角色】超链接，启动添加角色向导，单击【下一步】按钮，显示【选择服务器角色】界面，在角色列表框中选中【Web 服务器(IIS)】复选框。

(2) 单击【下一步】按钮，显示【Web 服务器(IIS)简介】界面，单击【下一步】按钮，显示【选择角色服务】界面。由于在 Windows Server 2008 中的 IIS 并没有集成 FTP 功能，因此需要安装 IIS 6.0 组件来管理 FTP 服务，因此需要在此对话框中需选择【IIS 6 元数据库兼容性】和【FTP 服务器】角色服务即可，FTP 服务器包含了 "FTP Service" 和 "FTP 扩展"，如图 8-169 所示。

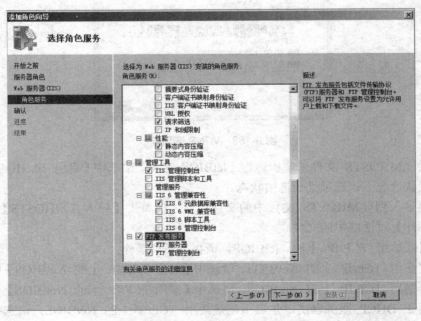

图 8-169 【选择角色服务】界面

(3) 接下去的安装过程与 Web 角色服务类似，不再赘述。

8.6.2　创建 FTP 站点

IIS 6.0 的 FTP 服务器提供了利用同一个 IP 地址，不同的 TCP 端口创建多个 FTP 服务器的功能。下面就如何创建新的 FTP 站点进行详细介绍。

(1) 在【Internet 信息服务(IIS)管理器】控制台树中，右击【SERVER1(本地计算机)】选项，在弹出的快捷菜单中选择【添加 FTP 站点】命令，如图 8-170 所示。

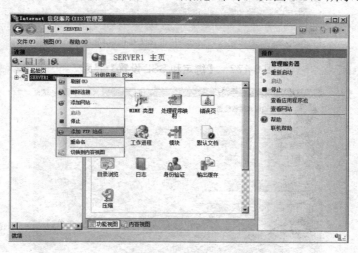

图 8-170　【Internet 信息服务(IIS)管理器】对话框

(2) 打开如图 8-171 所示的【添加 FTP 站点】对话框，在【FTP 站点名称】文本框中输入 "ftp"，将物理路径设置为 "C:/ftp"。

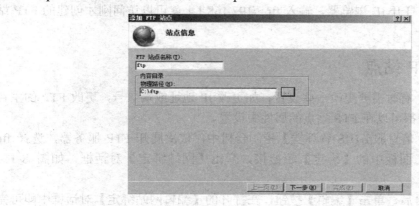

图 8-171　【添加 FTP 站点】对话框

(3) 单击【下一步】按钮，弹出如图 8-172 所示的【绑定和 SSL 设置】界面，在【IP 地址】文本框中输入或选择 IP 地址，在【端口】文本框中输入一个端口号，在 SSL 选项组中选中【无】单选按钮。这里 IP 地址为 192.168.1.1，TCP 端口为 21。

(4) 单击【下一步】按钮，弹出如图 8-173 所示的【身份验证和授权信息】界面，输入相应信息，单击【完成】按钮，即完成了创建一个新的 FTP 站点的操作。

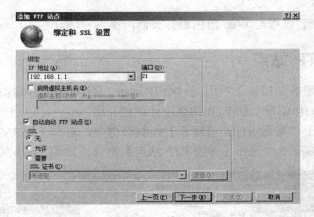

图 8-172 【绑定和 SSL 设置】界面

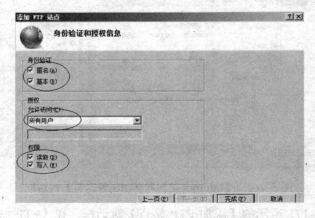

图 8-173 【身份验证和授权信息】界面

用户在客户机上打开 IE 浏览器,输入 ftp://192.168.1.1 就可以访问刚才创建的 FTP 站点了。

8.6.3 设置 FTP 站点

建立完成的 FTP 有时需要更改一些设置,如更改 IP 地址或端口号,更改 FTP 的主目录及安全信息,这些都可以在 FTP 站点的属性中设置。

(1) 在【Internet 信息服务(IIS)管理器】控制台树中,依次展开 FTP 服务器,选择 ftp 站点,单击【操作】面板中的【绑定】超链接,弹出【网站绑定】对话框,如图 8-174 所示。

(2) 选择 ftp 条目后,单击【编辑】按钮,在打开的【编辑网站绑定】对话框中即可完成 IP 地址和端口号的更改,如图 8-175 所示。

(3) 在【Internet 信息服务(IIS)管理器】控制台树中,依次展开 FTP 服务器,选择 ftp 站点。可以分别进行 "FTP IPv4 地址和域限制"、"FTP SSL 设置"、"FTP 当前会话"、"FTP 防火墙支持"、"FTP 目录浏览"、"FTP 请求筛选"、"FTP 日志"、"FTP 身份验证"、"FTP 授权规则"、"FTP 消息"、"FTP 用户隔离"等内容的设置或浏览,如图 8-176 所示。

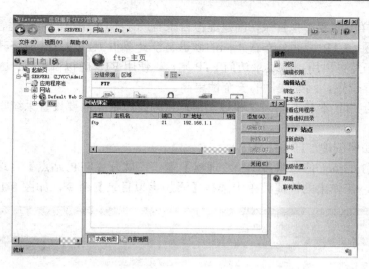

图 8-174　【网站绑定】对话框

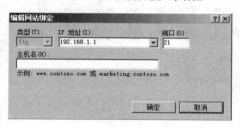

图 8-175　【编辑网站绑定】对话框

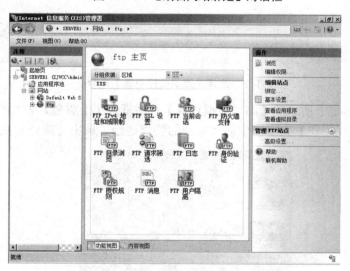

图 8-176　【Internet 信息服务(IIS)管理器】窗口

8.6.4　创建虚拟目录

虚拟目录的概念对大家来说并不陌生,在网络上通过网上邻居将其他计算机的目录映射为本机的目录或逻辑硬盘就是虚拟目录的概念,虚拟目录是相对于物理目录而言的。创建 FTP 站点同样要涉及虚拟目录，创建虚拟目录有助于 FTP 站点的结构化管理。如因为安全或空间的问题，FTP 空间分布在不同的硬盘甚至计算机上，通过映射将其归为一个子目录，而客户端仍然可以用虚拟目录访问 FTP 站点。使用 FTP 虚拟目录时，因为用户不知道文件的具体储存位置，因此文件的安全性更高。

由于 IIS 的 FTP 本身不能创建和管理用户，因此应根据需要设置系统账户来定义 FTP 账户。

下面介绍如何创建 FTP 虚拟目录。

(1) 打开【Internet 信息服务(IIS)管理器】窗口，展开【FTP 站点】目录树，右击要添加的 FTP 站点，在弹出的快捷菜单中选择【添加虚拟目录】命令，如图 8-177 所示。

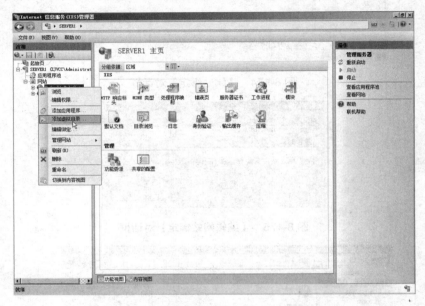

图 8-177 选择【添加虚拟目录】命令

(2) 弹出如图 8-178 所示的【添加虚拟目录】对话框，在【别名】文本框中输入虚拟目录的别名，在【物理路径】文本框中输入对应的物理地址，单击【确定】按钮。

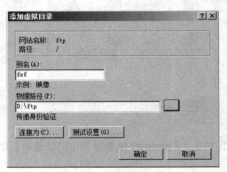

图 8-178 添加虚拟目录

(3) 这样虚拟目录就创建完成了。在客户机上打开 IE 浏览器，输入 ftp:// 192.168.1.1/fxf 就可以访问刚刚建立的 FTP 站点的虚拟目录了。

8.6.5 使用 Serv-U 创建 FTP 站点服务器

使用 IIS 配置 FTP 有很多功能感觉不方便,下面介绍一款专业的 FTP 软件——Serv-U,Serv-U 支持所有版本的 Windows 操作系统,它的具体架设步骤如下。

1. 安装 Serv-U

(1) 先下载 Serv-U 安装软件,这里下载的是 Serv-U FTP Server 7.2.0.1 版本,此版本和以前版本界面不同,功能也增加了不少。解压后双击文件运行,选择要安装的语言版本,单击【确定】按钮,弹出如图 8-179 所示的欢迎界面。

(2) 单击【下一步】按钮,在弹出的如图 8-180 所示的【安装向导-Serv-U】窗口中选中【我接受协议】单选按钮,再单击【下一步】按钮。

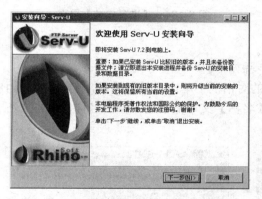
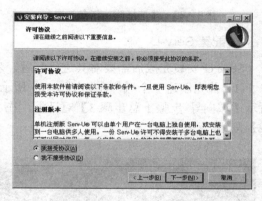

图 8-179　欢迎界面　　　　　　　　　图 8-180　【安装向导-Serv-U】窗口

(3) 弹出如图 8-181 所示的【选择目标位置】界面,选择软件要安装的位置,单击【下一步】按钮。

(4) 弹出如图 8-182 所示的【选择开始菜单文件夹】界面,如果选中【禁止创建开始菜单文件夹】复选框则不会创建。这里保持默认,直接单击【下一步】按钮。

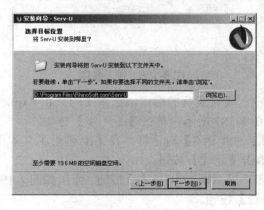
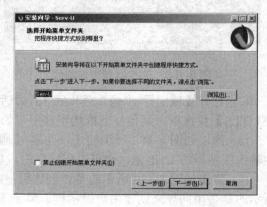

图 8-181　选择安装位置　　　　　　　　图 8-182　【选择开始菜单文件夹】界面

(5) 弹出如图 8-183 所示的【选择附加任务】界面,选择默认设置,单击【下一步】按钮。在接下来弹出的如图 8-184 所示的【准备安装】界面单击【安装】按钮开始安装,安装完成后单击【完成】按钮即可。

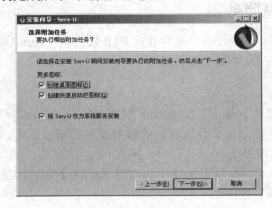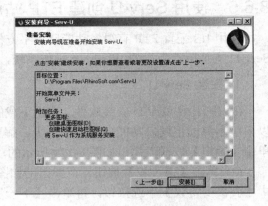

图 8-183　【选择附加任务】界面　　　　　图 8-184　【准备安装】界面

2. 配置 Serv-U

Serv-U 安装完成后需要对其进行配置，步骤如下。

(1) 首先创建一个域，在如图 8-185 所示的对话框中单击【是】按钮，弹出如图 8-186 所示【域向导-步骤 1 总步骤 3】对话框，在【名称】文本框中输入域的名称，单击【下一步】按钮。

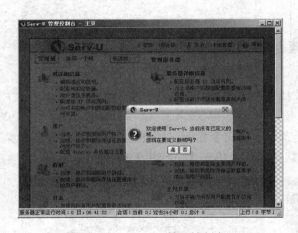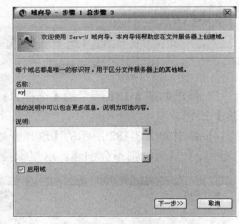

图 8-185　Serv-U 管理控制台　　　　　图 8-186　输入名称

(2) 打开【域向导-步骤 2 总步骤 3】对话框，设置监听的端口，选中【FTP 和 Explicit SSL/TLS】复选框，其他复选框均不选中，如图 8-187 所示，单击【下一步】按钮。

(3) 弹出如图 8-188 所示的【域向导-步骤 3 总步骤 3】对话框，在【IP 地址】文本框中输入服务器的 IP 地址，也可以保持空白，单击【完成】按钮。

(4) 弹出如图 8-189 所示的是否创建用户账户提示框，单击【是】按钮。弹出如图 8-190 所示的是否用向导来创建用户提示框，单击【否】按钮。

(5) 弹出【用户】对话框，单击【添加】按钮，弹出如图 8-191 所示的用户属性对话框，输入用户名、全名、密码，设置密码类型、管理权限、根目录和账户类型等，单击【保存】按钮。

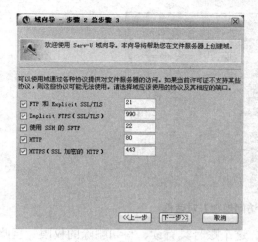

图 8-187 设置监听的端口

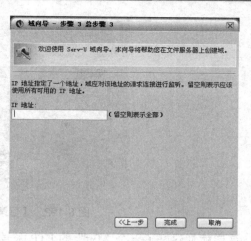

图 8-188 设置 IP 地址

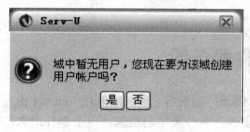

图 8-189 是否创建域

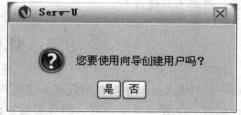

图 8-190 是否使用向导创建用户

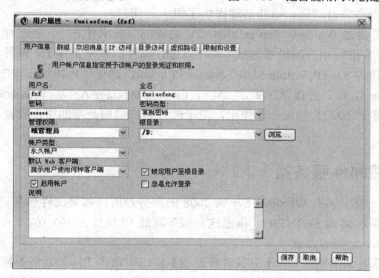

图 8-191 用户属性对话框

(6) 切换到【目录访问】选项卡，单击【添加】按钮，弹出如图 8-192 所示的【目录访问规则】对话框，设置路径、文件和目录的访问权限、目录内容的最大尺寸等，注意一般不要给执行权限，单击【保存】按钮。

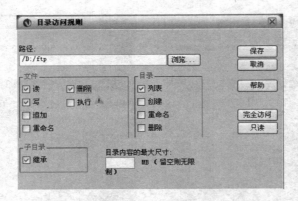

图 8-192 【目录访问规则】对话框

这样就创建好了一个 "fxf" 的 FTP 账号，这个账号具有读、写和删除的权限。至此完成了对 Serv-U 的基本介绍，Serv-U 功能很强大，关于其配置和管理还有更详细的内容本节未提及，请参考其他资料。

8.7 邮件服务器

电子邮件是 Internet 上使用最多、应用范围最广的服务之一，它利用 Internet 传递和存储电子邮件、文件、数字传真、图像和数字化语音等各类型的信息。电子邮件最大的特点是解决了传统邮件的时空限制，可以在任何地方、任意时间收发邮件，而且速度快，提高了工作效率，为办公自动化、商业活动提供了很大的便利。

SMTP 服务器是 Windows Server 2008 系统内置的服务组件之一，通过对 SMTP 服务器的设置和对 DNS 进行相应的设置之后，就可以进行邮件的收发工作了。邮件服务器工作所使用的 3 个协议为 SMTP(Simple Mail Transfer Protocol，简单邮件协议)、POP3(Post Office Protocol Version 3，邮局协议第三版)及 IMAP(Internet Message Access Protocol，交互邮件访问协议)。POP3 和 SMTP 协议一起使用，电子邮件客户端则是帮助用户收发自己的电子邮件。

8.7.1 构建邮件服务器

首先选择一台安装有 Windows Server 2008 的服务器用以部署邮件服务器，并且指定这台服务器的计算机名为 SERVER1，指定这台服务器的 IP 地址为 192.168.1.1，指定 DNS 服务器域名为 www.mydns.com。

(1) 在计算机 SERVER1 的【服务器管理器】窗口中单击【添加功能】超链接，启动添加功能向导，显示【选择功能】界面，在角色列表框中选中【SMTP 服务器】复选框，如图 8-193 所示。

(2) 弹出如图 8-194 所示的【是否添加 SMTP 服务器 所需的角色服务和功能】界面，单击【添加必需的角色服务】按钮。返回【选择功能】界面，单击【下一步】按钮，显示【Web 服务器(IIS)简介】界面，显示了 Web 服务器简介、注意事项以及一些其他信息，单击【下一步】按钮。

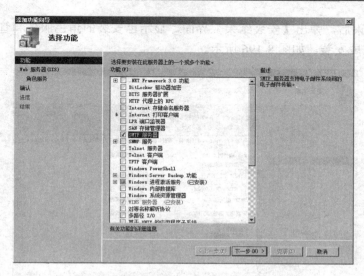

图 8-193 【选择功能】界面

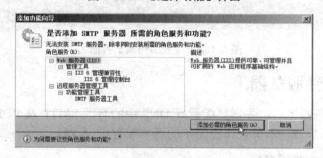

图 8-194 【是否添加 SMTP 服务器 所需的角色服务和功能】界面

(3) 弹出如图 8-195 所示的【选择角色服务】界面,选择所需安装的角色服务,单击【下一步】按钮。弹出【确认安装选择】界面,确认上述步骤中所选择安装的角色和功能,单击【安装】按钮开始安装。

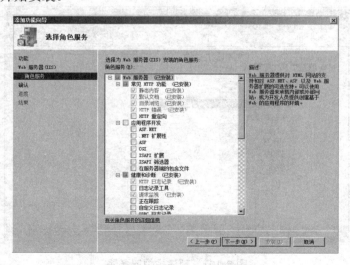

图 8-195 【选择角色服务】界面

(4) 安装结束后，弹出【安装结果】界面，显示已安装的角色服务和管理工具，单击【关闭】按钮完成安装，如图 8-196 所示。

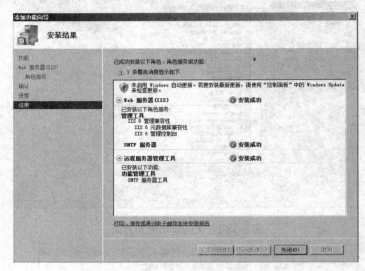

图 8-196　【安装结果】界面

8.7.2　配置邮件服务器

在配置邮件服务器之前，先需要配置好 DNS 中的有关 SMTP 及 POP3(有关 DNS 的具体设置见 DNS 设置章节，本节只作出简单的基本配置)的内容。

1. 新建 SMTP 虚拟服务器

(1) 选择【开始】→【管理工具】→【Internet 信息服务(IIS)6.0 管理器】命令，打开【Internet 信息服务(IIS)6.0 管理器】控制台，右击 SMTP Virtual Server 选项，在弹出的快捷菜单中选择【新建】→【虚拟服务器】命令，如图 8-197 所示。

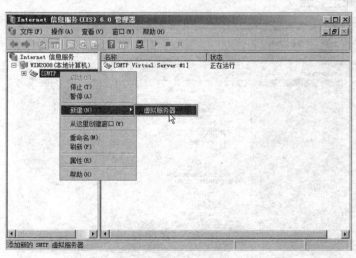

图 8-197　新建虚拟服务器

(2) 打开如图 8-198 所示的【新建 SMTP 虚拟服务器向导】对话框,在【名称】文本框中输入虚拟服务器的名称,单击【下一步】按钮。

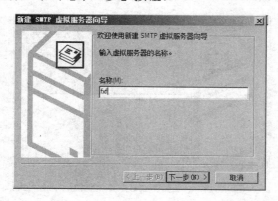

图 8-198 【新建 SMTP 虚拟服务器向导】对话框

(3) 弹出如图 8-199 所示的【选择 IP 地址】界面,选择此 SMTP 虚拟服务器的 IP 地址,单击【下一步】按钮。

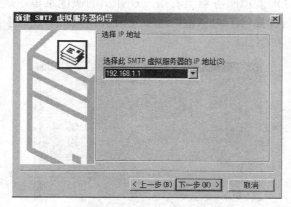

图 8-199 【选择 IP 地址】界面

(4) 弹出如图 8-200 所示的【选择主目录】界面,输入此 SMTP 虚拟服务器的主目录地址,单击【下一步】按钮。

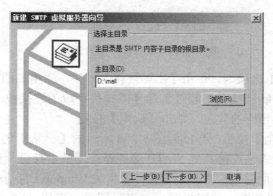

图 8-200 【选择主目录】界面

(5) 弹出如图 8-201 所示的【默认域】界面，在【域】文本框中输入此 SMTP 虚拟服务器的默认域 "www.mydns.com"，单击【完成】按钮完成 SMTP 虚拟服务器的创建。

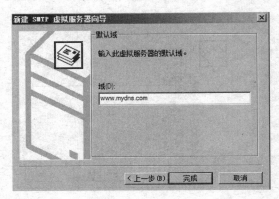

图 8-201 【默认域】界面

2. SMTP 连接设置

(1) 在新建的 SMTP 虚拟服务器上右击，在弹出的快捷菜单中选择【属性】命令，弹出如图 8-202 所示的【fxf 属性】对话框，选中【限制连接数不超过】复选框，然后在后面的文本框中输入相应的数字。

图 8-202 【fxf 属性】对话框

(2) 切换到【传递】选项卡，单击【出站连接】按钮，弹出如图 8-203 所示的【出站连接】对话框，选中【限制连接数不超过】和【限制每个域的连接数不超过】复选框，在后面的文本框中分别输入相应的数字，单击【确定】按钮。

(3) 单击【出站安全】按钮，弹出如图 8-204 所示的【出站安全】对话框。其中【匿名访问】表示利用匿名方式来连接其他 SMTP 服务器；【基本身份验证】表示提供用户名和密码来连接其他 SMTP 服务器，密码不加密；【集成 Windows 身份验证】提供用户名和密码来连接其他 SMTP 服务器，密码加密；如果对话要求采用 TLS 加密方式连接，则选中

【TLS 加密】单选按钮。设置完成后单击【确定】按钮。

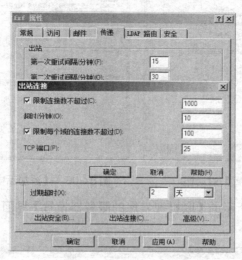

图 8-203 【出站连接】对话框

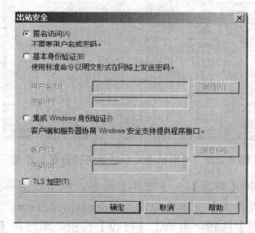

图 8-204 【出站安全】对话框

8.7.3 客户端配置

为了能够让客户机访问你所创建的邮件服务器，不仅需要设置好一台邮件服务器，而且还需要在客户机上进行相应的设置，才能够访问邮件服务器。下面来介绍如何使客户机能够访问所创建的邮件服务器。

(1) 在一台装有 Windows 7 的客户机上打开 Microsoft Office Outlook 2007，选择【工具】→【账户】命令，弹出如图 8-205 所示的【账户设置】对话框。

(2) 单击【新建】超链接，弹出如图 8-206 所示的【添加新电子邮件账户】对话框，在【您的姓名】文本框中输入"one"，在【电子邮件地址】文本框中输入"one@mydns.com"，在【密码】和【重新键入密码】文本框中输入密码，再单击【下一步】按钮。

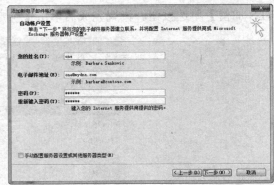

图 8-205　【账户设置】对话框　　　　　图 8-206　【添加新电子邮件账户】对话框

(3) 弹出如图 8-207 所示的【联机搜索您的服务器设置】界面，就可以完成电子邮件账户的配置。

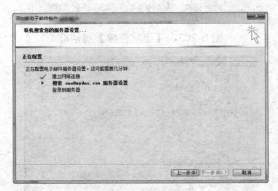

图 8-207　【联机搜索您的服务器设置】界面

(4) 在 Outlook 中选择【新建】→【邮件】命令，弹出如图 8-208 所示的【未命名-邮件(HTML)】窗口，在【收件人】文本框中输入"one@mydns.com"，【主题】及内容处都输入"test"，单击【发送】按钮，再单击【接收】按钮，即可在【收件箱】中看到新收到的邮件，至此收发邮件就完成了。

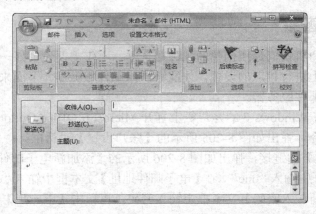

图 8-208　【未命名—邮件(HTML)】窗口

8.7.4 使用 Foxmail Server 搭建邮件服务器

Foxmail Server(FMS)是一款功能强大的邮件服务器软件，提供了多种邮件服务，包括 SMTP、POP3、LDAP 等，内建邮件扩充协议的 MIME，用户可以根据使用习惯以 Outlook Express、Foxmail 等流行客户端软件收发邮件，也可以在美观、亲切、易用的全中文 Web 浏览器界面上登录处理邮件，管理员也可以基于 Web 页面进行简单轻松的管理维护。

下面以 Foxmail Server for Windows V2.0 公测版为例，介绍如何在 Windows 环境下利用 Foxmail Server 架设一台邮件服务器。

(1) 先下载 Foxmail Server for Windows V2.0 安装软件，双击运行，弹出如图 8-209 所示的【输入产品授权信息】对话框，输入正确的产品授权信息，单击【确定】按钮。

(2) 弹出欢迎安装对话框，直接单击【下一步】按钮，弹出如图 8-210 所示的【选择目标文件夹】界面，选择好安装路径，单击【下一步】按钮。

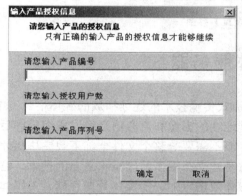
图 8-209 输入授权信息

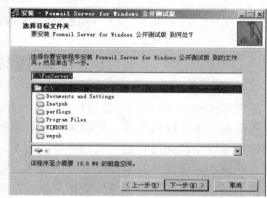
图 8-210 选择安装路径

(3) 在接下去的对话框中单击【下一步】按钮，出现如图 8-211 所示的【应用程序设置】界面，根据文本框的提示输入相应内容，单击【下一步】按钮。

(4) 弹出如图 8-212 所示的【邮件服务器网络设置】界面，根据实际情况对 IP 地址和 SMTP 端口号、POP3 端口号进行设置。需要注意的是，SMTP 端口号和 POP3 端口号不能和别的服务器绑定的端口相同。

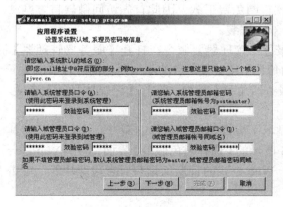
图 8-211 应用程序设置

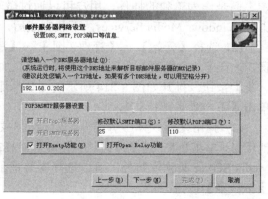
图 8-212 邮件服务器网络设置

(5) 单击【下一步】按钮，弹出如图 8-213 所示的【IIS 设置】界面，设置服务器所依附的站点和所在的虚拟目录，单击【完成】按钮结束安装。

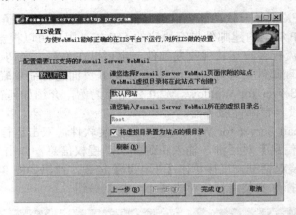

图 8-213　【IIS 设置】界面

8.8　流媒体服务器

流媒体(Streaming Media)是指在网络中使用流式传输技术的连续播放的媒体格式，如音频、视频和其他多媒体文件。流媒体技术就是把连续的影像和声音信息经过压缩处理后放在网站服务器上，让用户边下载边观看、收听，而不需要等整个文件全部下载完毕后才可以观看的技术。流媒体技术不是单一的技术，它是建立在很多基础技术之上的技术。它的基础技术包括网络通信、多媒体数据采集、多媒体数据压缩、多媒体数据存储、多媒体数据传输。然而，流媒体实现的关键技术就是流式传输。

8.8.1　安装流媒体组件

(1) Windows Media Services(Windows 媒体服务)是微软用于在企业 Internet 或 Intranet 上发布数字媒体内容的平台，通过该平台，用户可以方便地架构媒体服务器，实现流媒体视频以及音频的点播播放功能。Windows Media Services 没有集成在 Windows Server 2008 中，而是作为单独的插件，用户可以通过微软官网免费下载。因此首先访问微软官方网站下载 Windows Media Services，下载完成后，双击安装。

(2) 选择【开始】→【管理工具】→【服务器管理器】命令，打开【服务器管理器】窗口，在【角色摘要】选项区域中单击【添加角色】超链接，启动添加角色向导，单击【下一步】按钮。打开如图 8-214 所示的【选择服务器角色】界面，选择【流媒体服务】选项，单击【下一步】按钮。

(3) 弹出【流媒体服务简介】对话框，显示了流媒体服务角色的简介、注意事项和其他信息，单击【下一步】按钮。弹出如图 8-215 所示的【选择角色服务】界面，除了 Windows Media Server 必须安装外，可以选择安装基于 Web 方式的管理工具和日志代理功能，单击【下一步】按钮。

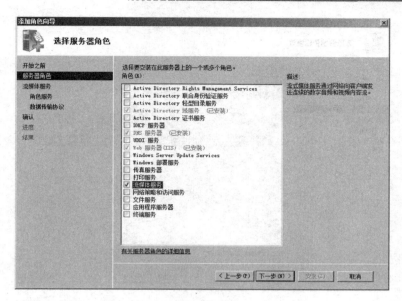

图 8-214　【选择服务器角色】界面

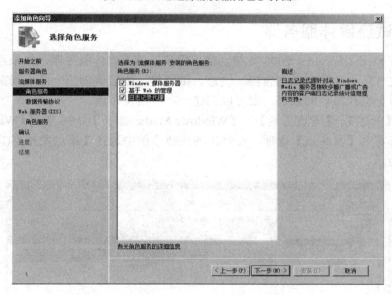

图 8-215　【选择角色服务】界面

(4) 打开如图 8-216 所示的【选择数据传输协议】界面，可以选择 RTSP 或者 HTTP 协议，由于没有配置 IIS 端口，在这里 HTTP 不能启用。HTTP 与 RTSP 相比，HTTP 传送 HTML，而 RTP 传送的是多媒体数据，可以双向进行传输，可扩展易解析，使用网页安全机制，适合专业应用。

(5) 弹出【确认安装选择】界面，显示了上述步骤所选择要安装的内容，确认无误后单击【安装】按钮开始安装。安装完成后，单击【关闭】按钮，就可以在管理工具中打开媒体服务控制台。

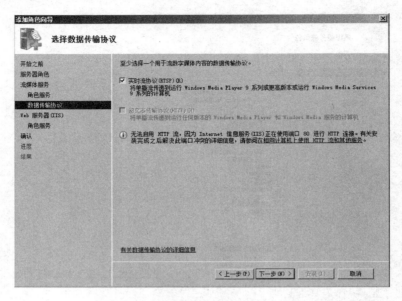

图 8-216   【选择数据传输协议】界面

8.8.2   测试流媒体服务器

Windows Media Services 2008 支持创建点播和广播流媒体服务器,如果希望客户端获得对流媒体文件最大的控制,如暂停、快进、倒退等,则应该创建一个点播发布点;如果希望得到类似于电视节目的效果,则可以创建一个广播发布点。

(1) 选择【开始】→【管理工具】→【Windows Media 服务】命令,打开【Windows Media 服务】窗口,右击【发布点】选项,在弹出的快捷菜单中选择【添加发布点(向导)】命令,如图 8-217 所示。

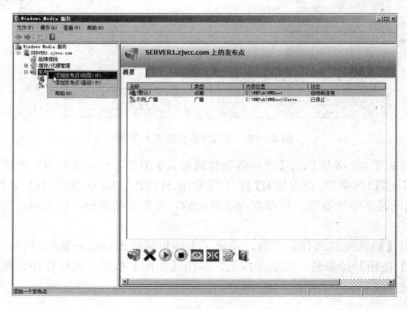

图 8-217   【Windows Media 服务】窗口

(2) 打开【添加发布点向导】对话框，单击【下一步】按钮。打开【发布点名称】界面，在【名称】文本框中输入要创建的发布点名称，如图 8-218 所示。

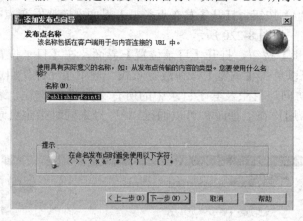

图 8-218 创建发布点名称

(3) 单击【下一步】按钮，打开【内容类型】界面，选择要传输的内容类型。这里选中【目录中的文件(数字媒体或播放列表)(适用于通过一个发布点实现点播播数)】单选按钮，如图 8-219 所示。

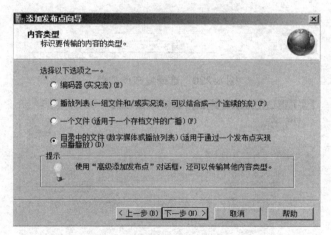

图 8-219 选择要传输的内容类型

- 选中【编码器(实况流)】单选按钮，表示发布的流媒体是由编码器实时创建的。由于它的内容不是 Windows Media 格式，因此，通常将它称为"实况流"。这种类型只适用于广播发布点。如果选择该项，则下一步将只能选中【广播发布点】单选按钮。
- 选中【播放列表(一组文件和/或实现流，可以结合成一个连续的流)】单选按钮，表示发布的流媒体来自播放列表。播放列表是由多个流媒体文件组成的文件列表，可以同时发布多个文件。
- 选中【一个文件(适用于一个存档文件的广播)】单选按钮，表示只发布单个流媒体文件。

● 选中【目录中的文件(数字媒体或播放列表)(适用于通过一个发布点实现点播播数)】单选按钮,表示发布的流媒体来自文件目录。

(4) 单击【下一步】按钮,打开【发布点类型】界面,选择发布点类型。这里选中【点播发布点】单选按钮,如图 8-220 所示。

(5) 单击【下一步】按钮,打开【目录位置】界面,在【目录位置】文本框中输入目的目录的路径,也可以单击【浏览】按钮进行查找。选中【允许使用通配符对目录内容进行访问(允许客户端访问该目录及其子目录中的所有文件)】复选框,表示允许客户端接收目录中的所有文件,用户在点播时,可以通过 "*" 号来同时指定目录中的所有文件,如图 8-221 所示。

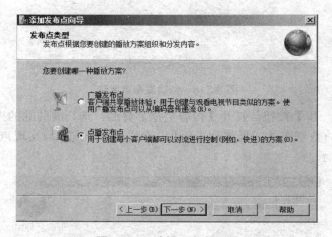

图 8-220　选择发布点类型

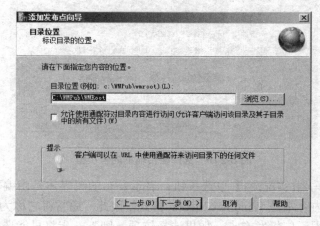

图 8-221　指定要发布的目录的位置

(6) 单击【下一步】按钮,打开【内容播放】界面,选中【循环播放(连续播放内容)】复选框表示连续重复发布媒体,选中【无序播放(随机播放内容)】复选框表示随机播放目录或播放列表中的流媒体文件,如图 8-222 所示。

(7) 单击【下一步】按钮,打开【单播日志记录】界面,选择是否进行单播日志记录。这里选中【是,启用该发布点的日志记录】复选框,如图 8-223 所示。

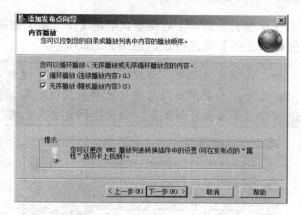

图 8-222 设置内容播放顺序

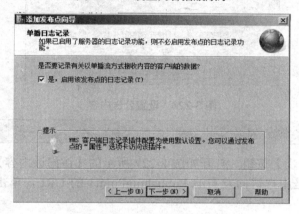

图 8-223 选择是否进行单播日志记录

说明：借助日志记录，管理员可以查看哪些节目最受欢迎，以及每天中哪段时间服务器最忙碌等信息，并据此对内容和服务进行相应的调整。

(8) 单击【下一步】按钮，打开【发布点摘要】界面，确认前面所做的设置，如图 8-224 所示。

(9) 单击【下一步】按钮，完成添加发布点向导，如图 8-225 所示，单击【完成】按钮。

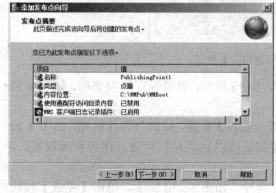

图 8-224 【发布点摘要】对话框

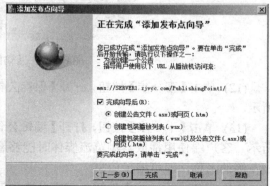

图 8-225 完成添加发布点向导

(10) 系统自动打开【单播公告向导】对话框，单击【下一步】按钮，打开【点播目录】界面，选中【目录中的一个文件】单选按钮，如图 8-226 所示。

说明：如果前面选择的是允许使用通配符，那么，这里可以选中【目录中的所有文件】单选按钮来公告所有文件；如果前面没有选择允许使用通配符，可以选择【目录中的一个文件】单选按钮，并单击【浏览】按钮来选择要公告的文件。

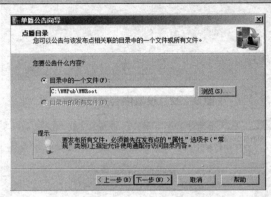

图 8-226　设置公告内容

说明：这里只能更改流媒体服务器的名称。

(11) 单击【下一步】按钮，打开如图 8-227 所示的【访问该内容】界面，【指向内容的 URL】文本框中是用户访问发布池 PublishingPoint1 的 URL，单击【修改】按钮可以进行修改。

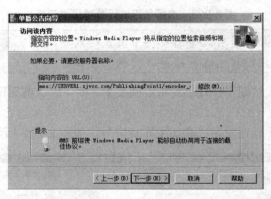

图 8-227　【访问该内容】界面

(12) 单击【下一步】按钮，打开【保存公告选项】界面，设置保存公告选项，如图 8-228 所示。

(13) 单击【下一步】按钮，打开【编辑公告元数据】界面，编辑公告元数据，如图 8-229 所示。客户端使用播放器浏览流媒体时能够看到这些内容，包括标题、作者和版权等。单击左侧的名称，即可编辑信息。

(14) 单击【下一步】按钮，完成点播公告向导，如图 8-230 所示，单击【完成】按钮。

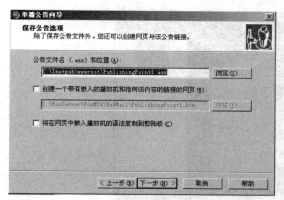

图 8-228　设置保存公告选项

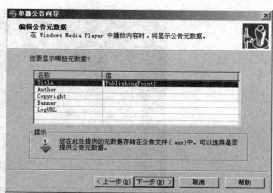

图 8-229　编辑公告元数据

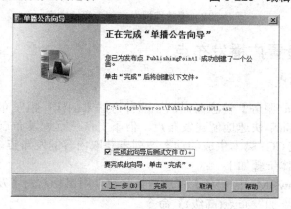

图 8-230　完成点播公告向导

(15) 系统自动打开【测试单播公告】对话框，可以测试之前所做的所有设置，如图 8-231 所示。

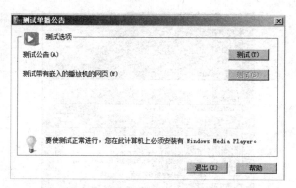

图 8-231　测试单播公告

点播服务创建完成后，需对点播服务进行测试，方法如下。

确认计算机中已经安装了 Windows Media Player 播放器，就可以对刚刚创建的 PublishingPoint1 进行测试，如图 8-232 所示。

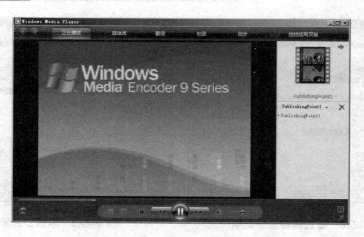

图 8-232　播放点播发布的流媒体内容

8.8.3　创建和设置广播发布点

1. 创建广播发布点

【Windows Media 服务】管理器提供了两种方法来创建广播发布点。添加发布点向导提供全程向导，用于简单快速地创建发布点，但不支持从远程发布点获取内容的发布点，也不支持从 ASP 页或 CGI 脚本生成的动态波列表获取内容的发布点。要实现这些功能，必须使用高级方法，具体步骤如下。

(1) 展开【Windows Media 服务】管理器目录树，用鼠标右击【发布点】选项，在弹出的快捷菜单中选择【添加发布点(高级)】命令。

(2) 弹出【添加发布点】对话框，设置发布点类型为【广播】，在【发布点名称】文本框中输入发布点名称，在【内容的位置】文本框中输入发布点的内容路径，如图 8-233 所示。

图 8-233　添加【广播】发布点

(3) 单击【确定】按钮将发布点添加到服务器。打开如图 8-234 所示的【Windows Media 服务】窗口，单击 vod，显示内容源的设置，单击【更改】按钮可编辑内容源的位置。

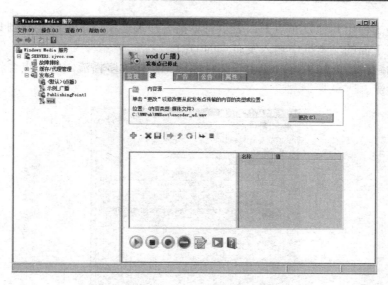

图 8-234　【Windows Media 服务】窗口

2. 启用多播广播

如果发布点是单播形式，可以采用如下步骤来启用多播广播。

(1) 展开【Windows Media 服务】管理器目录树，单击要设置的广播发布点，切换到【属性】选项卡，在【类别】列表中单击【多播流】选项，如图 8-235 所示。

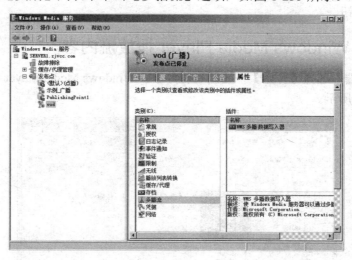

图 8-235　【属性】选项卡

(2) 右击【插件】列表中的【WMS 多播数据写入器】选项，从弹出的快捷菜单中选择【属性】命令，弹出如图 8-236 所示的【WMS 多播数据写入器 属性】对话框，设置 IP 地址、端口和生存时间，如要启用单播翻转则选中【启用单播翻转】复选框，允许客户端连接到服务器以接收内容，然后再选中下面的一个单选按钮。

- 选中【使用该发布点】单选按钮：表示允许此发布点通过使用单播数据写入器插件来传输内容。

- 选中【使用其他发布点】：表示将单播客户端连接请求重新定向到其他发布点，应在下面的文本框中输入发布点的 URL。

启用单播翻转后，如果客户端由于某种原因无法接收多播流，发布点会将客户请求自动转发到单播流。

图 8-236　【WMS 多播数据写入器 属性】对话框

(3) 切换到【高级】选项卡。如果在服务器上有多个网络接口卡，应在【要进行多播的网络接口卡的 IP 地址】中单击相应的网卡。单击【确定】按钮对该插件应用配置，然后单击【启用】按钮。

8.8.4　使用 Windows Media Player 播放流内容

(1) 在客户端，选择【开始】→【所有程序】→Windows Media Player 命令，打开播放器，如图 8-237 所示。

图 8-237　打开播放器

（2）按 Ctrl+M 组合键显示菜单，选择【文件】→【打开 URL】命令，打开【打开 URL】对话框，在【打开】文本框中输入流媒体文件的路径，格式为"mms：//流媒体服务器名称或 IP 地址 / 发布点名称"，如图 8-238 所示，单击【确定】按钮即可播放。

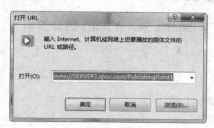

图 8-238　输入流媒体路径

实训 1　Windows Server 2008 的安装

1．实训目的

（1）掌握安装 Windows Server 2008 的硬件要求。

（2）掌握 Windows Server 2008 安装方式的选择。

（3）掌握 Windows Server 2008 的全新安装步骤，重点是文件系统的选择、授权模式的选择、工作组和域的选择、安装组件的选择。

2．实训设备

网络环境中的计算机 1 台，Windows Server 2008 系统光盘 1 张。

3．背景知识

Windows Server 2008 操作系统。

4．实训内容和要求

全新安装 Windows Server 2008 操作系统。

5．实训步骤

（1）准备工作。检测硬件配置是否符合安装要求，规划磁盘分区、计算机名称、IP 地址、授权模式、系统管理员密码等。

（2）安装 Windows Server 2008 操作系统。

（3）启动 Windows Server 2008 操作系统，安装显卡、声卡等驱动程序。

6．实训结果和讨论

实训 2　Windows Server 2008 活动目录

1．实训目的

（1）掌握安装活动目录和域控制器的方法。

(2) 掌握域用户账户的创建和管理。

(3) 掌握域用户组的创建和管理。

2．实训设备

网络环境中一台安装了 Windows Server 2008 的计算机，一台安装了 Windows 7 的计算机。

3．背景知识

Windows Server 2008 活动目录。

4．实训内容和要求

(1) 在 Windows Server 2008 下安装活动目录和域控制器。

(2) 创建和管理域用户账户。

(3) 创建和管理域用户组。

5．实训步骤

(1) 准备工作。检查 Windows Server 2008 是否安装在 NTFS 分区上，规划用于目录服务恢复模式的管理员密码，规划域名、用户账户的名称和密码、用户组的名称和类型等。

(2) 安装域控制器。

(3) 创建、配置和管理用户账户。

(4) 创建、配置和管理用户组。

(5) 在 Windows 7 中，设置用户为隶属于刚安装的域(必须是有权命名计算机名的用户，如 Administrator)。

(6) 重新启动 Windows 7，在出现的【登录到 Windows】对话框中，输入域控制器中创建的用户名和密码，选择登录到该域中。如果没有错误提示，表示正常登录到 Windows Server 2008 域中。

6．实训结果和讨论

实训 3 配置 DNS 服务器

1．实训目的

(1) 掌握 DNS 的基本概念和工作原理。

(2) 掌握 DNS 服务器的安装方法。

(3) 掌握创建和配置 DNS 的方法。

(4) 掌握 DNS 客户端和测试方法。

2．实训设备

网络环境中一台安装了 Windows Server 2008 的计算机，一台安装了 Windows 7 的计算机。

3. 背景知识

DNS 服务器。

4. 实训内容和要求

(1) 安装 DNS 服务器。

(2) 配置 DNS 服务器。

(3) 添加主机名和别名。

(4) 在客户机上测试域名解析。

5. 实训步骤

(1) 准备工作。设定 DNS 服务器的 IP 地址，规划域的区域名称，规划主机名和别名。

(2) 在服务器上安装 DNS 服务。

(3) 创建正向搜索区域。

(4) 创建反向搜索区域。

(5) 创建主机记录和别名。

(6) 设置 DNS 服务器的属性。

(7) 将工作站 TCP/IP 属性中的 DNS 服务器指向前面设定的 DNS 服务器。

(8) 测试 DNS 服务器。

6. 实训结果和讨论

实训 4　配置 DHCP 服务器

1. 实训目的

(1) 掌握 Windows Server 2008 建立 DHCP 服务器的方法。

(2) 了解 DHCP 服务组件的构成、如何从客户机测试 DHCP 服务。

(3) 掌握 DHCP 服务器中主要配置参数及其作用和 DHCP 服务器的安装、配置及管理过程。

2. 实训设备

网络环境中一台安装了 Windows Server 2008 的计算机，一台安装了 Windows 7 的计算机。

3. 背景知识

DHCP 服务器。

4. 实训内容和要求

(1) 安装 DHCP 服务器。

(2) 配置 DHCP 服务器。

(3) 配置网络上的工作站自动获取 IP 地址。

5. 实训步骤

(1) 准备工作。设定 DHCP 服务器的 IP 地址,规划新建作用域的名称、IP 地址范围、排除地址范围、保留 IP 地址的工作站的 MAC 地址,并规划其 IP 地址、网络中的 DNS 和默认网关等。

(2) 在服务器上安装 DHCP 服务。

(3) 启动 DHCP 服务。

(4) 创建新作用域,并对其进行必要的配置。

(5) 测试 DHCP。

(6) 管理 DHCP 服务器的作用域。

6. 实训结果和讨论

为什么 DHCP 服务要求所在的 Windows Server 2008 服务器使用静态地址?

实训 5 配置 FTP 服务器

1. 实训目的

(1) 掌握 Windows Server 2008 建立 FTP 服务器的方法。

(2) 掌握 FTP 站点和 FTP 虚拟目录的创建、配置方法。

(3) 掌握一台主机发布多个 FTP 站点的方法。

2. 实训设备

网络环境中一台安装了 Windows Server 2008 的计算机,一台安装了 Windows 7 的计算机。

3. 背景知识

(1) IIS 7.0。

(2) FTP 服务器。

4. 实训内容和要求

(1) 创建、配置 FTP 站点。

(2) 创建、配置 FTP 虚拟目录。

5. 实训步骤

(1) 准备工作。为两个 FTP 站点准备相关文件,存放在两个文件夹中,并设置好安全权限;规划 FTP 站点名称和虚拟 FTP 站点别名;客户机上准备上传到 FTP 站点的文件。

(2) 安装 IIS 7.0。

(3) 创建、配置 FTP 站点。

(4) 创建、配置虚拟 FTP 站点。

(5) 在客户端访问 FTP 站点和虚拟 FTP 站点,并上传文件。

6. 实训结果和讨论

实训 6 配置邮件服务器

1. 实训目的

(1) 熟悉电子邮件的工作原理。

(2) 掌握 Exchange Server 2007 的安装和配置方法。

(3) 熟悉客户端软件 Outlook Express 的配置方法，并收发电子邮件。

2. 实训设备

网络环境中一台安装了域控制器的 Windows Server 2008 的计算机，一台安装了 Windows 7 的计算机。

3. 背景知识

(1) 邮件服务器。

(2) Exchange Server 2007。

4. 实训内容和要求

(1) 安装 Exchange Server 2007。

(2) 配置 Exchange Server 2007。

(3) 配置 Outlook Express，收发电子邮件。

5. 实训步骤

(1) 准备工作。确保 Windows Server 2008 已升级为域控制器，已安装 NNTP 和 SMTP 两种服务，需要 DNS 和 DHCP 服务。

(2) 安装 Exchange Server 2007。

(3) 创建、配置邮箱。

(4) 配置 Outlook Express，收发电子邮件。

6. 实训结果和讨论

习   题

1. 选择题

(1) 在 Serv-U 中，如果允许用户在上传过程中意外中断后继续传文件，应具备(   )权限。

     A. Write   B. Execute

     C. Read   D. Append

(2) 虚拟网络中逻辑工作组的节点组成不受物理位置的限制，逻辑工作组的划分与管理是通过(   )实现的。

A. 硬件方式   B. 存储转发方式

C. 改变接口连接方式   D. 软件方式

(3) 一台计算机配置成 WINS 客户机后，其 NetBIOS 节点类型是(　　)。

A. P 节点   B. H 节点

C. M 节点   D. B 节点

(4) DNS 服务器的主要功能是(　　)。

A. IP 地址转换   B. 完全域名和 IP 地址转换

C. NetBIOS 名称和 IP 地址的转换   D. 网站与 IP 地址的转换

(5) DHCP 客户机第一次登录网络时，将会广播(　　)数据包。

A. DHCPDISCOVER   B. DHCPACK

C. DHCPREQUEST   D. DHCPOFFER

(6) FTP 站点服务默认的端口号是(　　)。

A. 29   B. 25

C. 35   D. 21

2. 思考题

(1) 域的优点是什么？

(2) 什么是 Active Directory？Active Directory 中存储哪些信息？

(3) 如何卸载活动目录？

(4) 如何创建域信任关系并进行管理？

(5) 如何安装和设置 DHCP 服务？

(6) 如何建立保留 IP 地址？

(7) 如何构建 DNS 服务器？

(8) 如何构建 DNS 服务器的配置管理？

(9) 如何构建 WINS 服务器？

(10) 如何进行 WINS 服务器的配置管理？

(11) 如何构建流媒体服务器？

(12) 单播和多播有什么区别？

第9章 局域网安全和数据备份

学习目的与要求：

计算机的安全日益成为世界各国关注的重要问题，也是一个十分复杂的课题。随着计算机在人类生活、生产各领域中的广泛应用，计算机病毒也在不断地产生和传播。同时，计算机网络不断地遭到非法入侵，重要情报资料不断地被窃取，甚至由此造成网络系统的瘫痪等，已给各个国家以及众多公司造成巨大的经济损失，甚至危害到国家和地区的安全。

通过对本章的学习，要求学生了解网络安全的基本知识，掌握用户账号与口令的安全设置，掌握性能监视器的设置和使用，掌握数据的备份与恢复，掌握网络防病毒软件和网络防火墙的安装与设置，了解计算机端口安全管理。

9.1 网 络 安 全

9.1.1 网络安全分析

要了解什么是网络安全，必须先清楚什么是"安全"。通常对信息系统安全的认知与评判方式包含5项原则：私密性、完整性、身份鉴别、授权和不可否认性。这5项原则虽各自独立，但在实际维护系统安全时，却又环环相扣、缺一不可。

1. 网络安全的定义

国际标准化组织(ISO)对计算机系统安全的定义是：为数据处理系统建立和采用的技术和管理的安全保护，保护计算机硬件、软件和数据不因偶然和恶意的原因遭到破坏、更改和泄露。由此可以将计算机网络的安全理解为：通过采用各种技术和管理措施，使网络系统正常运行，从而确保网络数据的可用性、完整性和保密性。所以，建立网络安全保护措施的目的是确保经过网络传输和交换的数据，不会发生增加、修改、丢失和泄露等。

2. 网络安全概念的发展过程

网络发展的早期，人们更多地强调网络的方便性和可用性，而忽略了网络的安全性。当网络仅仅用来传送一般性信息的时候，或者网络的覆盖面积仅仅限于一幢大楼、一所校园的时候，安全问题并没有突出地表现出来。但是，当在网络上运行关键性的任务如银行业务等、当企业的主要业务运行在网络上、当政府部门的活动正日益网络化的时候，计算机网络安全就成为一个不容忽视的问题。

随着技术的发展，网络克服了地理上的限制，把分布在一个地区、一个国家，甚至全球的分支机构联系起来。它们使用公共的传输信道传递敏感的业务信息，通过一定的方式可以直接或间接地使用某个机构的私有网络。组织和部门的私有网络也因业务需要不可避免地与外部公众网直接或间接地联系起来，以上因素使得网络运行环境更加复杂、分布地域更加广泛、用途更加多样化，从而造成网络的可控制性急剧降低，安全性变差。

随着组织和部门对网络依赖性的增强，一个相对较小的网络也会突出地表现出一定的安全问题，即使是网络自身利益没有明确的安全要求，也可能由于被攻击者利用而带来不必要的法律纠纷。网络黑客的攻击、网络病毒的泛滥和各种网络业务的安全要求构成了对网络安全的迫切需求。

3. 常见的网络攻击手段

1) 服务拒绝攻击

服务拒绝攻击企图通过服务使计算机崩溃或把它压垮，以此来阻止你提供服务。服务拒绝攻击是最容易实施的攻击行为。

2) 利用型攻击

利用型攻击是一类试图直接对计算机进行控制的攻击，最常见的有 3 种：口令猜测、特洛伊木马、缓冲区溢出。

3) 信息收集型攻击

信息收集型攻击并不对目标本身造成危害，这类攻击被用来为进一步入侵提供有用的信息，主要包括扫描技术、体系结构刺探、利用信息服务等。

4) 假消息攻击

假消息攻击用于攻击目标配置不正确的消息，主要包括 DNS 高速缓存污染、伪造电子邮件。

4. 影响网络安全的根源

对计算机网络的攻击方式多种多样，攻击的原因也各有不同，而攻击之所以有可能实现，主要的根源在以下几个方面。

(1) 网络协议设计和实现中的漏洞。

(2) 计算机软件系统设计与实现中的漏洞。

(3) 系统和网络在使用过程中的错误配置与错误操作。

9.1.2 用户账号与口令安全配置

登录访问控制为网络访问提供了第一层访问控制。通过设置账号，可以控制哪些用户能够登录到服务器并获取网络信息和使用资源；通过设置账号属性，可以设置密码需求条件，控制用户在哪些时段能够登录到指定域，控制用户从哪台工作站登录到指定域，设置用户账号的失效日期。

Windows Server 2008 的账号安全是一个重点，首先，Windows Server 2008 的默认安装允许任何用户通过空用户得到系统所有账号/共享列表，这个本来是为了方便局域网用户共享文件的，但是一个远程用户也可以得到你的用户列表并使用暴力方法破解用户密码。

用户的登录过程为：首先是用户名和密码的识别与验证，然后是用户账号的登录限制的检查。两个过程只要有一个不成功就不能登录。

1. 新建本地用户

对于新建用户，账号要便于记忆与使用，而密码则要求有一定的长度与复杂度。设置步骤如下。

(1) 选择【开始】→【管理工具】→【计算机管理】命令，弹出如图 9-1 所示的【计算机管理】窗口。

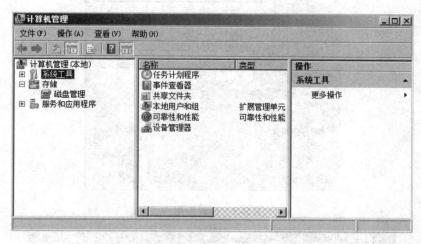

图 9-1 【计算机管理】窗口

(2) 双击【本地用户和组】选项，出现"用户"和"组"树型结构，右击【用户】选项，在弹出的快捷菜单中选择【新用户】命令，如图 9-2 所示。

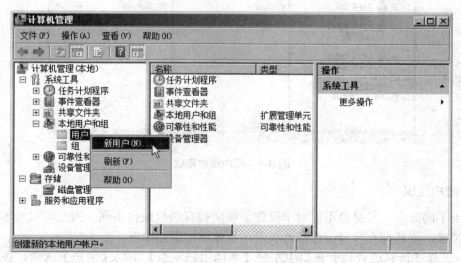

图 9-2 选择【新用户】命令

(3) 弹出如图 9-3 所示的【新用户】对话框，输入相应的用户名和密码，建议密码的长度不小于 6 位，同时由字符、数字及特殊字符构成，然后根据需要选中相应的复选框，最后单击【创建】按钮。

(4) 双击【计算机管理】窗口中左侧的【用户】选项，可以在右侧窗口中看到刚刚创建的用户"fxf"，如图 9-4 所示。

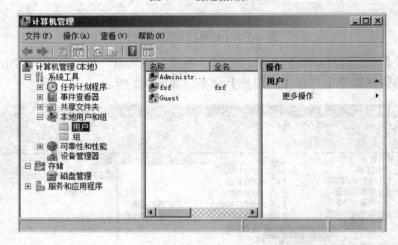

图 9-3　创建新用户

图 9-4　用户添加完成

2. 账户授权

对于不同账户，其身份不同对于操作系统所拥有的权限也不同。为此可以对不同的账户进行授权，使其拥有和身份相应的权限。具体设置步骤如下。

(1) 选择【计算机管理】窗口中左侧【本地用户和组】下的【用户】选项，在窗口右侧的相应用户上右击，在弹出的快捷菜单中选择【属性】命令，弹出用户属性对话框，切换到【隶属于】选项卡，如图 9-5 所示。

(2) 单击【添加】按钮，弹出如图 9-6 所示的【选择组】对话框，然后单击【高级】按钮。

(3) 在弹出的如图 9-7 所示的对话框中单击【立即查找】按钮，在【搜索结果】列表框中选择要添加的组，最后单击【确定】按钮。

3. 停用 Guest 用户

可以在【计算机管理】窗口的用户属性里面把 Guest 账号禁用。为了保险起见，最好给 Guest 加一个复杂的密码。可以打开记事本，在里面输入一串包含特殊字符、数字、字母的长字符串，然后把它作为 Guest 用户的密码复制进去，还要修改 Guest 账号的属性，并设置为拒绝远程访问。

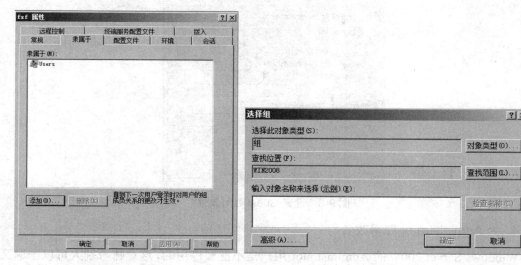

图 9-5　用户属性对话框　　　　　　　　图 9-6　【选择组】对话框

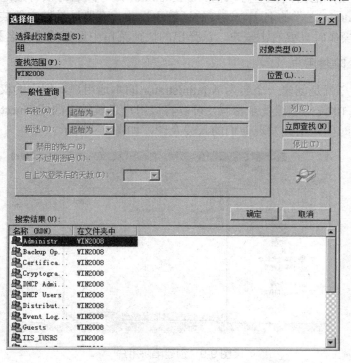

图 9-7　添加用户组

在如图 9-4 所示的【计算机管理】窗口右侧双击 Guest 账户，弹出【Guest 属性】对话框，切换到【拨入】选项卡，选中【拒绝访问】单选按钮，如图 9-8 所示，再单击【确定】按钮。

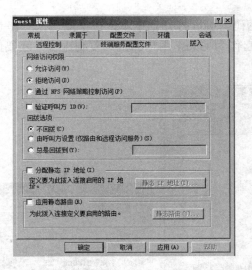

图 9-8　设置 Guest 账号属性

4．为 Administrator 账号改名

Windows Server 2008 的 Administrator 用户是不能被停用的，这意味着别人可以一遍又一遍地尝试这个用户的密码，但可以把 Administrator 账号改名可以有效地防止这一点。

不要使用 Admin 之类的名字，这样的话等于没改，而要尽量把它伪装成普通用户，如改成 111。具体操作时只要右击账户，从弹出的快捷菜单中选择【重命名】命令即可。

5．创建一个陷阱用户

所谓陷阱用户就是创建一个名为 Administrator 的本地用户，把它的权限设置成最低，再加上一个超过 10 位的超级复杂密码，可以将该用户隶属的组改成 Guest 组。这样可以让黑客们忙上一段时间，借此发现他们的入侵企图，如图 9-9 所示。

图 9-9　创建陷阱用户

6．限制用户数量

可以去掉所有的测试账户、共享账户和普通部门账户等。在用户组策略中设置相应权限，并且经常检查系统的账户，删除不再使用的账户。

很多账户是黑客们入侵系统的突破口，系统的账户越多，黑客们得到用户权限的可能性也就越大。对于 Windows Server 2008 系统的主机，如果系统账户超过 10 个，一般能找出一两个弱口令账户，所以账户数量不要大于 10 个。

7. 多个管理员账户

虽然这点看上去和上一点有些矛盾，但事实上是服从以上规则的。创建一个一般用户权限账号用来处理电子邮件及一些日常事务，创建另一个有 Administrator 权限的账户在需要的时候使用。因为只要登录系统以后，密码就存储在 WinLogo 进程中，当有其他用户入侵计算机时，就可以得到登录用户的密码，所以要尽量减少 Administrator 登录的次数和时间。

8. 开启账户策略

账户锁定是指在某些情况下(如账户受到采用密码词典或暴力猜解方式的在线自动登录攻击)，为保护该账户的安全而将此账户进行锁定，使其在一定的时间内不能再次使用，从而挫败连续的猜解尝试。

Windows Server 2008 系统在默认情况下，为方便用户起见，这种锁定策略并没有进行设定，此时，对黑客的攻击没有任何限制。只要有耐心，通过自动登录工具和密码猜解字典进行攻击，甚至是暴力模式的攻击，那么破解密码只是一个时间和运气上的问题。账户锁定策略设定的第一步就是指定账户锁定的阈值，即锁定该账户无效登录的次数。一般来说，由于操作失误造成的登录失败的次数是有限的。在这里设置锁定阈值为 3 次，这样只允许 3 次登录尝试。如果 3 次登录全部失败，就会锁定该账户。

但是，一旦该账户被锁定后，即使是合法用户也就无法使用了，只有管理员才可以重新启用该账户，这就造成了许多不便。为方便用户起见，可以同时设定锁定的时间和复位计数器的时间，这样一来在 3 次无效登录之后就开始锁定账户，以及锁定时间为 15 分钟。以上的账户锁定设定，可以有效地避免自动猜解工具的攻击，同时对于手动尝试者的耐心和信心也可造成很大的打击。锁定用户账户常常会造成一些不便，但系统的安全有时更为重要。

具体操作步骤如下。

(1) 选择【开始】→【管理工具】→【本地安全策略】命令，在打开的【本地安全策略】窗口中选择【账户锁定策略】选项，如图 9-10 所示。

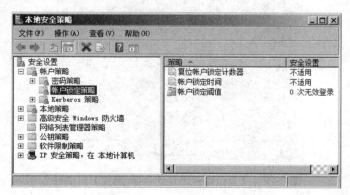

图 9-10 【本地安全策略】窗口

(2) 在右侧窗口中双击【账户锁定阈值】选项，弹出如图 9-11 所示的【账户锁定阈值 属性】对话框，账户锁定阈值默认为"0 次无效登录"，我们可以将其设置为 3 次或更多，以确保系统的安全，然后单击【确定】按钮。

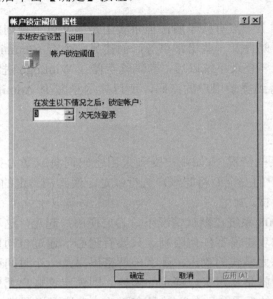

图 9-11 【账户锁定阈值 属性】对话框

(3) 在【本地安全策略】窗口的右侧双击【复位账户锁定计数器】选项，在弹出的【复位账户锁定计数器 属性】对话框中设置复位账户锁定计数器为 15 分钟后，如图 9-12 所示，单击【确定】按钮。如果定义了账户锁定计数器的复位时间，则该复位时间必须小于等于账户锁定的时间。

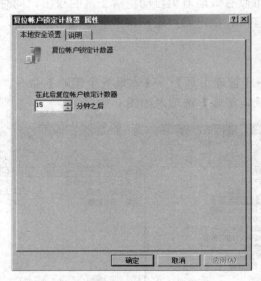

图 9-12 【复位账户锁定计数器 属性】对话框

(4) 在【本地安全策略】窗口的右侧双击【账户锁定时间】选项，在弹出的【账户锁

定时间 属性】对话框中设置账户锁定时间为 15 分钟，如图 9-13 所示，单击【确定】按钮就完成了所需账户锁定时间的设置。这样当账户被系统锁定 15 分钟后会自动解锁，这个值的设置可以延迟黑客继续尝试登录系统。

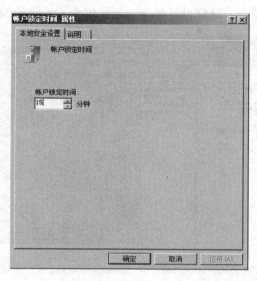

图 9-13   【账户锁定时间 属性】对话框

9. 开启密码策略

提高密码的破解难度主要是通过采用提高密码复杂性、增大密码长度、提高更换频率等措施来实现，但这常常是用户很难做到的，对于企业网络中的一些安全敏感用户就必须采取一些相关的措施，以强制改变不安全的密码使用习惯。

在 Windows 系统中可以通过一系列的安全设置，并同时制定相应的安全策略来实现。在 Windows Server 2008 系统中，可以通过在安全策略中设定"密码策略"来进行。Windows Server 2008 系统的安全策略可以根据网络的情况，针对不同的场合和范围进行有针对性的设定。例如可以针对本地计算机、域及相应的组织单元来进行设定，这将取决于该策略要影响的范围。

以域安全策略为例，其作用范围是企业网中所指定域的所有成员。在域管理工具中运行"域安全策略"工具，然后就可以针对密码策略进行相应的设定。对于域环境的 Windows Server 2008，默认即启用了密码复杂性要求。

Windows Server 2008 的密码原则主要包括以下 4 项：密码必须符合复杂性要求、密码长度最小值、密码使用期限和强制密码历史。

要使本地计算机启用密码复杂性要求，只要在指定的计算机上用"本地安全策略"来设定，同时也可在网络中特定的组织单元中通过组策略进行设定。

(1) 单击【本地安全策略】窗口中的【密码策略】选项，双击窗口右侧的【密码必须符合复杂性要求】选项，弹出如图 9-14 所示的【密码必须符合复杂性要求 属性】对话框，选中【已启用】单选按钮，单击【确定】按钮。

启用了密码复杂性要求后，则所有用户设置的密码必须包含数字、字母、标点符号才符合要求，如密码"fas#2daD"符合要求，而密码"dafada"则不符合要求。

(2) 双击【本地安全策略】窗口右侧的【密码长度最小值】选项，弹出如图 9-15 所示的【密码长度最小值 属性】对话框，在该对话框中设置密码长度最小值，然后单击【确定】按钮。默认密码长度最小值为 0 个字符。在设置密码复杂性要求之前，系统允许用户不设置密码，但为了系统的安全，最好设置最小密码长度为 6 或更长的字符。

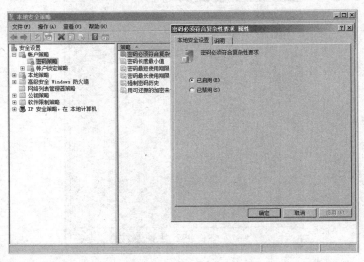

图 9-14　【密码必须符合复杂性要求 属性】对话框

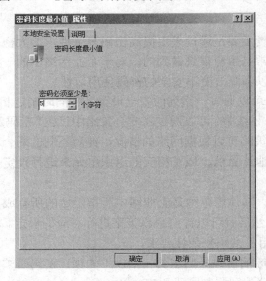

图 9-15　【密码长度最小值 属性】对话框

(3) 在【本地安全策略】窗口右侧双击【密码最长使用期限】选项，弹出【密码最长使用期限 属性】对话框，如图 9-16 所示。设置密码最长使用期限为 42 天，然后单击【确定】按钮，这样用户账户的密码必须在 42 天之后修改，也就是说密码会在 42 天之后过期。

(4) 在【本地安全策略】窗口右侧双击【强制密码历史】选项，弹出【强制密码历史 属性】对话框，如图 9-17 所示，设置强制密码历史为 5，单击【确定】按钮。这样系统会记住最后 5 个用户设置过的密码，当用户修改密码时，如果是最后 5 个密码之一，系统将拒绝用户的要求，这样可以防止用户重复使用相同的字符来组成密码。

 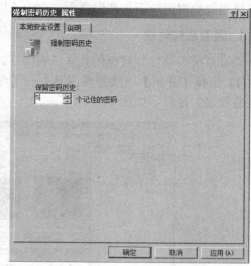

图 9-16 【密码最长使用期限 属性】对话框   图 9-17 【强制密码历史 属性】对话框

完成了账户策略的设置后，如果要让账户策略立即生效，还必须将策略设置更新。在 Windows Server 2008 命令窗口下，输入"gpupdate"命令，然后按 Enter 键，刚才所设置的策略就生效了，如图 9-18 所示。

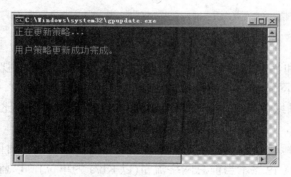

图 9-18 用户策略更新成功

9.2 性能监视及优化

在 Windows Server 2008 中，系统会自动将进行过的操作或使用过的程序以事件的形式保存在计算机中供以后查看，事件是系统或应用程序中需要通知用户的所有重要事件，或者是将被添加到日志中的选项。通过查看事件，可以及时了解计算机的运行情况，并可对计算机进行适时维护。

9.2.1 系统性能监视

可靠性和性能监视器是用户管理和维护 Windows Server 2008 的重要工具，它能提供系统当前各设备的性能状况，并且可以方便地利用图标、报表等多种监视形式进行观察，还可以将相关数据记录下来并保存到文件中，以便日后进行分析。

1. 查看系统性能

查看系统当前性能状况的具体步骤如下。

(1) 选择【开始】→【管理工具】→【可靠性和性能监视器】命令，打开【可靠性和性能监视器】窗口，如图9-19所示。

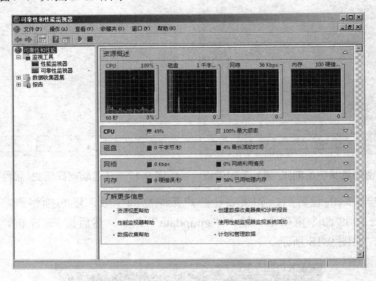

图9-19　【可靠性和性能监视器】窗口

(2) 在【可靠性和性能监视器】窗口中，用户可以即时查看监视对象的性能参数。可以看到CPU、磁盘、网络和内存的使用情况。

- CPU标签以绿色显示当前正在使用的CPU容量的总百分比，以蓝色显示CPU最大频率。
- 磁盘标签以绿色显示当前的总I/O，以蓝色显示最高活动时间百分比。
- 网络标签以绿色显示当前总网络流量(以Kb/s为单位)，以蓝色显示使用中的网络容量百分比。
- 内存标签以绿色显示当前每秒的硬错误，以蓝色显示当前使用中的物理内存百分比。

(3) 性能监视器是一种简单而功能强大的可视化工具，用于实时从日志文件中查看性能数据。使用性能监视器可以检查图标、直方图或报告中的性能数据。

单击【可靠性和性能监视器】窗口左侧的【性能监视器】选项，窗口右侧将显示一个图像显示区、一个参数统计区和一个计数器列表框，如图9-20所示。

2. 添加新的监控选项

默认的监控界面没有任何可监控的数据项，用户可以指定系统要监视的各计数器。添加新的监控选项的操作步骤如下。

(1) 在【性能监视器】界面中的图像显示区域右击，在弹出的快捷菜单中选择【添加计数器】命令，如图 9-21 所示；也可以在快捷工具栏中单击"+"按钮。

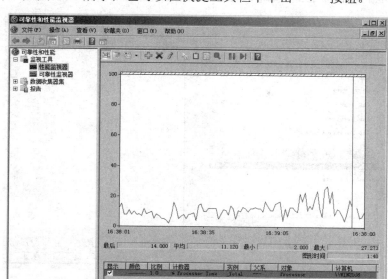

图 9-20　性能监视器界面

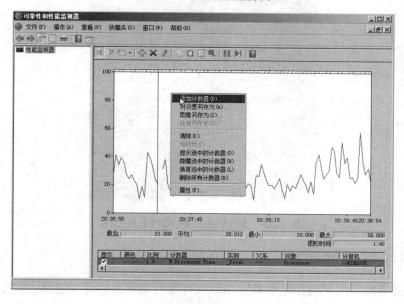

图 9-21　选择【添加计数器】命令

(2) 打开如图 9-22 所示的【添加计数器】对话框，在【从计算机选择计数器】下拉列表框中选择【<本地计算机>】选项，可以看到当前使用的计算机上的计数器，然后选择要监视的计数器，在【选定对象的实例】列表框中选择要监视的实例，然后单击【添加】按钮，将会在系统性能监视器中出现一个新的监控值。

(3) 右击该参数，在弹出的快捷菜单中选择【属性】命令，弹出如图 9-23 所示的【性能监视器 属性】对话框。切换到其他选项卡，可以设置相关的参数，单击【确定】按钮就可以在系统性能监视器中看到新添加的监控数据的图表显示了。

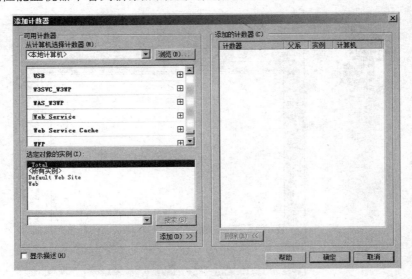

图 9-22　【添加计数器】对话框

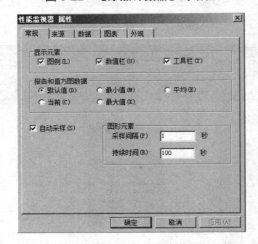

图 9-23　【性能监视器 属性】对话框

9.2.2　系统可靠性监视

可靠性监视器提供系统稳定性概览和影响可靠性的事件的详细信息，它会计算出在系统的生存时间内系统稳定性图表中所显示的稳定性指数。

在【可靠性和性能监视器】窗口中选择【可靠性监视器】选项，可以打开如图 9-24 所示的可靠性监视界面。可靠性监视器快速显示系统稳定性历史记录，并使用户可以查看每天影响可靠性时间的详细信息。可靠性监视器由"系统稳定性图表"和"系统稳定性报告"两部分组成。

可靠性监视器可以保留一年的系统稳定性和可靠性事件的历史记录。系统稳定性图表显示了按日期组织的滚动图表。

系统稳定性图表的上半部分显示了稳定性指数的图表。在该图表的下半部分，有五行会跟踪可靠性事件的选项，这些事件将有助于系统的稳定性测量，或者提供有关软件安装和删除的相关信息。当检测到每种类型的一个或多个可靠性事件时，在该日期的列中会显示一个图标。

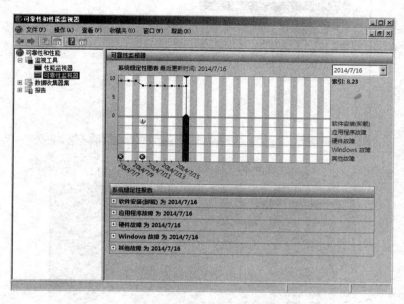

图 9-24　可靠性监视器界面

9.2.3　数据收集器集

数据收集器是 Windows Server 2008 可靠性和性能监视器中一个重要的新特征，它将数据收集分组，形成适用于不同性能与监控条件下的可重复使用的构件。

可以创建数据收集器集，然后执行以下操作：逐个记录，与其他数据收集器集组合而且并入到日志中，在性能监视器中查看，配置未达到阈值时生成警报，或者由其他非 Microsoft 应用程序使用。可以将其与在特定时间收集数据的计划规则关联起来。还可以将 Windows Mangement Interface(WMI)任务配置为在数据收集器集收集完成后运行。数据收集器集包含了以下类型的数据收集器。

- 性能计数器。
- 事件跟踪数据。
- 系统配置信息(注册表相值)。

可以从当前性能监视器显示区域中的计数器创建数据收集器集，其操作步骤如下。

(1) 右击【性能监视器】下的【用户定义】选项，在弹出的快捷菜单中选择【新建】→【数据收集器集】命令，如图 9-25 所示。

(2) 启动创建数据收集器向导，在【名称】文本框中输入数据收集器集的名称，选中【手动创建(高级)】单选按钮，然后单击【下一步】按钮，如图 9-26 所示。

(3) 弹出如图 9-27 所示的【您希望包括何种类型的数据】界面，选中【性能计数器警报】单选按钮，然后单击【下一步】按钮。

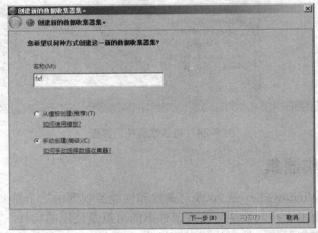

图 9-25   新建数据收集器集

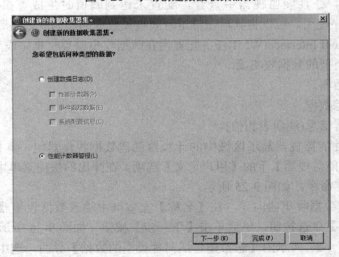

图 9-26   手动创建数据收集器集

图 9-27   【您希望包括何种类型的数据】界面

(4) 弹出如图 9-28 所示的【您希望监视哪个性能计数器】界面，单击【添加】按钮，添加计数器"Processor(_Total)\%Processor Time"，在【警报条件】下拉列表框中选择【大于】选项，在【限制】文本框中输入"1"，然后单击【下一步】按钮。

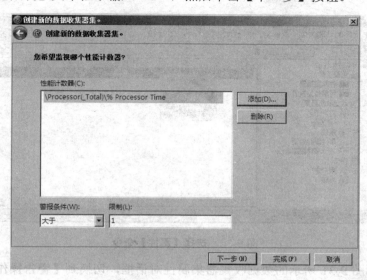

图 9-28　【您希望监视哪个性能计数器】界面

(5) 弹出如图 9-29 所示的【是否创建数据收集器集】界面，在该对话框中可以定义运行数据收集器的用户身份。单击【更改】按钮弹出对话框，可以输入所列默认用户以外的其他用户的用户名和密码。在此选择默认的身份来创建数据收集器集，选中【保存并关闭】单选按钮，最后单击【完成】按钮完成操作。

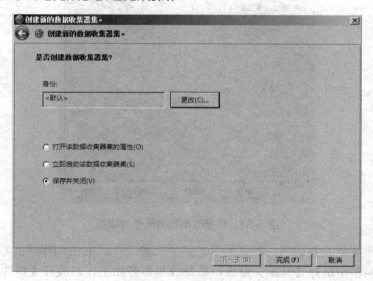

图 9-29　【是否创建数据收集器集】界面

若要查看数据收集器集的属性或进行其他更改，需要选中【打开该数据收集器的属性】单选按钮；如果要立即启动数据收集器集，则选中【立即启动该数据收集器集】单选按钮；

如果要保存数据收集而不启动收集操作，则选中【保存并关闭】单选按钮。

(6) 用鼠标右击新建的性能计数器警报，在弹出的快捷菜单中选择【属性】命令，如图 9-30 所示。

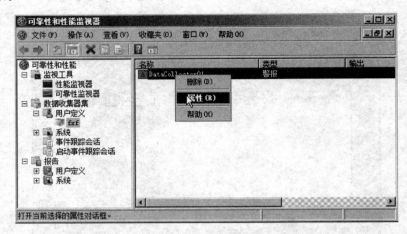

图 9-30　选择【属性】命令

(7) 弹出如图 9-31 所示的数据收集器集属性对话框，切换到【警告操作】选项卡，选中【将项记入应用程序事件日志】复选框，在【启动数据收集器集】下拉列表框中选择刚刚创建的数据收集器集，然后单击【确定】按钮。

图 9-31　数据收集器集属性对话框

数据收集器集创建完成后，默认的状态是"已停止"，右击创建好的数据收集器集，从弹出的快捷菜单中选择【开始】命令，数据收集器开始工作。展开【事件查看器】\【应用程序和服务日志】\Microsoft\Windows\Diagnosis-PLA\Operational 选项可查看相关记录，如图 9-32 所示。

图 9-32　查看事件情况

9.3　数 据 备 份

备份是将重要的数据保存在其他介质上，当发生严重的系统故障而丢失数据时可以将数据从其他介质恢复到硬盘中。日常的数据备份非常重要，可以防止在系统出现故障时，及时有效地恢复数据，是网络日常管理的一个重要环节。

9.3.1　数据备份的意义

计算机里的重要数据、档案，不论是对企业用户还是个人用户，都是非常重要的，一旦不慎丢失，都会造成不可估量的损失，轻则辛辛苦苦积攒的心血付诸东流，严重的会影响企业的正常运作，给科研和生产造成巨大损失。如一家企业，其大量的订单、客户信息、单位账目都保存在服务器中，如果因为人为攻击或者病毒而使服务器遭到破坏，丢失大量的重要数据，则企业将失去与客户交易的凭证，从而给企业带来损失。

备份的目的是要确保丢失的数据能够被有效地恢复。经常在服务器硬盘或者客户机硬盘上进行数据备份，可以防止由于磁盘故障、电力不足、病毒感染以及发生其他事故时造成的数据丢失。如果数据已经丢失，以前曾经做过备份，就可以及时恢复这些丢失的数据，保证业务不受影响。

9.3.2　常用的数据备份类型和备份途径

1. 数据备份类型

根据各阶段的使用和需求不同，备份的类型分为 5 种：完全备份、副本备份、差异备份、增量备份和每日备份。

(1) 完全备份。对所选的文件和文件夹都进行备份。完全备份不依靠标记来决定对哪些文件进行备份，但是这种备份会清除所有备份文件的文档属性。这种备份类型可以加快恢复的速度，因为所有的备份文件都是最新的，而且不需要恢复多个备份作业。但是，这种备份是最耗时的，所需要的存储空间也是最大的。

(2) 副本备份。副本备份时，所有选中的文件和文件夹都进行备份。这种备份方式也不清除任何标记。如果不想清除标记或影响其他类型备份的话，可以选择这种备份类型。

(3) 差异备份。在使用差异备份时，只有选中的文件和文件夹具有标记才会备份。因为这种类型的备份不清除标记，如果对同一个文件连续进行了两个差异备份，那么文件在每一次都会备份。这种备份类型在进行备份和数据恢复时速度适中，要利用这种备份类型进行完全备份，在进行了最后一次差异备份后紧接着做一次完全备份。

(4) 增量备份。在进行增量备份的时候，只有选中的文件和文件夹具有标记才会备份。这种备份类型会将文件的标记清除。因为它清除标记，所以如果对同一个文件连续进行两次增量类型的备份，而且文件在这之间没有任何变化的话，第二次备份的时候将不会备份这个文件。这种备份类型在数据备份的时候速度非常快，但是在数据恢复的时候速度很慢。要使用增量类型的备份进行一次完全备份，需要在最后一次完全备份以后紧接着进行增量备份。

(5) 每日备份。在进行每日备份的时候，所有选中的文件和文件夹如果在这一天发生过变化的都会备份。这种备份类型不去查看文件的标记，也不清除文件的标记。如果想对一天内所有变化过的文件和文件夹进行备份而不影响备份计划，可以使用这种备份类型。

2．数据备份途径

数据备份主要有两种途径：一种是本地备份，另一种是网络备份。

本地备份是指通过外置硬盘、光盘、磁带机等设备进行备份。其中，硬盘阵列和磁带机是最常用的备份设备，它的优点是速度快、容量大，而且存储介质(硬盘和磁带)可以重复使用。光盘是近几年比较流行的备份工具，它可以把重要的文件和数据等通过刻录机刻成光盘永久保存。不过，光盘有一个缺点，例如，备份速度慢、大部分不可重复使用、容量小，备份操作复杂。一般只有那些不经常变动的数据才利用光盘来备份。

网络备份是指通过局域网或 Internet 进行网络备份，把集中的数据分散到多台文件服务器上去。这种方式可以有效地保护数据的安全性，但是往往需要专业的技术人员和非常昂贵的设备的投入，而且速度受到一定的限制，一般只有大型企事业单位才使用网络备份。

9.3.3　Windows 自带的备份工具

Windows Server 2008 自带了备份工具——Windows Server Backup。下面介绍如何使用 Windows 系统自带的数据备份工具对计算机上的文件和设置进行备份。

1．添加 Windows Server Backup 功能

(1) 打开【服务器管理器】窗口，切换到【功能】，在右侧单击【添加功能】超链接，弹出如图 9-33 所示的【添加功能向导】对话框，选中【Windows Server Backup 功能】复选框，然后单击【下一步】按钮。

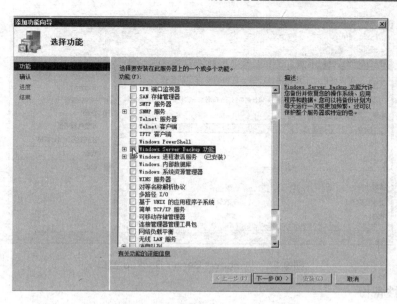

图 9-33　【添加功能向导】对话框

(2) 弹出如图 9-34 所示的【确认安装选择】界面，在其中显示了需要安装的功能，单击【安装】按钮开始安装。

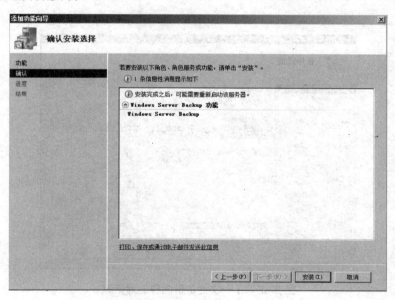

图 9-34　【确认安装选择】界面

(3) 安装完成后，弹出【安装结果】界面，单击【关闭】按钮，完成安装。选择【开始】→【管理工具】→Windows Server Backup 命令，打开如图 9-35 所示的 Windows Server Backup 窗口。

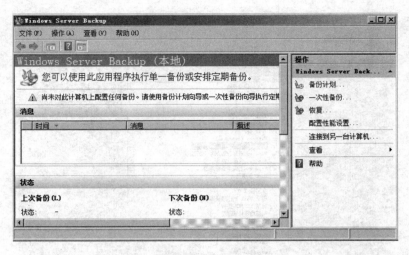

图 9-35　Windows Server Backup 窗口

2. 一次性备份

通常情况下，配置好可以正常运行的系统要进行一次完整性的备份。具体步骤如下。

(1) 在 Windows Server Backup 窗口的【操作】区域中单击【一次性备份】选项，将弹出如图 9-36 所示的【一次性备份向导】对话框，选中【不同选项】单选按钮，再单击【下一步】按钮。

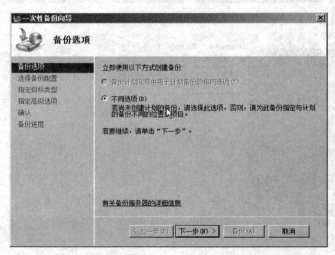

图 9-36　【一次性备份向导】对话框

(2) 弹出如图 9-37 所示的【选择备份配置】界面。如果需要备份所有服务器数据、应用程序和系统状态，则选中【整个服务器(推荐)】单选按钮。这里选中【自定义】单选按钮，然后单击【下一步】按钮。

(3) 弹出如图 9-38 所示的【选择备份项目】界面。在【希望备份哪些卷】选项区域选中【本地磁盘(C:)】复选框，然后单击【下一步】按钮。

(4) 弹出如图 9-39 所示的【指定目标类型】界面，选中【本地驱动器】单选按钮，然后单击【下一步】按钮。

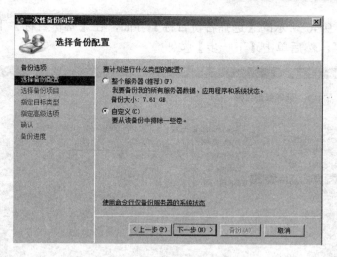

图 9-37 【选择备份配置】界面

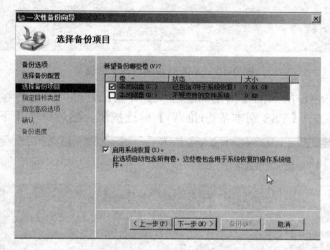

图 9-38 【选择备份项目】界面

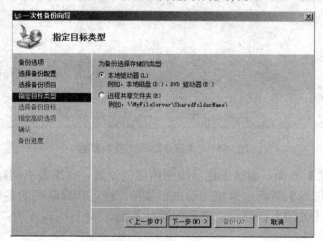

图 9-39 【指定目标类型】界面

(5) 弹出如图 9-40 所示的【选择备份目标】界面，在【备份目标】下拉列表框中选择要备份的磁盘分区，然后单击【下一步】按钮。

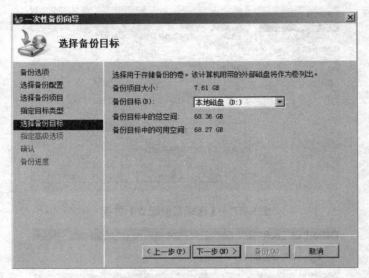

图 9-40 【选择备份目标】界面

(6) 弹出如图 9-41 所示的【指定高级选项】界面，选择要创建的卷影复制服务(VSS)备份的类型，这里选中【VSS 副本备份(推荐)】单选按钮，然后单击【下一步】按钮。

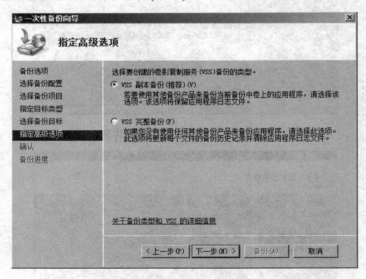

图 9-41 【指定高级选项】界面

(7) 弹出【确认】界面，确认上述步骤中所做的设置，如果没有问题，则单击【备份】按钮。弹出【备份进度】界面，系统开始进行备份，经过一段时间的备份，显示如图 9-42 所示的状态，单击【关闭】按钮则完成了一次性备份。

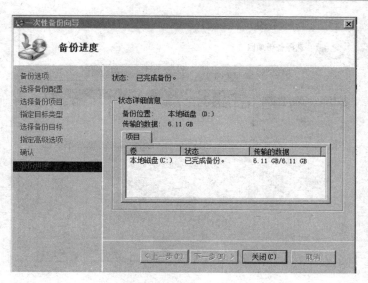

图 9-42　完成备份

3. 备份计划

在第一次完全备份系统后，要设置一个合理的备份计划，让系统动态、自动地完成备份。具体步骤如下。

(1) 在 Windows Server Backup 窗口的【操作】区域单击【备份计划】选项，弹出【备份计划向导】对话框，然后单击【下一步】按钮。

(2) 弹出【选择备份配置】界面，选中【自定义】单选按钮，如图 9-43 所示，然后单击【下一步】按钮。

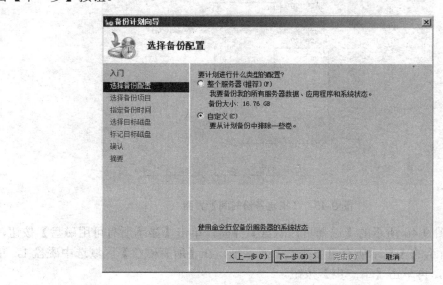

图 9-43　【选择备份配置】界面

(3) 弹出【选择备份项目】界面，选中【本地磁盘(C:)】复选框，如图 9-44 所示，然后单击【下一步】按钮。

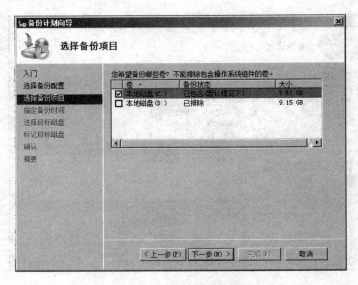

图 9-44　【选择备份项目】界面

　　(4) 弹出【指定备份时间】界面，可以选择每日一次，也可以选择每日多次，这里选中【每日一次】单选按钮，在【选择时间】下拉列表框中选择 21:00，如图 9-45 所示，然后单击【下一步】按钮。

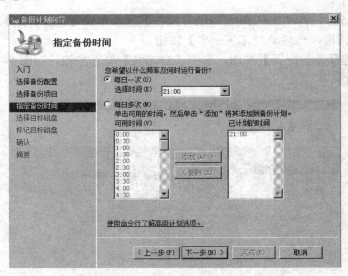

图 9-45　【指定备份时间】界面

　　(5) 弹出如图 9-46 所示的【选择目标磁盘】界面，单击【显示所有可用磁盘】按钮，弹出如图 9-47 所示的【显示所有可用磁盘】对话框，在【所有磁盘】区域选中磁盘 1，单击【确定】按钮，再单击【下一步】按钮。

　　(6) 弹出【标记目标磁盘】界面，记住【标签】下面显示的信息，然后单击【下一步】按钮，弹出【确认】界面，如果信息没有问题就单击【完成】按钮，系统开始创建备份计划。创建完成后，单击【关闭】按钮即可。

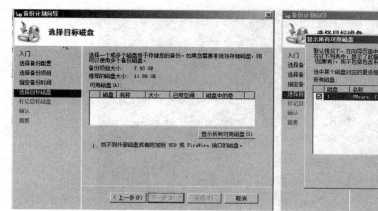
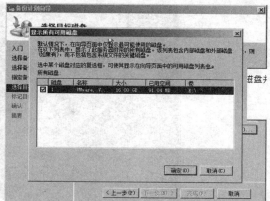

图 9-46 【选择目标磁盘】界面　　　　图 9-47 【显示所有可用磁盘】对话框

4. 恢复备份

如果系统出现故障，但是还可以启动并进入 Windows Server 2008 系统，则可以在 Windows Server Backup 窗口的【操作】区域中单击【恢复】选项，弹出如图 9-48 所示的【恢复向导】对话框。

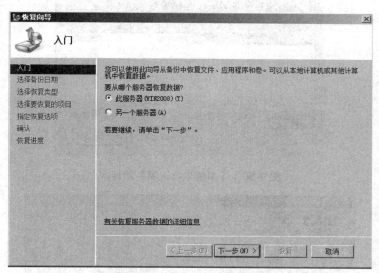

图 9-48 【恢复向导】对话框

如果系统彻底崩溃，无法启动，就需要用 Windows Server 2008 安装光盘引导系统，进行系统备份还原了，详细步骤如下。

(1) 将 Windows Server 2008 的安装光盘插入光驱并设置从光驱启动，在出现安装界面时单击【修复计算机】超链接，如图 9-49 所示。

(2) 弹出如图 9-50 所示的【系统恢复选项】对话框，选择一个要修复的操作系统，然后单击【下一步】按钮。

(3) 弹出如图 9-51 所示的【选择恢复工具】界面，单击【Windows Complete PC 还原】选项，将从备份映像中还原整个服务器。

图 9-49 单击【修复计算机】超链接

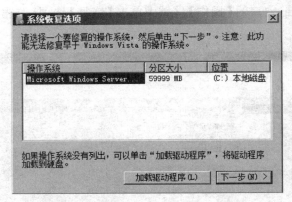

图 9-50 【系统恢复选项】对话框

图 9-51 选择恢复工具

(4) 弹出如图 9-52 所示的【Windows Complete PC 还原】对话框，选中【使用最新的可用备份(推荐)】单选按钮，在该选项的下面会显示该备份所在的位置、创建的日期和时间以及计算机名，最后单击【下一步】按钮。

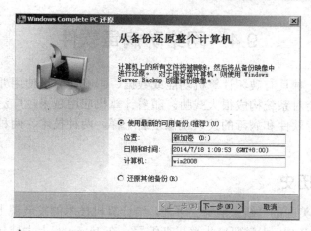

图 9-52　【Windows Complete PC 还原】对话框

(5) 弹出【选择还原备份的方式】界面，单击【下一步】按钮，将弹出如图 9-53 所示的界面，其中显示了选择备份文件的位置、日期和时间、计算机名以及要还原的磁盘，确认无误后单击【完成】按钮。

图 9-53　修复计算机

(6) 弹出如图 9-54 所示的提示对话框，提示 Windows Complete PC Restore 将擦除所选择还原的磁盘上的所有数据。这里选中【我确认要擦除所有现有数据并还原备份】复选框，然后单击【确定】按钮，系统开始还原。

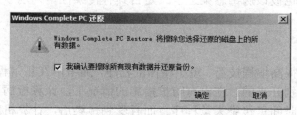

图 9-54　确认要擦除所有数据并还原备份

9.4 网络防病毒软件

计算机病毒是一种具有破坏计算机功能或数据、影响计算机使用并且能自我复制的计算机程序代码，它会对系统构成很大威胁。随着计算机应用越来越广泛，计算机病毒的种类越来越多。反病毒软件和病毒的关系就像矛盾一样，两种技术、两种势力永远在变着法地进行较量。

9.4.1 病毒的历史

1988 年发生在美国的"蠕虫病毒"事件，给计算机技术的发展罩上了一层阴影。蠕虫病毒是由美国 CORNELL 大学研究生莫里斯编写，在 Internet 上大肆传播，使得数千台联网的计算机停止运行，并造成巨额损失，成为一时的舆论焦点。在国内，最初引起人们注意的病毒是 20 世纪 80 年代末出现的"黑色星期五"、"米氏病毒"、"小球病毒"等。因当时软件种类不多，用户之间的软件交流较为频繁且反病毒软件不普及，造成病毒的广泛流行。后来出现的 Word 宏病毒及 Windows 95 下的 CIH 病毒，使人们对病毒的认识更加深了一步。最初对病毒理论的构思可追溯到科幻小说，在 20 世纪 70 年代美国作家雷恩出版的《P1 的青春》一书中构思了一种能够自我复制、利用通信进行传播的计算机程序，并称之为计算机病毒。

9.4.2 病毒的特征

病毒通常具有以下几个特征。

1. 未经授权而执行

一般正常的程序是由用户调用，再由系统分配资源，完成用户交给的任务。其目的对用户是可见的、透明的。而病毒具有正常程序的一切特性，它隐藏在正常程序中，当用户调用正常程序时窃取到系统的控制权，并先于正常程序执行。病毒的动作、目的对用户是未知的、未经用户允许的。

2. 传染性

病毒能使自身的代码强行传染到一切符合其传染条件的未受到传染的程序上，可通过计算机网络等渠道去传染其他计算机。当在一台计算机上发现了病毒时，与这台计算机联网的其他计算机也许也被该病毒感染上了。是否具有传染性是判别一个程序是否为计算机病毒的最重要条件。

3. 隐蔽性

病毒一般是具有很高编程技巧、短小精悍的程序，通常附在正常程序中或磁盘代码中，正常程序是不容易区别开来的。在没有防护措施的情况下，计算机病毒程序取得系统控制权后，可以在很短的时间里传染大量程序，而且受到传染后，计算机系统通常仍能正常运行，使用户不会感到任何异常。由于隐蔽性，计算机病毒得以在用户没有察觉的情况下扩散到上百万台计算机中。

4. 潜伏性

大部分的病毒感染系统之后一般不会马上发作，可以长期隐藏在系统中，只有在满足其特定条件时才启动其破坏模块。只有这样它才可进行广泛的传播。如 PETER-2 在每年 2 月 27 日会提 3 个问题，答错后会将硬盘加密；著名的"黑色星期五"在逢 13 号的星期五发作；国内的"上海一号"会在每年 3 月、6 月、9 月的 13 日发作。当然，最令人难忘的便是 26 日发作的 CIH 病毒。这些病毒在平时隐藏得很好，只有在发作日才会露出本来面目。

5. 破坏性

任何病毒只要侵入系统，都会对系统及应用程序产生程度不同的影响。良性病毒可能只显示些画面、音乐、无聊的语句，或者根本没有任何破坏动作，而只是占用系统资源。这类病毒较多，如 GENP、W-BOOT 等。恶性病毒则有明确的目的，或破坏数据、删除文件，或加密磁盘、格式化磁盘，有的会对数据造成不可挽回的破坏。

6. 不可预见性

从对病毒的检测方面来看，病毒还具有不可预见性。不同种类的病毒代码千差万别，但有些操作是共有的(如驻内存、修改中断号)。有些人利用病毒的这种共性，制作了声称可查所有病毒的程序，这种程序的确可查出一些新病毒。但由于目前的软件种类极其丰富，且某些正常程序也使用了类似病毒的操作甚至借鉴了某些病毒的技术，使用这种方法对病毒进行检测势必会造成较多的误报情况，而且病毒的制作技术也在不断提高，病毒对反病毒软件永远是超前的。

9.4.3 杀毒软件

目前计算机中常用的杀毒软件有 360 杀毒、瑞星、诺顿 Antivirus、金山毒霸和江民等。本节以 360 杀毒软件为例介绍杀毒软件的使用方法。

1. 安装杀毒软件

360 杀毒软件的安装比较简单，具体的操作步骤如下。

(1) 双击 Setup 图标启动安装，弹出如图 9-55 所示的界面，默认已选中【我已阅读并同意许可协议】复选框，单击【立即安装】按钮即可开始安装。如果想更改软件的安装位置，则单击【更改目录】按钮，弹出如图 9-56 所示的【浏览文件夹】对话框，选择所要安装的路径，然后单击【确定】按钮。

(2) 软件会自动进行安装，安装过程中会显示新版本杀毒软件的一些特性，完成后弹出如图 9-57 所示的【360 杀毒】软件界面。

2. 杀毒软件的设置

(1) 单击图 9-57 中的【设置】超链接，弹出如图 9-58 所示的【360 杀毒–设置】对话框。在此可以对 360 杀毒软件进行相关的设置。

(2) 选择左侧的【常规设置】选项，在右侧的【常规选项】选项组中选中【登录 Windows 后自动启动】复选框，这样操作系统启动之后杀毒软件也会自动启动，能实时保护系统安全。在【自保护状态】选项组中启用自我保护，以防止恶意程序破坏 360 杀毒软件的运行。

图 9-55　开始安装界面

图 9-56　【浏览文件夹】对话框

图 9-57　【360 杀毒】界面

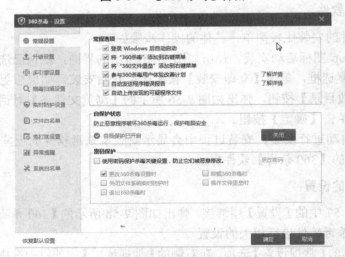

图 9-58　【360 杀毒-设置】对话框

(3) 在【密码保护】选项组中选中【使用密码保护杀毒关键设置，防止它们被恶意修改】复选框，弹出如图 9-59 所示的【360 杀毒-密码保护】对话框，在【密码】和【确认密码】文本框中输入相应的密码。单击【确定】按钮返回到如图 9-58 所示的对话框，选择想要进行密码保护的关键设置，然后单击【确定】按钮。

图 9-59　【360 杀毒-密码保护】对话框

(4) 选择左侧的【升级设置】选项，打开如图 9-60 所示的升级设置界面，默认自动升级设置为【自动升级病毒特征库及程序】。如果不希望自动升级，也可以选择关闭病毒库自动升级，升级时提醒或不显示提醒。也可以设置定时升级，方法是：选中【定时升级】单选按钮，在【每天】微调框中输入想要进行升级的时间，可以选择每天使用不太频繁的时间，比如中午就餐时间进行升级。

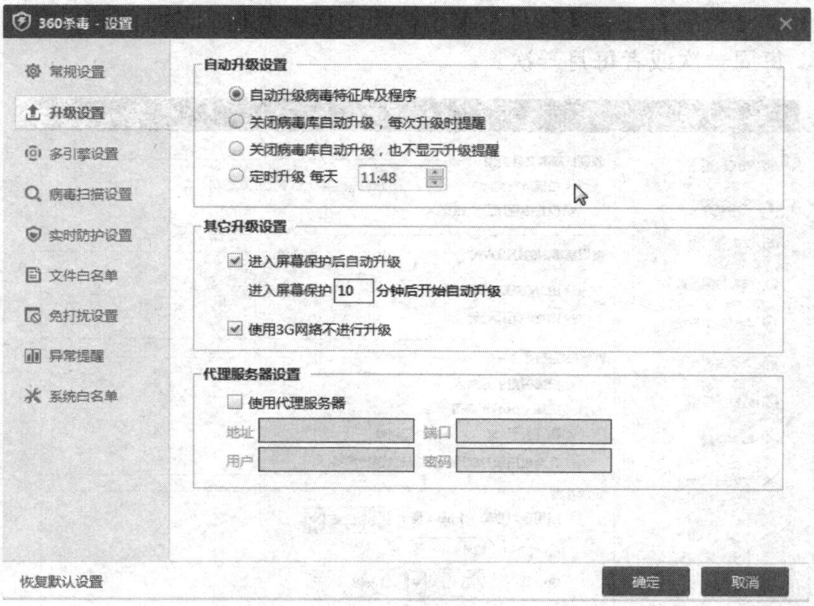

图 9-60　升级设置界面

(5) 选择左侧的【多引擎设置】选项，弹出如图 9-61 所示的多引擎设置界面，右侧显示 360 杀毒软件所包含的多个查杀引擎，360 杀毒软件默认选择了最佳组合。用户也可以根据自己的电脑配置及查杀需求进行调整。

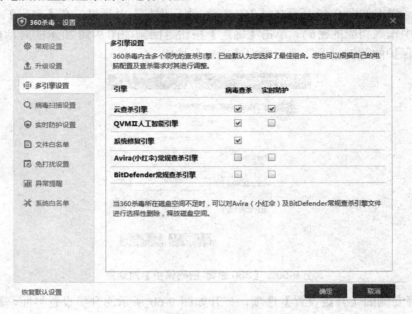

图 9-61　多引擎设置界面

（6）选择左侧的【病毒扫描设置】选项，弹出如图 9-62 所示的界面，可以设置需要扫描的文件类型是程序及文档文件或者所有文件，也可以进行定时查毒。选中【启用定时查毒】复选框，在【扫描类型】下拉列表框中选择所需要的扫描类型，在下面的扫描频率中选中【每天】、【每周】或者【每月】单选按钮，再设置相应的时间和日期，频率只能设置每天一次、每周一次或者每月一次。

图 9-62　病毒扫描设置界面

(7) 选择左侧的【文件白名单】选项，弹出如图 9-63 所示的界面，可以设置文件及目录的白名单和文件扩展名的白名单，这样加入白名单的文件及目录和具有白名单扩展名的文件在病毒扫描和实时防护时将被跳过。单击【添加目录】按钮，弹出【浏览文件夹】对话框，选择相应的文件目录即可将该目录加入白名单。单击【添加】按钮，弹出如图 9-64 所示的对话框，在文本框中输入不希望被扫描的文件扩展名，然后单击【确认】按钮。

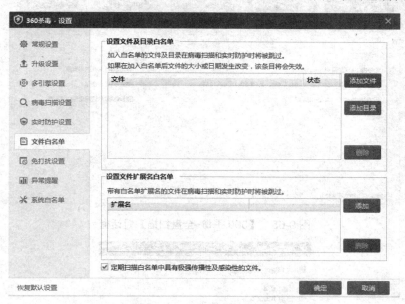

图 9-63　设置文件白名单

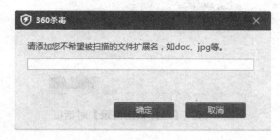

图 9-64　文件扩展名白名单对话框

3. 病毒扫描

360 杀毒软件的病毒扫描方式有全盘扫描、快速扫描和自定义扫描 3 种方式。全盘扫描是指扫描所有磁盘；快速扫描是指扫描 Windows 系统目录及 Program Files 目录；自定义扫描是指用户来指定磁盘中的相关位置进行病毒扫描，可以进行有针对性的扫描查杀。

病毒查杀很方便，直接在 360 杀毒软件的主界面中单击相应图标就可以进行相关操作。如单击【全盘扫描】超链接，则打开如图 9-65 所示的【360 杀毒-全盘数据】对话框，会对整个磁盘的文件进行扫描。

如果要进行自定义扫描，则在主界面中单击【功能大全】超链接，在打开的对话框中单击【自定义扫描】超链接，弹出如图 9-66 所示的【选择扫描目录】对话框，选择所要扫描的文件目录，然后单击【扫描】按钮即可进行扫描。

图 9-65　【360 杀毒-全盘扫描】对话框

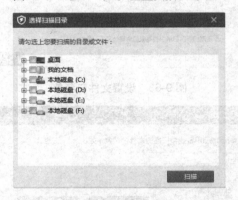

图 9-66　【选择扫描目录】对话框

9.5　网络防火墙

　　网络防火墙是指在两个网络之间加强访问控制的一整套装置，即防火墙是构造在一个可信网络(一般指内部网)和不可信网络(一般指外部网)之间的保护装置，强制所有的访问和连接都必须经过这一保护层，并在此进行连接和安全检查。只有合法的流量才能通过此保护层，从而保护内部网资源免遭非法入侵。

9.5.1　网络防火墙的目的与作用

1. 构建网络防火墙的主要目的

　　构建网络防火墙主要有以下几个目的。

- 限制访问者进入一个被严格控制的点。
- 防止进攻者接近防御设备。
- 限制访问者离开一个被严格控制的点。
- 检查、筛选、过滤和屏蔽信息流中的有害服务，防止对计算机系统进行蓄意破坏。

2. 网络防火墙的主要作用

网络防火墙的主要作用如下。

- 有效地收集和记录 Internet 上的活动和网络误用情况。
- 能有效隔离网络中的多个网段，防止一个网段的问题传播到另外的网段。
- 防火墙作为一个安全检查站，能有效地过滤、筛选和屏蔽一切有害的信息和服务。
- 防火墙作为一个防止不良现象发生的"警察"，能执行和强化网络的安全策略。

9.5.2　网络防火墙的分类

网络防火墙的分类方法有多种，常见的有以下两种方法。

1. 从防火墙的软硬件形式来分

从防火墙的软硬件形式来分，防火墙可以分为软件防火墙、硬件防火墙和芯片级防火墙。

1) 软件防火墙

软件防火墙运行于特定的计算机上，它需要客户预先安装好的计算机操作系统的支持，一般来说这台计算机就是整个网络的网关，俗称"个人防火墙"。软件防火墙就像其他的软件产品一样，需要先在计算机上安装并做好配置才可以使用。防火墙厂商中做网络版软件防火墙最出名的莫过于 Checkpoint。使用这类防火墙，需要网络管理员对所工作的操作系统平台比较熟悉。

2) 硬件防火墙

这里说的硬件防火墙是指"所谓的硬件防火墙"，之所以加上"所谓"二字是针对芯片级防火墙说的。它们最大的差别在于是否基于专用的硬件平台。目前市场上大多数防火墙都是这种所谓的硬件防火墙，它们都基于 PC 架构，也就是说，它们和普通的家庭用的 PC 没有太大区别。在这些 PC 架构计算机上运行一些经过裁剪和简化的操作系统，最常用的有老版本的 UNIX、Linux 和 FreeBSD 系统。值得注意的是，由于此类防火墙采用的依然是别人的内核，因此依然会受到操作系统本身的安全性影响。

传统硬件防火墙一般至少应具备 3 个端口，分别接内网、外网和 DMZ 区(非军事化区)。现在一些新的硬件防火墙往往扩展了端口，常见的四端口防火墙一般将第四个端口作为配置口、管理端口。很多防火墙还可以进一步扩展端口数目。

3) 芯片级防火墙

芯片级防火墙基于专门的硬件平台，没有操作系统。专有的 ASIC 芯片促使它们比其他种类的防火墙速度更快、处理能力更强、性能更高。做这类防火墙最出名的厂商有 NetScreen、FortiNet、Cisco 等。这类防火墙由于是专用操作系统，因此防火墙本身的漏洞比较少，不过价格相对比较高。

2. 从所采用的技术分类

根据防范的方式和侧重点的不同,防火墙可分为以下6种基本类型。

(1) 包过滤型。

(2) 代理服务器型。

(3) 电路层网关。

(4) 混合型防火墙。

(5) 应用层网关。

(6) 自适应代理技术。

9.5.3 费尔个人防火墙

费尔个人防火墙专业版是费尔安全实验室最重要的产品之一,它不仅功能非常强大,而且简单易用,既能满足专业人士的需求,也可让一般用户很容易操控。费尔个人防火墙可以为计算机提供全方位的网络安全保护,而且完全免费。下面以费尔个人防火墙为例讲解防火墙的配置。

1. 费尔个人防火墙的安装

启动安装程序,进入安装界面,一直单击【下一步】按钮,便可以安装费尔个人防火墙了。安装完毕后,提示重新启动计算机才能使用防火墙,选中【是,立即重新启动计算机】单选按钮,单击【完成】按钮重新启动计算机即可。

2. 功能模块介绍

1) 主界面

费尔个人防火墙主界面如图9-67所示,在主界面中显示状态提示,用户可以了解当前防火墙的工作状态,也可以选择安全等级。

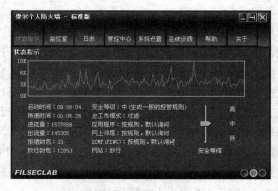

图9-67 费尔个人防火墙主界面

2) 监控模块

监控模块有监控应用程序、网上邻居、ICMP、侦听端口、当前连接等功能,如图9-68所示。通过该模块,用户能够了解有哪些应用程序正在连入网络,以及开放的端口情况。

3) 日志模块

日志模块可以记录应用程序、网上邻居、ICMP 的接收发送或拒绝的情况,如图 9-69

所示。

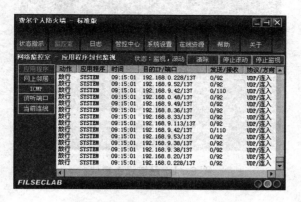

图 9-68 监控模块

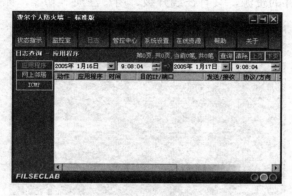

图 9-69 日志模块

4) 管控中心模块

管控中心模块对应用程序、网站、网上邻居、ICMP、时间类型、网络类型等进行管控，在这个模块中用户可以自己编写规则，以便更好地管理网络，如图 9-70 所示。

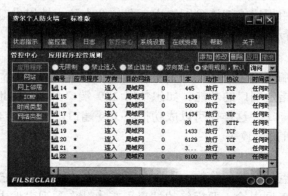

图 9-70 管控中心设置

5) 系统设置模块

在该模块中用户可以设置日志文件的大小，是否在启动时启动本软件，是否在启动时显示欢迎界面，是否声音警报、图标警报，如图 9-71 所示。

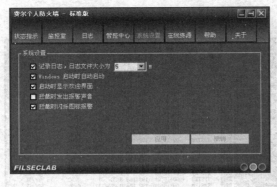

图 9-71 系统设置模块

6) 在线资源模块

本模块显示本软件的资源，具有在线升级、用户注册等功能，如图 9-72 所示。

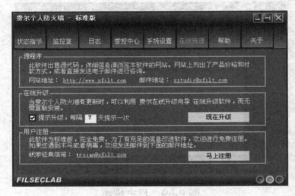

图 9-72 在线资源模块

3. 规则设置

1) 拒绝应用程序

为了拒绝某些应用程序能够连到网络中，费尔个人防火墙提供对应用程序的禁止，如禁止 IE，如图 9-73 所示。这样就不能通过 IE 访问任何网站了。

2) 拒绝 139 端口

一些默认的开放端口，会引起网络上的一些攻击和病毒，有时需要禁止开放。费尔个人防火墙提供了关闭指定端口的功能。如想禁用 139 端口，则将本地端口改成 139，远端端口为 0(0 表示所有端口)，这样便可以成功拒绝 139 端口，如图 9-74 所示，防止别人通过 139 端口对自身计算机进行攻击。

3) 拒绝站点

在网络中有些站点是比较危险的，所以必须拒绝去访问它和让它访问本机。如图 9-75 所示，在【站点】列表框中输入要拒绝的站点，在【动作】列表框中选择【拒绝】选项，这样便可以成功拒绝某个站点了。

4) 拒绝 IP 段

如图 9-76 所示，输入开始 IP 与结束 IP，便可以拒绝这个 IP 地址段的用户访问本机了。

图 9-73　设置拒绝应用程序

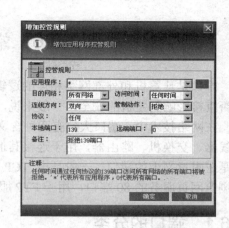

图 9-74　设置拒绝端口

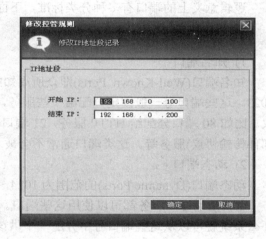

图 9-75　设置拒绝站点

图 9-76　修改 IP 地址

5）日志查询

通过"日志"选项卡可以对日志进行管理，日志文件大小可以设定为 5～10 MB，如图 9-77 所示。

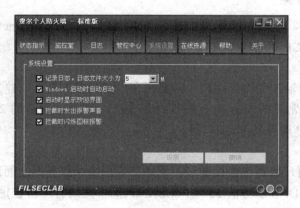

图 9-77　日志管理

9.6 端口安全管理

端口是计算机和外部网络相连的逻辑接口，也是计算机的第一道屏障。端口配置正确与否直接影响到主机的安全，一般来说，只打开需要使用的端口才比较安全。

在网络技术中，端口大致有两种含义：一是物理意义上的端口，比如，ADSL Modem、集线器、交换机、路由器，用于连接其他网络设备的接口，如 RJ-45 端口、SC 端口等；二是逻辑意义上的端口，一般是指 TCP/IP 中的端口，端口号的范围为 0~65 535，比如用于浏览网页服务的 80 端口，用于 FTP 服务的 21 端口等。

9.6.1 端口的分类

逻辑意义上的端口有多种分类标准，下面将介绍两种常见的分类。

1. 按端口号分布分类

1) 知名端口

知名端口(Well-Known Ports)即众所周知的端口号，也称为"常用端口"，范围为 0~1023。这些端口号一般固定分配给一些服务，这些端口的通信也明确表明了某种服务的协议。比如 80 端口分配给 HTTP 服务，21 端口分配给 FTP 服务，25 端口分配给 SMTP(简单邮件传输协议)服务等。这类端口通常不会被木马之类的黑客程序所利用。

2) 动态端口

动态端口(Dynamic Ports)的范围为 1024~65 535，这些端口号一般不固定分配给某个服务，也就是说许多服务都可以使用这些端口。只要运行的程序向系统提出访问网络的申请，那么系统就可以从这些端口号中分配一个供该程序使用。比如 1024 端口就是分配给第一个向系统发出申请的程序。在关闭程序进程后，就会释放所占用的端口号。

这样，动态端口也常常被病毒木马程序所利用，如冰河默认连接端口是 7626、WAY 2.4 是 8011、Netspy 3.0 是 7306、YAI 病毒是 1024 等。

2. 按协议类型分类

按协议类型划分，端口可以分为 TCP、UDP、IP 和 ICMP(Internet 控制消息协议)等端口。下面主要介绍 TCP 和 UDP 端口。

1) TCP 端口

TCP 端口，即传输控制协议端口，需要在客户端和服务器之间建立连接，这样可以提供可靠的数据传输。常见的包括 FTP 服务的 21 端口、Telnet 服务的 23 端口、SMTP 服务的 25 端口以及 HTTP 服务的 80 端口等。

2) UDP 端口

UDP 端口，即用户数据包协议端口，无须在客户端和服务器之间建立连接，安全性得不到保障。常见的有 DNS 服务的 53 端口、SNMP(简单网络管理协议)服务的 161 端口、QQ 使用的 8000 和 4000 端口等。

9.6.2　端口的查看

在局域网的使用中，经常会发现系统中开放了一些莫名其妙的端口，给系统的安全带来隐患。Windows 提供的 netstat 命令，能够查看当前端口的使用情况。具体操作步骤如下。

选择【开始】→【所有程序】→【附件】→【命令提示符】命令，在打开的窗口中输入 "netstat –na" 命令并按 Enter 键，就会显示本机连接的情况和打开的端口，如图 9-78 所示。

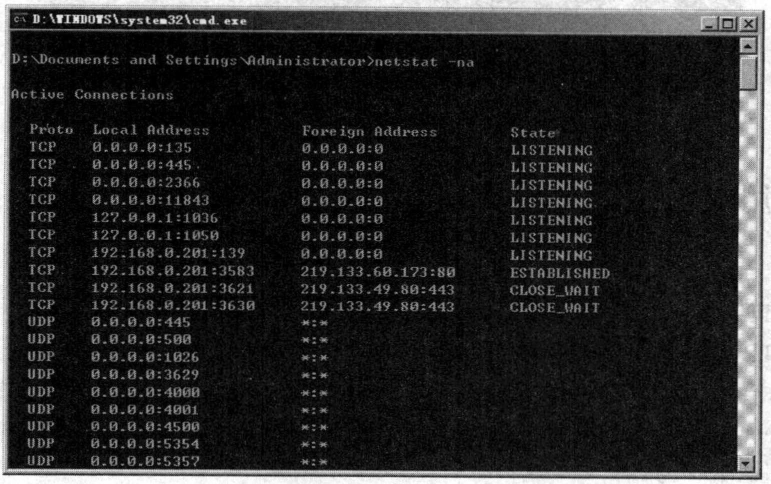

图 9-78　输入 "netstat –na" 命令

该窗口中显示了以下统计信息。

(1) Proto：协议的名称(TCP 或 UDP)。

(2) Local Address：本地计算机的 IP 地址和正在使用的端口号。如果不指定-n 参数，就显示与 IP 地址和端口名称相对应的本地计算机名称。如果端口尚未建立，则端口以星号(*)显示。

(3) Foreign Address：连接该接口的远程计算机的 IP 地址和端口号。如果不指定-n 参数，就显示与 IP 地址和端口相对应的名称。如果端口尚未建立，则端口以星号(*)显示。

(4) State：表明 TCP 连接的状态。

如果输入的是 "netstat –nab" 命令，还将显示每个连接是由哪些进程创建的，如图 9-79 所示。可以看出本机在 135 端口监听，是由 svchost.exe 进程创建的，该进程一共调用了 WS2_32.dll、RPCRT4.dll、rpcss.dll、svchost.exe 和 ADVAPI32.dll 等 5 个组件来完成创建工作。

如果用户发现本机打开了某一端口，就可以使用该命令查看它调用的组件，再监视各组件的创建时间和修改时间。如果发现异常，就可能是中了特洛伊木马病毒。

除了用 netstat 命令之外，还有很多端口监视软件也可以查看本机打开了哪些端口，如端口查看器、TCPView、Fport 等。

图 9-79　输入"netstat –nab"命令

9.6.3　常用端口介绍

1. 端口：21

服务：FTP。

说明：FTP 服务器所开放的端口，用于上传、下载。因为有些 FTP 服务器支持匿名登录，所以经常会被一些木马利用，如 Doly Trojan、Fore、Invisible FTP、WebEx、WinCrash 和 Blade Runner 等。如果不设置 FTP 服务器，建议关闭 21 端口。另外，21 端口是用于 FTP 数据传输的默认端口号。

2. 端口：23

服务：Telnet。

说明：23 端口用于远程登录服务，是 Internet 上普遍采用的登录和访问程序，也需要设置服务器端和客户端，开启 Telnet 服务的客户端就可以登录远程 Telnet 服务器，采用授权的用户名和密码登录，登录后允许用户使用提示符窗口进行相应操作。利用 Telnet 服务，入侵者可以搜索远程登录 UNIX 的服务，扫描端口找到操作系统类型，木马 Tiny Telnet Server 使用的就是这个端口，因此建议关闭 23 端口。

3. 端口：25

服务：SMTP。

说明：SMTP 服务器所开放的端口，用于发送邮件，如今绝大多数邮件服务器都采用该协议。入侵者寻找 SMTP 服务器来传递垃圾邮件，木马 Antigen、Email Password Sender、Haebu Coceda、Shtrilitz Stealth、WinPC、WinSpy 都开放该端口。

4. 端口：53

服务：DNS。

说明：DNS(Domain Name Server)服务器所开放的端口，入侵者可通过分析 DNS 服务器而直接获取 Web 服务器等主机的 IP 地址，突破某些不稳定的防火墙，欺骗 DNS(UDP)

或隐藏其他的通信实施攻击。如果当前计算机不提供域名解析功能，则建议关闭该端口。

5．端口：67

服务：Bootstrap Protocol Server。

说明：通过 DSL 和 Cable Modem 的防火墙常会看见大量发送到广播地址 255.255.255.255 的数据。这些机器在向 DHCP 服务器请求一个地址后，黑客进入它们，分配一个地址把自己作为局部路由器而发起大量中间人(man-in-middle)攻击。客户端向 68 端口广播请求配置，服务器向 67 端口广播回应请求，这种回应使用广播是因为客户端还不知道可以发送的 IP 地址。

6．端口：80

服务：HTTP。

说明：用于网页浏览。木马 Executor、RingZero 等开放此端口。

7．端口：110

服务：POP3。

说明：POP3(Post Office Protocol -Version3)服务器开放此端口，用于接收邮件，是客户端访问服务器端的邮件服务。POP3 服务有许多漏洞，关于用户名和密码交换缓冲区溢出的漏洞至少有 20 个，入侵者可以在真正登录前进入系统，成功登录后还有其他缓冲区溢出错误。通过 110 端口可以窃取 POP3 账号和密码。

8．端口：113

服务：Authentication Service。

说明：113 端口用于鉴别 TCP 连接的用户，一般有网络连接的计算机都运行该服务，可以获得许多计算机的信息。但是它可作为许多服务的记录器，尤其是 FTP、POP、IMAP、SMTP 和 IRC 等服务，这样会被相应的木马所利用。通常如果有许多客户通过防火墙访问这些服务，将会看到许多该端口的连接请求。如果阻断这个端口，客户端会感觉到在防火墙另一边与 E-mail 服务器的连接非常缓慢，许多防火墙支持 TCP 连接的阻断过程中发回 RST，就会停止缓慢的连接。木马 Invisible Identd Deamon、Kazimas 等开放此端口。

9．端口：119

服务：NNTP(Network News Transfer Protocol)。

说明：NEWS 新闻组传输协议，承载 USENet 通信，主要用于新闻组的传输。这个端口的连接通常是在寻找 USENet 服务器，多数 ISP 限制只有他们的客户才能访问他们的新闻组服务器。Happy99 蠕虫病毒默认开放的就是 119 端口，如果中了该病毒会不断发电子邮件进行传播，并造成网络堵塞。

10．端口：135

服务：RPC(Remote Procedure Call)。

说明：Microsoft 在这个端口运行 DCE RPC end-point mapper 为它的 DCOM 服务。使用 DCOM 和 RPC 的服务利用计算机上的 end-point mapper 注册它们的位置，远端客户连接到计算机时，通过查找 end-point mapper 找到服务的位置。使用 DCOM 可以通过网络直接通信,能够跨包括 HTTP 在内的多种网络传输,著名的"冲击波"病毒就是利用 RPC 漏洞来攻击计算机的。

11. 端口:137、138、139

服务:NetBIOS Name Service。

说明:其中 137、138 是 UDP 端口,当通过【网上邻居】传输文件时用这个端口,通过 139 端口进入的连接试图获得 NetBIOS/SMB 服务。这个协议被用于 Windows 文件和打印机共享和 SAMBA,WINS Regisrtation 也用它。

12. 端口:143

服务:IMAP(Internet Mail Access Protocol v2)。

说明:143 端口主要用于 IMAP(Internet 消息访问协议),用于电子邮件的接收,目前大部分主流的电子邮件客户端都支持该协议。和 POP3 的安全问题一样,许多 IMAP 服务器存在有缓冲区溢出漏洞,通过该漏洞可以获取用户名和密码。一种 Linux 蠕虫(Admvorm)会通过这个端口繁殖,因此许多这个端口的扫描来自不知情的已经被感染的用户。

13. 端口:161

服务:SNMP(Simple Network Management Protocol)。

说明:161 端口用于简单网络管理协议,主要用于管理 TCP/IP 网络中的网络协议,SNMP 允许远程管理设备,所有配置和运行信息都储存在数据库中,通过 SNMP 可获得这些信息。许多管理员的错误配置将被暴露在 Internet 中。入侵者可能使用默认的密码 public、private 访问系统,控制网络设备。

14. 端口:443

服务:HTTPS。

说明:443 端口主要用于 HTTPS 服务,是提供加密和通过安全端口传输的另一种 HTTP,在一些安全性要求较高的网站,如银行、证券等都采用 HTTPS 服务,这样网站的交换信息他人就无法看到,保证交易的安全。网页地址以 https:// 开头,而不是常见的 http://。HTTPS 服务通过 SSL(安全套接字层)来保证安全,建议开启该端口,用于安全性网页的访问。

15. 端口:1024

服务:Reserved。

说明:它是动态端口的开始,许多程序并不在乎用哪个端口连接网络,它们请求系统为它们分配下一个闲置端口。基于这一点,分配从端口 1024 开始,也就是说,第一个向系统发出请求的程序会分配到 1024 端口,在关闭服务的时候会自动释放该端口,等待其他服务的调用。YAI 木马病毒默认就是采用 1024 端口,通过该木马可以远程控制目标计算机,获取计算机屏幕图像、记录键盘事件、获取密码等。

16. 端口:1080

服务:SOCKS。

说明:1080 端口是 SOCKS 代理服务使用的端口,这一协议以通道方式穿过防火墙,允许防火墙后面的用户通过一个 IP 地址访问 Internet，理论上它只允许内部的通信向外到达 Internet，经常被用在局域网中。但是由于错误的配置，它会允许位于防火墙外部的攻击穿过防火墙。WinGate 常会发生这种错误，在加入 IRC 聊天室时常会看到这种情况。

17. 端口：1524

服务：ingress。

说明：在这个端口许多攻击脚本将安装一个后门 SHELL，尤其是针对 SUN 系统中 Sendmail 和 RPC 服务漏洞的脚本。如果刚安装了防火墙就看到在这个端口上的连接企图，很可能是上述原因所致。可以试试 Telnet 到用户的计算机上的这个端口，看看它是否会给你一个 SHELL。连接到 600/pcserver 也存在这个问题。

18. 端口：4000

服务：QQ 客户端。

说明：通过 4000 端口，QQ 客户端程序可以向 QQ 服务器发送信息，实现身份验证、消息转发等，QQ 用户之间发送的消息默认情况下都是通过该端口传输的。QQ 服务端使用的端口是 8000。因为 4000 端口属于 UDP 端口，虽然可以直接传送消息，但是也存在着各种漏洞。比如 Worm_Witty.A(维迪)蠕虫病毒就是利用 4000 端口向随机 IP 发送病毒，并且伪装成 ICQ 数据包，造成的后果就是向硬盘中写入随机数据。另外，Trojan.SkyDance 特洛伊木马病毒也是利用该端口的。

19. 端口：5632

服务：pcAnywhere。

说明：5632 端口是远程控制软件 pcAnywhere 所开启的端口，分 TCP 和 UDP 两种，通过该端口可以实现在本地计算机上控制远程计算机，查看远程计算机屏幕，进行文件传输，实现文件同步传输。在安装了 pcAnywhere 的被控端计算机启动后，pcAnywhere 主控端程序会自动扫描该端口。通过 5632 端口主控端计算机可以控制远程计算机，进行各种操作，可能会被不法分子所利用盗取账号、重要数据，进行各种破坏。为了避免通过 5632 端口进行扫描并远程控制计算机，建议关闭该端口。

20. 端口：8080

服务：WWW Proxy。

说明：8080 端口同 80 端口，是被用于 WWW 代理服务的，可以实现网页浏览。经常在访问某个网站或使用代理服务器的时候，会加上“:8080”端口号。8080 端口可以被各种病毒程序所利用，比如 Brown Orifice(BrO)特洛伊木马病毒可以利用 8080 端口完全遥控被感染的计算机。另外，RemoConChubo、RingZero 木马也可以利用该端口进行攻击。一般都是使用 80 端口进行网页浏览。为了避免病毒攻击，可以关闭该端口。

实训 病毒查杀

1. 实训目的

(1) 掌握病毒的查杀方法。
(2) 掌握网络防火墙的应用。

2. 实训设备

计算机、杀毒软件、防火墙。

3. 背景知识

(1) 病毒。
(2) 杀毒软件。
(3) 网络防火墙。

4. 实训内容和要求

(1) 使用杀毒软件查杀病毒。
(2) 安装、设置网络防火墙。

5. 实训步骤

(1) 安装杀毒软件。
(2) 设置杀毒软件。
(3) 安装、设置网络防火墙。

6. 实训结果和讨论

习　　题

1. 选择题

(1) DNS 使用的端口号是(　　)。

    A. 21　　　　　　　　　　　　B. 53

    C. 23　　　　　　　　　　　　D.108

(2) 当网络安全受到破坏时，就要采取相应措施。如果发现非法入侵者可能对网络资源造成严重破坏时，网络管理员应该采取(　　)。

    A. 保护方式　　　　　　　　　B. 跟踪方式

    C. 修改访问权限　　　　　　　D. 修改密码

(3) 网络病毒干扰途径有很多种，最容易被忽视而发生最多的是(　　)。

    A. 个人软盘　　　　　　　　　B. 网络传播

    C. 系统维护光盘　　　　　　　D. 演示软件

(4) 信息被(　　)是指信息从源节点传输到目的节点的中途被攻击者非法截获，攻击者在截获的信息中进行修改或插入欺骗性信息，再将修改后的信息发给目的节点。

A. 截获   B. 伪造

C. 篡改   D. 窃听

(5) Windows 7 中查看端口的命令是(   )。

A. ipconfig   B. ping

C. nbstat   D. netstat

(6) 网络操作系统提供的主要网络管理功能有网络状态监控、网络存储管理和(   )。

A. 攻击检测   B. 网络故障恢复

C. 中断检测   D. 网络性能分析

(7) TCP 和 UDP 的一些端口保留给一些特定的应用使用。为 HTTP 协议保留的端口号为(   )。

A. TCP 的 80 端口   B. UDP 的 80 端口

C. TCP 的 25 端口   D. UDP 的 25 端口

(8) 在软件中设置的，能够使用户输入特殊数据后，系统可以违反正常规则运作的机制叫作(   )。

A. 病毒   B. 特洛伊木马

C. 陷门   D. 旁路控制

2. 思考题

(1) 网络安全的主要技术有哪些？

(2) 网络安全的防范措施主要有哪些？

(3) 简述日常防范病毒和黑客的主要措施。

(4) 在组建局域网时，为什么要设置防火墙？防火墙的基本结构是怎样的？

(5) 网络防火墙有哪几种类型？

第 10 章　局域网故障排除与维护

学习目的与要求：

在局域网组建与维护的过程中，可能会出现各种各样的问题。因此在局域网出现故障时，网络管理员应该能够根据其故障现象进行分析并排除故障。

通过本章对常见的网络故障现象的描述和分析，达到用户可以处理一般网络问题的目的。

10.1　局域网故障概述

网络故障诊断应该实现 3 方面的目的：确定网络的故障点，恢复网络的正常运行；发现网络规划和配置中欠佳之处，改善和优化网络的性能；观察网络的运行状况，及时预测网络通信质量。

由于网络协议和网络设备的复杂性，在局域网维护时，经常会遇到各种各样的故障，如无法上网、局域网不通、网络堵塞甚至网络崩溃等。在解决故障时，只有确切地知道网络到底出了什么问题，利用各种诊断工具找到故障发生的具体原因，才能对症下药，最终排除故障。

10.1.1　局域网故障产生的原因

局域网运行过程中会产生各种各样的故障，概括起来，主要有以下几个原因。
- 计算机操作系统的网络配置问题。
- 网络通信协议的配置问题。
- 网卡的安装设置问题。
- 网络传输介质问题。
- 网络交换设备问题。
- 计算机病毒引起的问题。
- 人为误操作引起的问题。

10.1.2　局域网故障排除的思路

网络发生故障是不可避免的，网络建成后，网络故障诊断和排除便成了网络管理的重要内容。网络故障诊断应以网络原理、网络配置和网络运行的知识为基础，从故障现象出发，以网络故障排除工具为手段获得信息，确定故障点，查明故障原因，从而排除故障。

局域网故障的一般排除步骤如下。

(1) 识别故障现象。应该确切地知道网络故障的具体现象，知道什么故障并能够及时识别，是成功排除最重要的步骤。

(2) 收集有关故障现象的信息，对故障现象进行详细描述。例如，在使用 Web 浏览器进行浏览时，无论输入哪个网站都返回"该页无法显示"之类的信息。这类出错信息会为缩小故障范围提供很多有价值的信息。

(3) 列举可能导致错误的原因，不要着急下结论，可以根据出错的可能性把这些原因按优先级别进行排序，一个个先后排除。

(4) 根据收集到的可能的故障原因进行诊断。排除故障时如果不能确定的话应该先进行软件故障排除，再进行硬件故障排除，做好每一步的测试和观察，直至全部解决。

(5) 故障分析、解决后，还必须搞清楚故障是如何发生的，是什么原因导致了故障的发生，以后如何避免类似故障的发生，拟定相应的对策，采取必要的措施，制定严格的规章制度。

10.2 网络故障排除工具

常见的网络维护命令在网络维护中必不可少，比如检查网络是否通畅或者网络的连接速度，了解网络连接的详细信息，检查用户主机与目标网站之间的线路故障到底出在哪里等。在网络管理中，如何获取各个主机的 IP 地址、MAC 地址及相关的路由信息也是网络管理员最为关心的问题。网络故障排除工具是直观、有效的网络通信过程分析软件，是减少网络失败风险的重要因素。

10.2.1 ping 命令

ping 命令是网络中使用最频繁的工具，它是用来检查网络是否通畅或者网络连接速度的命令。作为一个网络技术人员，ping 命令是第一个要掌握的 DOS 命令。

它的原理是：网络中所有的计算机都有唯一的 IP 地址，ping 命令使用 ICMP(网际消息控制协议)向目标 IP 地址发送一个数据包并请求应答，接收到请求的目的主机再使用 ICMP 返回一个同样大小的数据包，这样就可以根据返回的数据包来确定目标主机的存在以及网络连接的状况(包丢失率)。

命令格式：

ping [-t] [-a] [-n count] [-l size] [-f] [-i TTL] [-v TOS] [-r count] [-s count] [[-j host-list] | [-k host-list]] [-w timeout] TargetName

参数含义：

- -t 表示不断地向目的主机发送数据包，直到被强行停止。用户可以按 Ctrl+Break 组合键中断并显示统计信息，要中断并退出 ping 命令，则按 Ctrl+C 组合键。
- -a 指定对目的 IP 地址进行反向名称解析。如果解析成功，ping 将显示相应的主机名。
- -n count 定义向目标 IP 发送数据包的次数，默认为 4 次。如果网络速度较慢，仅仅是判断目标 IP 是否存在，那可以定义为一次。如果-t 参数和-n 参数一起使用，ping 命令就以放在后面的参数为准。如 ping IP-t-n5，虽然使用了-t 参数，但并不是一直 ping 下去，而是 ping 5 次。另外，ping 命令不一定非得 ping IP，可以直接 ping 主机域名，这样可以得到主机的 IP 地址。

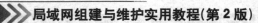

- -1 size 定义发送数据包的大小，默认为 32 B，最大可以定义到 65 500 B。
- -f 指定发送的回响请求消息带有"不要拆分"标志(所在的 IP 标题设为 1)。回响请求消息不能由目的地路径上的路由器进行拆分。该参数可用于检测并解决"路径最大传输单位(PMTU)"故障。
- -i TTL 指定发送回响请求消息的 IP 标题中的 TTL 字段值，其默认值是主机的默认 TTL 值。对于 Windows XP 主机，该值一般是 128。TTL 的最大值是 255。
- -v TOS 指定发送回响请求消息的 IP 标题中的"服务类型(TOS)"字段值，默认值是 0。TOS 被指定为 0~255 的十进制数。
- -r count 指定 IP 标题中的"记录路由"选项，用于记录由回响请求消息和相应的回响应答消息使用的路径。路径中的每个跃点都使用"记录路由"选项中的一个值。如果可能，可以指定一个等于或大于来源和目的地之间跃点数的 count。count 的最小值必须为 1，最大值为 9。
- -s count 指定 IP 标题中的"Internet 时间戳"选项，用于记录每个跃点的回响请求消息和相应的回响应答消息的到达时间。count 的最小值必须为 1，最大值为 4。
- -j host-list 利用 computer-list 指定的计算机列表路由数据包。
- -k host-list 指定回响请求消息使用带有 host list 指定的中间目的地集的 IP 标题中的"严格来源路由"选项。使用严格来源路由，下一个中间目的地必须是直接可达的(必须是路由器接口上的邻居)。主机列表中的地址或名称的最大数为 9。主机列表是一系列由空格分开的 IP 地址(带点的十进制符号)。
- -w timeout 指定等待回响应答消息响应的时间(以微秒计)，该回响应答消息响应接收到的指定回响请求消息。如果在超时时间内未接收到回响应答消息，将会显示"请求超时"的错误消息。默认的超时时间为 4000(4 秒)。
- TargetName 指定要测试的目的端，它既可以是 IP 地址，也可以是主机名。

/?在命令提示符前显示帮助。用于查看 ping 命令的具体语法格式和参数，如图 10-1 所示。

图 10-1　查看 ping 命令参数

ping 命令返回的出错信息通常分为 4 种。

1) unknown host(不知名主机)

这种出错信息的意思是该远程主机的名字不能被命名服务器转换成 IP 地址。网络故障原因可能是命名服务器有故障，或者其名字不正确，或者网络管理员的系统与远程主机之间的通信线路有故障。

2) network unreachable(网络不能到达)

表示本地系统没有达到远程系统的路由，可用 netstat –r-n 检查路由表来确定路由配置情况。

3) no answer(无响应)

远程系统没有响应，这种故障说明本地系统有一条到达远程主机的路由，但接收不到它发给该远程主机的任何分组报文。这种故障的原因可能是远程主机没有工作，或者本地或远程主机网络配置不正确，或者本地或远程的路由器没有工作，或者通信线路有故障，或者远程主机存在路由选择问题。

4) time out(超时)

本地计算机与远程计算机的连接超时，数据包全部丢失。故障原因可能是到路由的连接问题或者路由器不能通过，也可能是远程计算机已经关机或死机，或者远程计算机有防火墙，禁止接收 ICMP 数据包。屏幕的提示如图 10-2 所示。

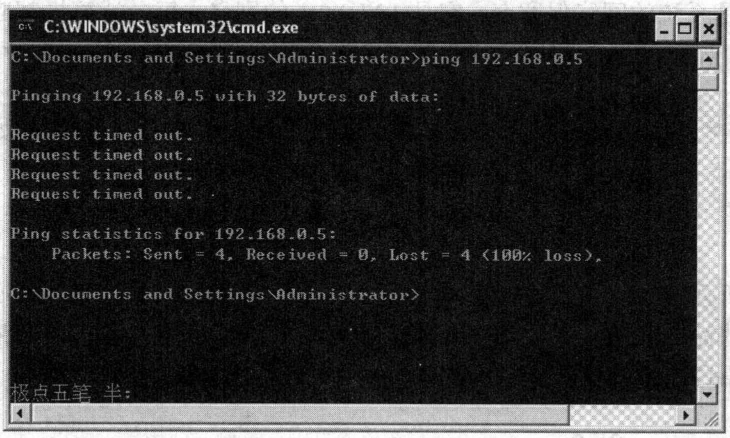

图 10-2　超时的返回信息

正常情况下，当使用 ping 命令来查找问题所在或检验网络运行情况时，如果 ping 命令成功，大体上可以排除网络访问层、网卡、Modem 的输入/输出线路、电缆和路由器等存在故障，减小了故障的范围。如果执行 ping 命令不成功，则可预测故障出现在以下几方面：网线故障，网络适配器配置不正确，IP 地址不正确。如果执行 ping 命令成功，而网络仍无法使用，则问题很可能出现在网络系统的软件配置方面，ping 成功只能保证本机与目标主机存在一条连通的物理路径。如果有些 ping 命令出现故障，也可以指明到何处去查找故障，下面给出一个典型的检测次序及对应的可能故障。

1) ping 127.0.0.1

这个 ping 命令被送到本地计算机的 IP 软件，该命令永不退出该计算机。如果没有做到这一点,就表示 TCP/IP 的安装或运行存在某些最基本的问题。可能是网卡驱动没安装好,或者是 TCP/IP 没装。

2) ping 本地 IP

这个命令被送到本地计算机所配置的 IP 地址,本地的计算机始终都应该对该 ping 命令做出应答,如果没有,则表示本地计算机的配置或安装存在问题。出现此问题时,局域网用户先断开网络电缆,然后重新发送该命令。如果网线断开后本命令正确,则表示另一台计算机配置了相同的 IP 地址。

3) ping 局域网内其他 IP

这个命令要离开本地计算机,经过网卡及网络电缆到达其他计算机再返回。收到回送应答表明本地网络中的网卡和载体运行正常。如果收到 0 个回送应答,则表示子网掩码不正确或网卡配置错误或网络设备或通信线路有问题。

4) ping 网关 IP

这个命令如果应答正确,表示局域网中网关路由器正在运行并能够做出应答。

5) ping 远程 IP

如果收到 4 个应答,则表示成功地使用了默认网关。对于拨号上网的用户则表示能够成功访问 Internet。

6) ping Localhost

Localhost 是系统的网络保留名,它是 127.0.0.1 的别名,每台计算机都应该能将该名字转换成该地址。如果没能做到这一点,则表示主机文件(/Windows/host)中存在问题。

7) ping www.zjvcc.cn

对这个域名执行 ping www.zjvcc.cn 命令,通常是通过 DNS 服务器。如果出现故障,则表示 DNS 服务器的 IP 地址配置不正确或者 DNS 服务器有故障(对于拨号上网用户,一些 ISP 已不需要设置 DNS 服务器)。同时,也可以利用该命令实现域名对 IP 地址的转换功能。

如果上述所列的 ping 命令都能正常运行,那么该计算机的本地和远程通信功能基本可以实现。但这些命令的成功也并不表示所有的网络配置都没有问题,比如某些子网掩码错误就可能无法用这些方法检测到。

10.2.2　ipconfig 命令

在 TCP/IP 网络中,IP 地址是计算机访问网络所必需的,是计算机在网络中的身份号码,IP 地址所对应的 MAC 地址(网卡物理地址)则是网络管理员所关心的内容。

通过 ipconfig 命令内置于 Windows 的 TCP/IP 应用程序,可以显示当前的 TCP/IP 配置的值,包括本地连接以及其他网络连接的 MAC 地址、IP 地址、子网掩码、默认网关等,还可以重设动态主机配置协议(DHCP)和域名解析系统(DNS)。该命令经常用来在排除物理链路因素之前查看本机的 IP 配置信息是否正确。

命令格式:

ipconfig [/all /renew [adapter] /release [adapter]] [/displaydns] [/flushdns]

参数含义:

● /all 表示显示网络适配器完整的 TCP/IP 配置信息,除了 IP 地址、子网掩码、默认网关等信息外，还显示主机名称、IP 路由功能、WINS 代理、物理地址、DHCP 功能等。适配器可以代表物理接口(如网络适配器)和逻辑接口(如拨号连接)。

- /renew [adapter]表示更新所有或特定网络适配器的 DHCP 设置，为自动获取 IP 地址的计算机分配 IP 地址，adapter 表示特定网络适配器的名称。
- /release [adapter]表示释放所有或特定网络适配器的当前 DHCP 设置，并丢弃 IP 地址设置。与/renew [adapter]参数的操作相反，该参数可以禁用配置为自动获取 IP 地址的适配器 TCP/IP。
- /displaydns 显示 DNS 客户解析缓存的内容，包括本地主机预装载的记录以及最近获取的 DNS 解析记录。
- /flushdns 刷新并重设 DNS 客户解析缓存的内容。如有必要，在 DNS 疑难解答期间，可以使用本过程从缓存中丢弃否定性缓存记录和任何其他动态添加到记录。

例如，要查看当前计算机的内网 IP 地址、默认网关以及外网 IP 地址、子网掩码和默认网关，输入 ipconfig/all 命令，按 Enter 键即可，如图 10-3 所示。

图 10-3　ipconfig/all 命令窗口

可以看到本地计算机中所有适配器的信息都显示出来了，包括一块名称为"本地连接"的物理网络适配器和一块名称为 NIC 的拨号网络适配器。每块网络适配器下显示了详细的配置信息，包括以下几方面。

- Description：网络适配器描述信息。
- Physical Address：网络适配器的 MAC 地址。
- IP Address：网络适配器的 IP 地址。
- Subnet Mask：网络适配器配置的子网掩码。
- Default Gateway：网络适配器配置的默认网关。
- DNS Servers：网络适配器配置的 DNS 地址。

注意：不带任何参数的 ipconfig 命令只显示每块网络适配器的基本信息，包括 IP 地址、子网掩码和默认网关。

10.2.3 netstat 命令

在网络管理过程中，网络管理员最关心的应该是如何知道某个主机在运行过程中，与哪些远程主机进行了连接，开启了什么端口，是 TCP 连接还是 UDP 连接。因为所有的网络攻击都需要借助相应的 TCP/UDP 端口才能实现。了解本地主机的端口使用状态，了解本地主机与远程主机的连接状态，对于预防各种网络攻击十分必要。

netstat 命令是网络状态查询工具，利用该工具可以查询到当前 TCP/IP 网络连接的情况和相关的统计信息，如显示网络连接、路由表和网络接口信息，采用的协议类型，统计当前有哪些网络连接正在进行，了解到自己的计算机是怎样与 Internet 相连接的。

命令格式：

netstat [-r] [-s] [-n] [-a]

参数含义：

● -r 显示本机路由表的内容，该参数与 route print 命令等价。
● -s 显示每个协议的使用状态。默认情况下显示 TCP、UDP、ICMP 和 IP 的信息，如果安装了 IPv6 协议，就会显示 IPv6 上的 TCP、IPv6 上的 UDP、ICMPv6 和 IPv6 协议的信息。
● -n 以数字表格形式显示地址和端口号，但不尝试确定名称。
● -a 显示所有活动的 TCP 连接以及计算机侦听的 TCP 和 UDP 端口。主要用于获得用户的本地系统开放的端口，也可以用于检查本地系统上是否被安装一些黑客的后门程序。如发现诸如 port 12345(TCP)netbus、port 31337(UDP)Back Orifice 之类的信息，则本地系统很可能被安装了后门。

也可以使用 netstat/?命令来查看该命令的使用格式以及详细的参数说明，如图 10-4 所示。

图 10-4 netstat/?命令窗口

使用 netstat 命令时如果不带参数，将只显示活动的 TCP 连接，如图 10-5 所示。

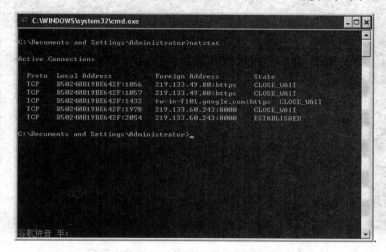

图 10-5　netstat 命令窗口

10.2.4　tracert 命令

tracert 命令用于跟踪路由信息，具体来说当数据包从本机经过多个网管传送到目的地时，会寻找一条最佳路径来传送。数据包每传送一次，传输路径可能就要更换一次。使用此命令可以显示数据包到达目标主机所经过的路径，并显示达到每个节点的时间，对了解网络布局和结构很有帮助。该命令比较适用于大型网络。

命令格式：

tracert IP 地址或主机名　[-d][-h maximum_hops][-j host_list] [-w timeout]

参数含义：

- -d 防止 tracert 试图将中间路由器的 IP 地址解析为它们的名称，这样可以加速显示 tracert 的结果。
- -h maximum_hops 指定搜索到目标地址的最大跳跃数，默认为 30 个跃点。
- -j host_list 按照主机列表中的地址释放源路由。主机列表中的地址或名称的最大数为 9，主机列表是一系列由空格分开的 IP 地址(用带点的十进制符号表示)。
- -w timeout 指定超时时间间隔，程序默认的时间单位是毫秒。如果超时时间内未收到消息，则显示一个星号(*)，默认的超时时间间隔为 4000(4 秒)。

如想要了解自己的计算机与目标主机 www.sohu.com 之间详细的传输路径信息，可以在 MS-DOS 方式输入 tracert www.sohu.com，如图 10-6 所示。如果在 tracert 命令后面加上一些参数，还可以检测到其他更详细的信息。如使用参数-d，可以指定程序在跟踪主机的路径信息时，同时也解析目标主机的域名。

每经过一个路由，数据包上的 TTL 值递减 1，当 TTL 值递减为 0 时，表示目标地址不可到达。由于 tracert 会记录所有经过的路由设备，因此，借助 tracert 命令可以判断网络故障发生在哪个位置。

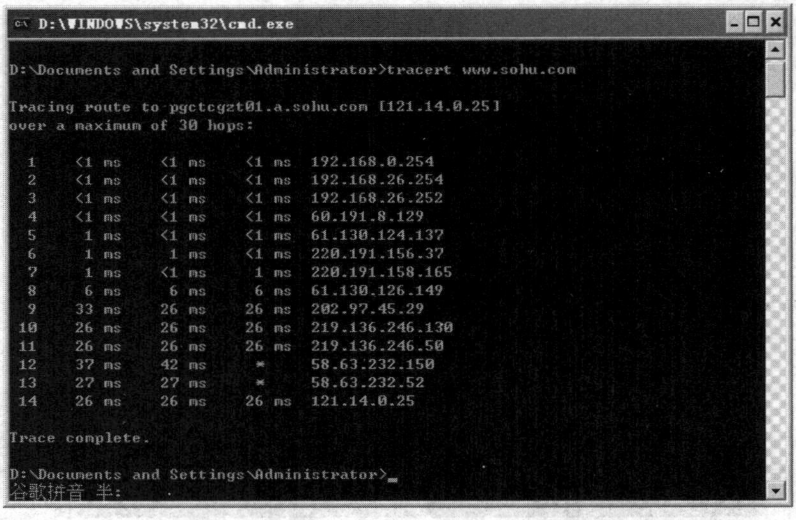

图 10-6　tracert www.sohu.com 命令窗口

10.3　常见故障及处理方法

局域网经常会产生各种各样的故障，影响正常的工作和办公，因此掌握常见的故障现象及其处理方法对于网络管理员来说是十分必要和实用的。

10.3.1　网线故障

网线是连接网卡和服务器之间的数据通道，如果网线有问题，一般会直接影响到计算机的信息通信，造成无法连接服务器、网络传输缓慢等问题。网线一般都是现场制作，由于条件限制，不能进行全面测试，仅仅通过指示灯来初步判断网线导通与否，但指示灯并不能完全真实地反映网线的好坏，需要经过一段时间的使用后问题才会暴露出来。并且网线故障很难直接从它自身找到故障点，而要借助于其他设备(如网卡、交换机等)或操作系统来确定故障所在。

网线的常见故障和处理方法如下。

1. 双绞线线序不正确故障

故障现象：两台计算机需要直接相连，找了根网线接上后对网络进行多次配置，两机仍然无法通信。

故障分析与处理：经过确认，两台计算机网卡的 IP 地址设置正确，且在同一网段中。在两台计算机上使用 ping 命令检查各自的 IP 也可以 ping 通，说明 TCP/IP 协议工作正常。此故障的原因在双绞线上，双机互联要求的是交叉线而不是直连线。将双绞线重新制作之后，两台计算机即可实现互联。

2. 双绞线的连接距离过长

故障现象：某局域网建成后通信不畅，速度达不到预期要求，有时甚至出现无法通信的现象。

故障分析与处理：双绞线的标准连接长度为 100 m，但有些网络设备制造厂商在宣传自己的产品时，称能达到 130～150 m。需要注意的是，即使一些双绞线能够在大于 100 m 的状态下工作，通信能力也会大大下降，甚至可能会影响网络的稳定性，因此选用时一定要慎重。解决此类故障的方法很简单，只要在过长的双绞线中加中继器即可解决。

3. 环境原因

故障现象：网络中某台计算机原先都正常，某一天开始访问局域网的速度时快时慢，不稳定。

故障分析与处理：双绞线在强电磁干扰下将产生传输数据错误，校验码校验出传输错误则反馈出错信息，在网络运行中，如果发现系统以前正常，突然网络运行不稳定或信息失真等情况，又难以查找故障原因时，就需要检验是否有电磁干扰。电磁干扰一般来自于强电设备，如临时架设的强电线缆、微波通信设施等。一般重新调整布线就可以解决此故障，如果网线不能回避这些电磁源，则必须对电磁源或网线施加电磁屏蔽。

10.3.2   网卡故障

网卡是负责计算机与网络通信的关键部件，如果网卡出现问题，轻则影响网络通信，无法发送和接收数据，严重的可能发生硬件冲突，导致系统故障，引起死机、蓝屏等故障。

网卡可能出现的故障主要有两类：软故障和硬故障。软故障是指网卡本身没有故障，通过升级驱动程序或修改设置仍然可以正常使用。硬故障即网卡本身损坏，一般更换一块新网卡即可解决问题。

软故障主要包括网卡被禁用、驱动程序未正确安装、网卡与系统中的其他设备在中断号(IRQ)或 I/O 地址上有冲突、网卡所设中断与自身中断不同、网络协议未安装或者有病毒等。

1. 驱动问题

现在一般的网卡都是 PCI 网卡，支持即插即用，安装到计算机上后系统会自动识别并安装兼容驱动。但也有部分网卡使用的驱动不包括在 Windows 驱动库中，必须手工安装驱动，否则网卡无法被识别并正常工作。对于没有安装驱动程序或者安装了兼容驱动程序后工作中出现了驱动故障，可以手工安装升级驱动程序，通过右击网络适配器，在弹出的快捷菜单中选择【删除】命令，刷新后重新安装网卡，并为该网卡正确安装和配置网络协议，再进行应用测试。

2. 资源冲突

网卡作为计算机的一个硬件，不可避免地会与其他设备发生资源冲突，尤其是在系统中安装有多个接口卡的情况下。资源冲突一般采用以下方式解决。

(1) 在【设备管理器】窗口中展开【网络适配器】列表，右击有冲突的网卡，在弹出的快捷菜单中选择【属性】命令，打开如图 10-7 所示的网卡属性对话框。切换到【资源】选项卡，在【资源类型】列表中会显示和网卡冲突的硬件资源，选择发生冲突的资源，单击【更改设置】按钮，更改发生冲突的 IRQ 中断号或 I/O 地址到空闲的资源位置。

图 10-7　网卡属性对话框

(2) 运行网卡程序软盘中的设置程序,将网卡设置为非 PNP 模式(jumpless),设置 IRQ 中断号和 I/O 地址及系统未占用的地址,并在 BIOS 中将响应中断号由 PCI/ISA 改成 Legacy ISA。

(3) 如果和网卡发生冲突的设备是空闲设备,也可以将其禁用,释放冲突资源。

(4) 有些网卡,即使网卡的中断号与其他设备的中断号不冲突,但是网卡本身有个中断号,如果两者不相同也不能正常上网,可以运行网卡本身的设置程序查看或修改网卡本身的中断号。

3. 病毒

某些蠕虫病毒会使计算机运行速度变慢,网络速度下降甚至堵塞,有些用户误以为是网卡出了问题。用户可以到相关的网站下载对应的专杀工具,将病毒从计算机中清除出去。

硬故障是指网卡本身损坏,这种情况在实际使用中发生的概率不大。用户在遇到不明原因的故障时应首先考虑网卡软故障,如无法解决再考虑硬故障的可能。对于硬故障,首先应检查硬件的接触是否良好,先将网卡取下,擦拭干净后再正确地将网卡插回,然后确认是否可以正常使用。如果还不行,则可以通过替换法来确认问题所在。将网卡插到别的计算机上并安装好驱动程序,如果能正常使用,说明网卡本身硬件应该没有问题,再检查是否插槽有问题,否则说明网卡可能硬件损坏,需要更换网卡。

10.3.3　集线器和交换机故障

集线器和交换机是局域网中使用最为普遍的设备,对于最常见的星型拓扑结构来说,集线器一旦出现故障,整个网络都无法正常工作,因此它的好坏对整个局域网来说相当重要。

1. 一个端口正常,另一个端口显示红灯

故障现象:用户想实现快速以太网通道功能,把两个交换机的两对端口用两条线同时

相连，发现每个交换机始终是一个端口正常，另一个端口显示红灯。

故障分析与处理：一般来说这种情况交换机是正常的。因为两台交换机是用两个端口相连，所以交换机认为是 loop 存在，就自动断掉一根线，将相应的端口 Down 掉(显示红灯的端口)。解决的方法是打开 Spanningtree 的功能(默认是打开的)，让交换机知道这两个端口是 FEC 功能，逻辑上是一个端口。

2. 计算机不能正常与网内其他计算机通信

故障现象：交换机所连接的计算机都不能正常与网内其他计算机通信。

故障分析与处理：这是典型的交换机死机现象，可以通过重新启动交换机的方法解决。如果重启后故障依旧，则检查每台交换机所连接的计算机，逐个断开连接的每台计算机，分析故障计算机。一般是由某台计算机上的网卡故障导致。

3. 集线器在 100 M 网络中的应用故障

在局域网中，当网络的连接范围较大时，可以通过 Hub 之间的级联扩大网络的传输距离。在 10 M 网络中最多可级联 4 级，使网络的最大传输距离达到 600 m。而在 100 M 网络中只允许对两个 100 M Hub 进行级联，而且两个 100 M Hub 之间的连接距离不能大于 5 m。所以 100 M 局域网在使用 Hub 时最大距离为 205 m。如果网络从 10 M 升级到 100 M，或新建一个 100 M 的局域网时实际连接距离不符合以上要求，网络将无法连接。

10.3.4 资源共享故障

资源共享是局域网用户最常用的功能之一，但由于网络设置不当，常常会造成资源共享故障，使用户无法访问网络中的共享资源。资源共享故障也是网络中较为复杂的故障之一，由于操作系统的不同设置，可能会导致故障的发生。资源共享故障主要包括以下情况。

1. 无法访问"网上邻居"

故障现象：局域网中一台计算机系统为 Windows 7，在访问"网上邻居"中的其他计算机时，系统提示"不能访问。你可能没有权限使用网络资源。请与这台服务器的管理员联系以查明您是否有访问权限。此工作组的服务器列表当前不能使用"。

故障分析与处理：这是系统访问权限的问题，计算机当前登录的用户名不能访问指定计算机的资源。解决的方法如下。

(1) 从【控制面板】的【系统和安全】→【管理工具】中打开【本地安全策略】窗口，单击【安全设置】→【本地策略】→【用户权限分配】选项，双击右侧的【拒绝从网络访问这台计算机】选项，如图 10-8 所示。在弹出的【拒绝从网络访问这台计算机 属性】对话框中，删除 Guest 账户，如图 10-9 所示。

(2) 单击【安全选项】选项，双击右侧的【账户：使用空密码的本地账户只允许进行控制台登录】，在弹出的对话框中，选中【已禁用】单选按钮，如图 10-10 所示。

(3) 打开【计算机管理(本地)】对话框，依次单击【系统工具】→【本地用户和组】→【用户】选项，双击右侧的 Guest 选项，在【Guest 属性】对话框中，选中【用户不能更改密码】、【密码永不过期】复选框，取消选中【账户已禁用】复选框，如图 10-11 所示。

图 10-8 【本地安全策略】窗口　　　　　图 10-9 删除 Guest 账户

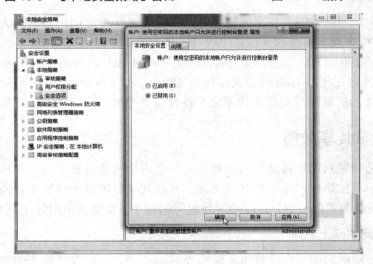

图 10-10 禁用账户

图 10-11 【Guest 属性】对话框

也可以不修改 Windows 7 的安全策略，而在目标主机中创建一个与当前所使用的相同用户名并设置密码，这样就可以用此用户名、密码登录直接访问目标主机了。

2. 网上邻居看不到其他主机

故障现象：打开计算机的【网上邻居】，看不到其他计算机，只能看到自身。

故障分析与处理：如果上网没有什么问题，那就是本机的计算机浏览器服务没有正常运行。在【控制面板】的【管理工具】中打开【服务】选项，双击右侧的 Computer Browser 选项，在打开的【Computer Browser 的属性(本地计算机)】对话框中单击【启动】按钮，如图 10-12 所示。如果启用失败，建议重装操作系统。

图 10-12　【Computer Browser 的属性(本地计算机)】对话框

10.3.5　ADSL 上网故障

ADSL 是运行在原来电话线上的一种高速宽带上网方式，目前很多家庭和单位都使用这种方式上网。但是这种方式上网的故障也比较多，下面介绍 ADSL 的故障及排除方法。

1. ADSL 连接经常断线

故障现象：ADSL 经常断线，每次十几秒钟，特别是在打电话的时候，每次打电话，网络立即断线。

故障分析与处理：可能是以下 4 个原因。

(1) 从设备上来看，滤波器的质量有问题，不能很好地分离语音信号和数据信号。

(2) 线路上，ADSL 线路可能存在故障。因为数据信号传输在两对双绞线上，对线路质量要求较高。如果线路的距离较远，数据信号会衰减甚至不能识别，从而导致 Internet 时断时续。

(3) ADSL Modem 质量不稳定也会造成频繁的断线故障。

(4) 可能是滤波器前面连接了其他设备。ADSL 技术是在普通电话线的低频语音上叠加高频数字信号，如果接线盒到 ADSL 滤波器之间加入设备，则会影响数据的正常传输。

局域网组建与维护实用教程(第2版)

2. 提示中止连接

故障现象：在拨号连接过程中，系统提示"Disconnected(中止连接)"。

故障分析与处理：可能是正常中断与电话线路的连接所致，也可能是 ADSL 设备电源没有打开。首先检查 ADSL 电源是否打开，然后检查电话线路是否出现故障。这两项确保完成之后就应该可以上网了。

3. 可以上网，但打不开网页

故障现象：ADSL 方式接入 Internet，虚拟拨号成功并显示已经连接到 Internet，但不能用 IE 打开网页。

故障分析与处理：这是 ADSL 上网经常出现的现象，主要有以下几种解决办法。

(1) 重新设置 TCP/IP 属性，选择服务器自动分配 DNS 选项，不指定网关。如果对 IP 地址设备不熟悉，连接 ADSL 网卡的 IP 地址选中【自动获取 IP 地址】单选按钮。

(2) 检查浏览器设置，如果计算机直接连接 ADSL Modem，则必须确保没有启用【代理服务器】和【自动检测】选项。

(3) 卸载并重新安装拨号软件，并只保留一个拨号软件，Windows XP 则用系统自带的拨号程序。

(4) 删除 TCP/IP，重新启动计算机或重新启动网卡，再添加 TCP/IP。

(5) 停止所有防火墙和代理服务器软件的运行。

实训　局域网故障排除

1. 实训目的

(1) 掌握局域网故障的诊断。

(2) 掌握常见局域网故障的排除。

2. 实训设备

计算机、集线器、无线路由。

3. 背景知识

(1) 网络维护命令。

(2) 常见的网络故障。

4. 实训内容和要求

(1) 使用常见的网络维护命令进行网络维护。

(2) 对常见的网络故障进行诊断和排除。

5. 实训步骤

(1) 查看网络故障现象。

(2) 分析网络故障原因。

(3) 确定并排除网络故障。

高职高专立体化教材　计算机系列

326

6. 实训结果和讨论

习　题

1. 选择题

(1) 一台计算机突然连不上局域网，不可能的原因是(　　)。

    A. 服务器网卡坏　　　　　　　　　B. 网络问题

    C. 网卡坏　　　　　　　　　　　　D. 集线器问题

(2) 要查看当前计算机的内网 IP 地址、默认网关以及外网 IP 地址、子网掩码和默认网关，该使用(　　)命令。

    A. ipconfug/all　　　B. netstat　　　　　C. ipconfig　　　　　D. ping

(3) 下列(　　)可以从 DHCP 服务器为计算机租借 IP 地址。

    A. netstat　　　　　B. tracert　　　　　C. ping　　　　　　　D. ipconfig

(4) 在更换某工作站的网卡后，发现网络不通，网络工程技术人员首先要检查的是(　　)。

    A. 网卡是否松动　　　　　　　　　B. 路由器设置是否正确

    C. 服务器设置是否正确　　　　　　D. 是否有病毒发作

2. 思考题

(1) ping 命令具有什么作用？

(2) 常见的网卡故障有哪些？

(3) 简述网络故障的排除步骤。

(4) 常见的网络故障排除工具有哪些？

附录 A　Virtual PC 的使用

Virtual PC 即虚拟 PC，虚拟 PC 技术广泛适用于教学及许多应用场合，它能让你在一台 PC 上同时运行多个操作系统。使用它，不需要重新启动系统，只要单击鼠标便可以打开新的操作系统或是在操作系统之间进行切换。从此，可以把一台计算机当作多台使用，可以在一台计算机上完成前几章的实训任务。

通过 Virtual PC 虚拟机软件，可以在一台物理计算机上模拟出一台或多台虚拟的计算机，这些虚拟机完全就像真正的计算机那样进行工作，如可以安装操作系统、安装应用程序、访问网络资源等。对于你而言，它只是运行在物理计算机上的一个应用程序，但是对于在虚拟机中运行的应用程序而言，它就像是在真正的计算机中进行工作。因此，在虚拟机中进行各种工作时，可能系统一样会崩溃，但是，崩溃的只是虚拟机上的操作系统，而不是物理计算机上的操作系统，并且，可以马上恢复虚拟机到安装软件之前的状态。

这里使用的是 Microsoft Virtual PC 2007，下面对它的安装使用进行介绍，以便用户在今后的计算机操作中使用 Virtual PC。

1. 安装 Microsoft Virtual PC 2007

(1) 从网络上下载 Microsoft Virtual PC 2007，如果想使用中文环境，可以再从网上下载汉化补丁进行安装。在 Microsoft Virtual PC 2007 的相应文件夹中双击 Setup.exe，出现如图 A-1 所示的对话框，单击 Next 按钮。

(2) 出现如图 A-2 所示的许可协议对话框，选中 I accept the terms in the license agreement 单选按钮，然后单击 Next 按钮。

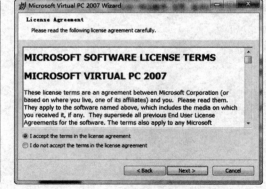

图 A-1　安装对话框　　　　　　　　　　　　图 A-2　许可协议对话框

(3) 出现如图 A-3 所示的用户信息对话框，填入产品密钥，然后单击 Next 按钮。

(4) 出现准备安装程序对话框，如图 A-4 所示，可以单击 Change 按钮选择安装程序的磁盘和文件夹。一般情况下直接单击 Install 按钮，使用默认的安装位置。

(5) 出现安装对话框，如图 A-5 所示。自动安装完毕后，出现如图 A-6 所示的安装完毕对话框，单击 Finish 按钮， Microsoft Virtual PC 2007 安装完毕。需要的话可以安装汉化补丁。

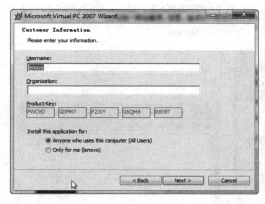

图 A-3 用户信息对话框

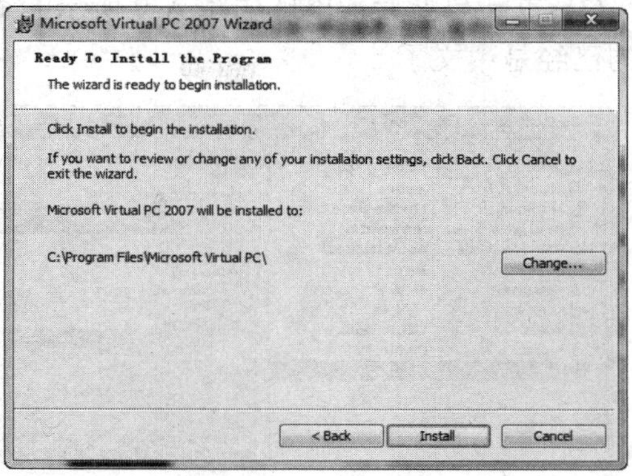

图 A-4 准备安装程序对话框

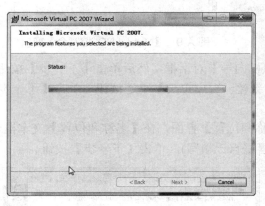

图 A-5 安装对话框

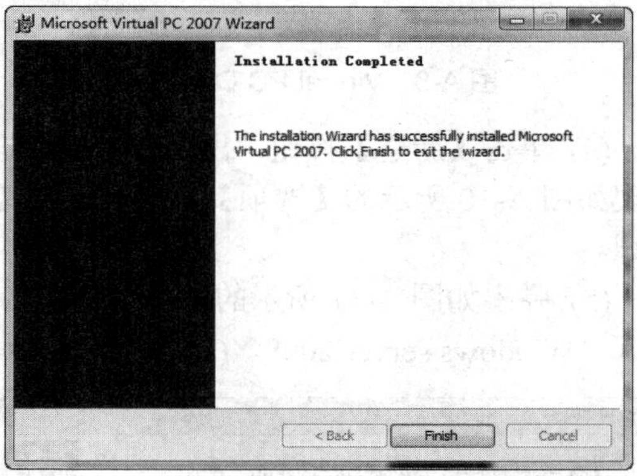

图 A-6 安装完毕对话框

2. 启动与配置 Microsoft Virtual PC 2007

(1) 选择【开始】→【程序】→Microsoft Virtual PC 命令即可启动 Microsoft Virtual PC 2007，打开如图 A-7 所示的 Virtual PC Console 窗口。

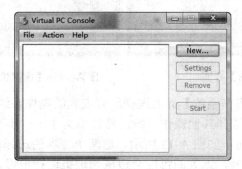

图 A-7 Virtual PC Console 窗口

(2) 如果安装了汉化包，可用鼠标选择 File→Options 命令，出现 Virtual PC Options 对话框，选择 Language 选项，并在对话框右边的 Language 下拉列表框中选择 Simplified

Chinese 选项，如图 A-8 所示，单击 OK 按钮。然后重新启动 Microsoft Virtual PC 2007。

(3) 重新启动后，出现如图 A-9 所示的【Virtual PC 控制台】窗口，可以看到窗口中出现的已经是中文了。

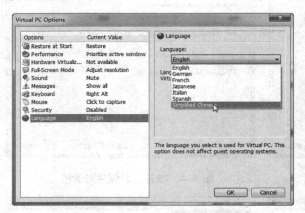 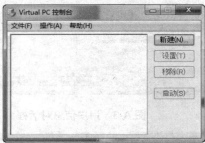

图 A-8　Virtual PC Options 对话框　　　　图 A-9　【Virtual PC 控制台】窗口

(4) 单击【新建】按钮，出现【新建虚拟机向导】对话框，然后单击【下一步】按钮。出现如图 A-10 所示的【选项】界面，选中【新建一台虚拟机】单选按钮，单击【下一步】按钮。

(5) 弹出如图 A-11 所示的【虚拟机的名称和位置】界面，在【名称和位置】文本框中输入"Windows server 2008"(可根据自己的喜好自己填写)，单击【下一步】按钮。

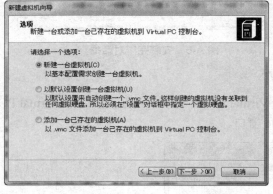 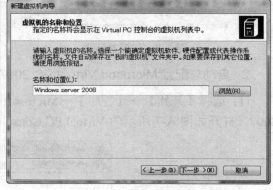

图 A-10　【选项】界面　　　　　　　图 A-11　【虚拟机的名称和位置】界面

(6) 在随后出现的【操作系统】界面选择所要安装的操作系统，如图 A-12 所示。如果没有想要的操作系统，则选择其他操作系统，然后单击【下一步】按钮。

(7) 出现【内存】界面，如图 A-13 所示。这两个选项的选择很重要，如果给的内存太小了，虚拟机会运行得很慢，太大的可能会造成物理机运行很慢。如果要自己配置内存大小，可选中【更改分配内存大小】单选按钮来自己配置内存大小，如果要在 Microsoft Virtual PC 2007 中配置多台虚拟计算机，就选择该选项。否则选中【使用推荐内存大小】单选按钮，再单击【下一步】按钮。

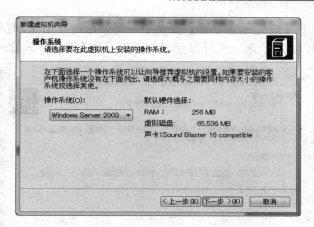

图 A-12　【操作系统】界面

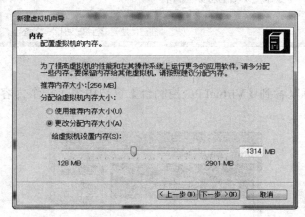

图 A-13　【内存】界面

(8) 出现如图 A-14 所示的【虚拟硬盘选项】界面，如果已有一个虚拟硬盘文件，可选中【已存在的虚拟硬盘】单选按钮。如果没有建立过虚拟硬盘，就选中【新建虚拟硬盘】单选按钮。本例选中【新建虚拟硬盘】单选按钮，创建虚拟机文件，然后单击【下一步】按钮。

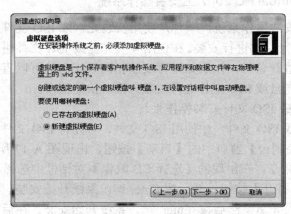

图 A-14　【虚拟硬盘选项】界面

(9) 在随后出现的【虚拟硬盘位置】界面中，可以通过单击【浏览】按钮选择虚拟硬盘存放的位置，如图 A-15 所示。选择好后单击【下一步】按钮，再单击【完成】按钮。

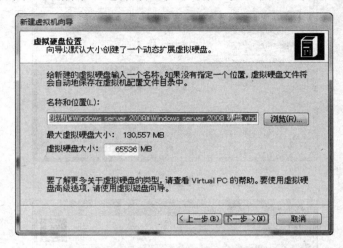

图 A-15　【虚拟硬盘位置】界面

(10) 这时我们可以看到【Virtual PC 控制台】窗口中多了一个内容，如图 A-16 所示，这就是新建的虚拟机。

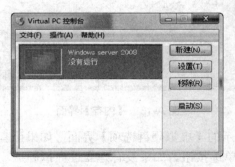

图 A-16　【Virtual PC 控制台】窗口

3. 在 Microsoft Virtual PC 2007 上安装操作系统

有两种方法可以安装操作系统，一种是使用安装光盘或 ISO 文件进行安装；另一种是使用虚拟机文件(后缀为.vhd)进行安装。在使用安装光盘或 ISO 文件进行安装后会生成虚拟机文件，对这个文件进行备份，以后如果再安装相同系统，就可以直接使用该文件。使用虚拟机文件要比使用光盘或 ISO 文件进行安装方面、快捷得多。

1) 使用安装光盘或 ISO 文件安装操作系统

准备好安装光盘或 ISO 文件，如使用 ISO 文件，可先将 ISO 文件拷入计算机硬盘，然后单击【Virtual PC 控制台】窗口中的【启动】按钮，出现图 A-17 所示的窗口，选择 CD →【载入 ISO 映像】命令，在出现的【选择 CD 映像】对话框中选择相应的 ISO 文件，如图 A-18 所示。单击【打开】按钮，然后按 Enter 键，系统开始安装。如果使用安装光盘进行安装，请将光盘插入光驱，然后按 Enter 键，系统开始安装。在后面的安装中使用安装光盘或 ISO 文件过程完全相同，如图 A-19 所示。接下来就是 Windows Server 2008 安装，过程与第 8.1 节中介绍的过程完全相同，这里就不再赘述了。

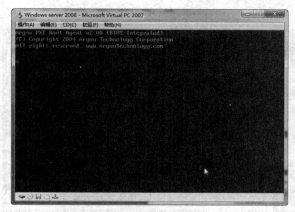

图 A-17   虚拟系统窗口   图 A-18   【选择 CD 映像】对话框

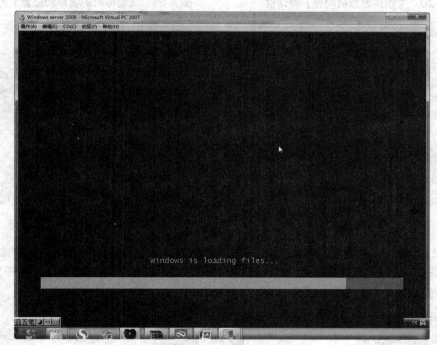

图 A-19   Windows Server 2008 安装窗口

2）使用虚拟机文件进行安装

（1）在【Virtual PC 控制台】窗口中单击【新建】按钮，在出现的【新建虚拟机】对话框中单击【下一步】按钮，出现图 A-20 所示的【新建虚拟机向导】对话框，选中【新建一台虚拟机】单选按钮，单击【下一步】按钮。在出现的【虚拟机的名称和位置】界面中输入虚拟机的名字，这里输入了"我的 2008"，如图 A-21 所示。

（2）单击【下一步】按钮，出现如图 A-22 所示的【操作系统】界面，选择所要安装的操作系统，单击【下一步】按钮。在出现的界面中选择内存设置，这里选中【使用推荐内存大小】单选按钮，单击【下一步】按钮。

　　(3) 在出现的【虚拟硬盘选项】界面中选中【已存在的虚拟硬盘】单选按钮，如图 A-23 所示，单击【下一步】按钮。

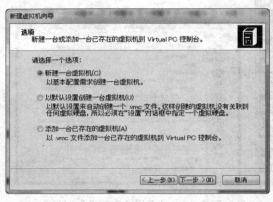

图 A-20　【新建虚拟机向导】对话框

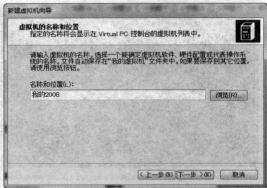

图 A-21　【虚拟机的名称和位置】界面

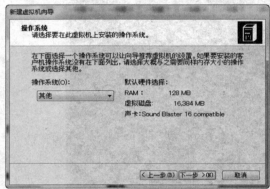

图 A-22　【操作系统】界面

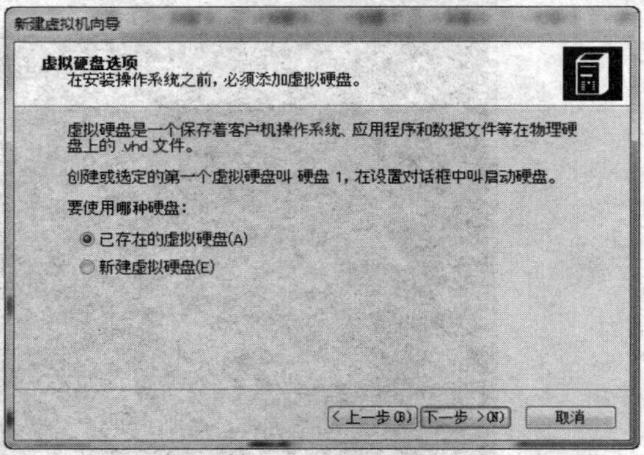

图 A-23　【虚拟硬盘选项】界面

　　(4) 出现如图 A-24 所示的【虚拟硬盘位置】界面，单击【浏览】按钮，在出现的如图 A-25 所示的【虚拟硬盘位置】对话框中，选择相应磁盘、文件夹和文件，单击【打开】按钮，在出现的对话框中单击【下一步】按钮。

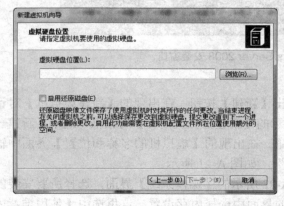

图 A-24　【虚拟硬盘位置】界面

图 A-25　选择虚拟硬盘文件

(5) 出现如图 A-26 所示的完成【完成新建虚拟机向导】界面,单击【完成】按钮。这时发现【Virtual PC 控制台】窗口已经发生了变化,如图 A-27 所示。如果想要启动操作系统,只要单击【启动】按钮即可。

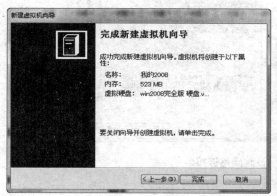
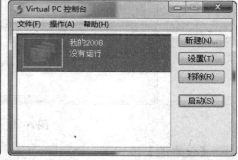

图 A-26   【完成虚拟机向导】界面   图 A-27   【Virtual PC 控制台】窗口

4. 设置 Virtual PC

(1) 在操作系统没有启动的情况下,单击图 A-27 中的【设置】按钮就可进行内存、网卡等的设置了,如图 A-28 所示。

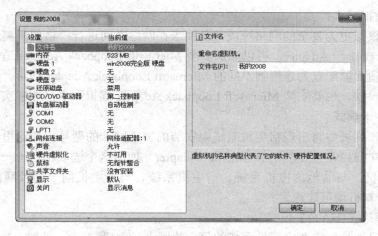

图 A-28   【设置 我的 2008】对话框

(2) 这里介绍使用最多的"网络连接"设置,单击【网络连接】选项后,选择对话框右侧的【网络适配器数量】,如图 A-29 所示,可以设置虚拟系统安装的网卡的个数,最多安装 4 块网卡,以便于组建虚拟机与虚拟机、虚拟机与宿主机等多个网络,为搭建现实生活中的复杂网络提供实验平台。

(3) 单击【适配器 1】下拉列表框时,会出现【仅本地】、Microsoft Loopback Adapter、Realtek RTL8139(A)/ PCI Fast Ethernet Adapter 和【共享连接(NAT)】等几个选项。下面简单介绍一下。

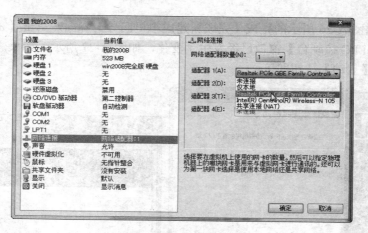

图 A-29　设置网络连接

① 【仅本地】模式。

当 Virtual PC 中的各台虚拟机系统均使用"仅本地"网络连接模式时,虚拟机系统之间可以连通,虚拟机系统与宿主机系统之间无法连通,它和宿主机上的任何网络完全独立并且完全隔离,虚拟机系统也无法访问 Internet,"仅本地"模式的虚拟机不能使用宿主机上的网络资源。所有连接到本地网络的任何虚拟机的任何网络适配器都像是通过 HUB 连接在一起。

② 微软虚拟网卡模式。

如果需要模拟更为复杂的网络环境并且要求在网络之间进行严格的隔离,那么可以使用 Microsoft Loopback Adapter,可以添加多个 Microsoft Loopback Adapter 适配器,然后将虚拟机的网络适配器配置为连接到不同的 Microsoft Loopback Adapter 即可。如果网线没插或没有网卡的时候,也要安装 Microsoft Loopback Adapter 虚拟网卡,才能实现网络共享。

③ 物理网卡模式。

此种模式,列表中将出现宿主机系统中安装的物理网卡的型号,如这里使用的物理网卡为 Realtek RTL8139(A)/ PCI Fast Ethernet Adapter。使用这个选项相当于一台连入物理网络的真实计算机,与其他虚拟机系统、宿主机系统、与宿主机同一局域网的计算机以及 Internet 上的计算机均可连通。

④ 【共享连接(NAT)】模式。

此种模式只能被绑定在虚拟机系统的第一块网卡(适配器 1)上。此时,Virtual PC 扮演一台 DHCP 服务器,它将为其他的虚拟机系统动态分配 IP 地址,其他虚拟机系统将被分配一个 192.168.0.1～192.168.0.253 之间的 IP 地址。并且,其他虚拟机系统中需要设置为自动获取 IP 地址及 DNS 服务器。

⑤ 未连接。

此网络适配器不连接到任何网络,在虚拟机中显示此网络适配器为网络连接断开。

附录 B 习题答案

第 1 章

D、A、C、B、A、A、A、A

第 2 章

D、A、A、D、B、C、C

第 3 章

D、C、C、A

第 4 章

A、C、A、A、B

第 5 章

D、A

第 6 章

D、B

第 7 章

B、A、B

第 8 章

D、D、D、B、A、D

第 9 章

B、A、C、C、D、D、A、C

第 10 章

A、C、D、A

参 考 文 献

[1] 尹敬齐. 局域网组建与管理[M]. 第 2 版. 北京：机械工业出版社，2007.

[2] 李晓瑜，谢哲，陈瑞东. 局域网应用一点通[M]. 北京：电子工业出版社，2007.

[3] 杨永川，黄淑华，魏春光. 边学边用局域网组网[M]. 北京：机械工业出版社，2007.

[4] 史秀璋. 计算机网络技术实训教程[M]. 北京：电子工业出版社，2005.

[5] 赵松涛，萧卫. Windows Server 2003 网络服务配置案例[M]. 北京：人民邮电出版社，2004.

[6] Microsoft 公司. 网络基本架构的实现与管理[M]. 北京：高等教育出版社，2004.

[7] 傅晓锋. 电脑维护全能王[M]. 重庆：重庆大学出版社，2007.

[8] 王其良. 计算机网络安全技术[M]. 北京：北京大学出版社，2006.

[9] 阚晓初. 计算机网络基础与应用[M]. 北京：北京大学出版社，2006.

[10] 尼春雨，乔珊，傅晓锋. 电脑故障排除[M]. 北京：科学出版社，2008.

[11] 倪伟. 局域网组建、管理及维护基础与实例教程[M]. 北京：电子工业出版社，2007.

[12] 计算机职业教育联盟. Windows Server 2003 高级管理教程[M]. 北京：清华大学出版社，2005.

[13] 鞠光明，刘勇. Windows 服务器维护与管理教程与实训[M]. 北京：北京大学出版社，2005.